JN101349

スバラシク強くなると評判の

元気が出る
数学Ⅱ

改訂8 revision

馬場敬之（けいし）

マセマ出版社

◆ はじめに ◆

みなさん，こんにちは。数学の**馬場敬之（ばばけいし）**です。高校生活にも慣れ，数学I･Aの内容もこなせるようになってきている頃だと思う。しかし，高校数学で**質・量共に最も充実**しているのが**数学II・B**なんだね。これから解説する数学IIでは，“**方程式・式と証明**”，“**図形と方程式**”，“**三角関数**”，“**指数関数と対数関数**”，それに“**微分法と積分法**”と，重要な分野が目白押しなんだ。

この内容豊富な数学IIを，誰でも楽しく分かりやすくマスターできるように，この『**元気が出る数学II 改訂8**』を書き上げたんだね。

本格的な内容ではあるけれど，**基本から親切に解説**しているので，初めて数学IIを学ぶ人，一度習ってはいるが自信が持てない人でも，この本で**本物の実力を身に付ける**ことが出来る。

今はまだ数学に自信が持てない状態かもしれないね。でも，まず「**流し読み**」から入ってみるといいよ。よく分からないところがあっても構わないから，全体を通し読みしてみることだ。数学IIの全貌が無理なくスーッと頭の中に入っていくのが分かるはずだ。これで，**数学IIの全体のイメージ**をとらえることが大切なんだね。でも，**数学にアバウトな発想は通用しない**んだね。だから，その後は，各章毎に公式や考え方や細かい計算テクニックなど…分かりやすく解説しているので，解説文を**精読**してシッカリ理解しよう。また，この本で取り扱っている例題や絶対暗記問題は，キミ達の実力を大きく伸ばす**選りすぐりの良問**ばかりだ。これらの問題も**自力で解く**ように心がけよう。これで，**数学IIを本当に理解した**と言える。

でも，人間は忘れやすい生き物だから，せっかく理解しても，3ヶ月後の定期試験や，1年後の受験の時にせっかく身に付けた知識が使いこなせるとは限らないだろう。そのために，**繰り返し精読して解く**練習が必要になるんだね。この反復練習は回数を重ねる毎に早く確実になっていくはずだ。大切なことだからもう一度まとめておくよ。

（I）まず，流し読みする。

（II）解説文を精読する。

（III）問題を自力で解く。

（IV）繰り返し精読して解く。

この **4** つのステップにしたがえば，**数学 II の基礎から簡単な応用まで完璧にマスターできる**はずだ。

この『**元気が出る数学 II 改訂 8**』をマスターするだけでも，高校の**中間・期末対策**だけでなく，**易しい大学なら合格できる**だけの実力を養うことが出来る。さらに，共通テストと同レベルの問題を取り扱っているので，併せて**共通テスト対策**にもなるんだね。どう？やる気がモリモリ湧いてきたでしょう。

さらに，マセマでは，**数学アレルギーレベルから東大・京大レベルまで**，キミ達の実力を無理なくステップアップさせる**完璧なシステム（マセマのサクセスロード）**が整っているので，やる気さえあれば自分の実力をどこまでも伸ばしていけるんだね。どう？さらにもっと元気が出てきたでしょう。

中間・期末対策，共通テスト対策，そして **2** 次試験対策など，目的は様々だと思うけれど，この『**元気が出る数学 II 改訂 8**』で，**キミの実力を飛躍的にアップ**させることが出来るんだね。

マセマのモットーは，「"**数が苦**"を"**数楽**"に変える」ことなんだ。だから，キミもこの本で数学 **II** が得意科目になるだけでなく，数学の楽しさ面白さも実感できるようになるはずだ。

マセマの参考書は非常に読みやすく分かりやすく書かれているけれど，その本質は，大学数学の分野で**「東大生が一番読んでいる参考書」**として知られている程，**その内容は本格的**なものなんだよ。
（「キャンパス・ゼミ」シリーズ販売実績 2020 年度大学生協東京事業連合会調べによる。）

だから，安心して，この『**元気が出る数学 II 改訂 8**』で勉強してほしい。これまで，マセマの参考書で，キミ達のたくさんの先輩達が夢を実現させてきた。今度は，**キミ自身がこの本で夢を実現させる番**なんだね。

さぁ，それでは早速講義を始めることにしよう！

マセマ代表　馬場 敬之（けいし）

この改訂 **8** では，微分と積分の融合問題の解答＆解説を加えました。

◆ 目次 ◆

講義1 方程式・式と証明

講義2 図形と方程式

講義3 三角関数

講義4 指数関数と対数関数

講義5 微分法と積分法

合格の粉を
ふりかけてあげよう！
馬場天使
合格の粉

講義
Lecture

1 方程式・式と証明

- 3次式の乗法公式、二項定理
- 実数から複素数への拡張
- 解と係数の関係、実数条件
- 高次方程式と因数定理
- 不等式の4つの証明法

講義1 方程式・式と証明

1. 二項定理の一般項は，${}_nC_r a^{n-r}b^r$ だ！

さァ，これから数学Ⅱの講義を始めよう。ここではまず，$(a+b)^3=a^3+3a^2b+3ab^2+b^3$ など，3次式の乗法公式（因数分解公式）の解説から始めよう。そして，$(a+b)^n$ $(n=1,\ 2,\ 3\cdots)$ の展開公式である“二項定理（にこうていり）”についても教えよう。さらに，分数式の計算についても練習しよう。これらは，数学Ⅱを学ぶ上での基礎となるものばかりだから，ここでシッカリ練習しておこう。

● 3次式の因数分解公式から始めよう！

3次式の因数分解公式（乗法公式）は，『**元気が出る数学Ⅰ・A**』でも解説したけれど，ここで復習として，もう1度公式を書いておこう。

3次式の因数分解公式（乗法公式）

(1) $a^3+3a^2b+3ab^2+b^3=(a+b)^3$

$a^3-3a^2b+3ab^2-b^3=(a-b)^3$

(2) $a^3+b^3=(a+b)(a^2-ab+b^2)$

$a^3-b^3=(a-b)(a^2+ab+b^2)$

(3) $a^3+b^3+c^3-3abc=(a+b+c)(a^2+b^2+c^2-ab-bc-ca)$

・左辺→右辺の変形は因数分解公式であり，
・右辺→左辺の変形は乗法公式（展開公式）になるんだね。

これらの公式の例題をやっておこう。

(1) $2\sqrt{2}x^3-6x^2+3\sqrt{2}x-1=(\sqrt{2}x)^3-3\cdot(\sqrt{2}x)^2\cdot1+3\cdot\sqrt{2}x\cdot1^2-1^3$

$=(\sqrt{2}x-1)^3$ ←(1)の下の公式を使った。

(2) $8x^3+3\sqrt{3}y^3=(2x)^3+(\sqrt{3}y)^3$

$=(2x+\sqrt{3}y)\{(2x)^2-2x\cdot\sqrt{3}y+(\sqrt{3}y)^2\}$

$=(2x+\sqrt{3}y)\ (4x^2-2\sqrt{3}xy+3y^2)$ ←(2)の上の公式を使った。

(3) $x^3+y^3-6xy+8=x^3+y^3+2^3-3\cdot x\cdot y\cdot 2$

$=(x+y+2)\ (x^2+y^2+2^2-xy-y\cdot2-2\cdot x)$

$=(x+y+2)\ (x^2+y^2-xy-2x-2y+4)$ ←(3)の公式を使った。

● 二項定理の一般項は ${}_n\mathrm{C}_r a^{n-r}b^r$ だ！

二項定理とは，$(a+b)^n$ の展開公式（乗法公式）のことなんだね。

二項定理

$$(a+b)^n = {}_n\mathrm{C}_0\, a^n + {}_n\mathrm{C}_1\, a^{n-1}b + {}_n\mathrm{C}_2\, a^{n-2}b^2 + \cdots + {}_n\mathrm{C}_n\, b^n$$
$$(n = 1,\ 2,\ 3,\ \cdots\cdots)$$

ヒェ～大変って思う？　でも，これ，$n=2$ や 3 のときは，乗法公式でやっていたことと同じなんだよ。

$n=2$ のとき，$(a+b)^2 = \underbrace{{}_2\mathrm{C}_0}_{1}a^2 + \underbrace{{}_2\mathrm{C}_1}_{2}ab + \underbrace{{}_2\mathrm{C}_2}_{1}b^2$
$= a^2 + 2ab + b^2$

$n=3$ のとき，$(a+b)^3 = \underbrace{{}_3\mathrm{C}_0}_{1}a^3 + \underbrace{{}_3\mathrm{C}_1}_{3}a^2b + \underbrace{{}_3\mathrm{C}_2}_{3}ab^2 + \underbrace{{}_3\mathrm{C}_3}_{1}b^3$
$= a^3 + 3a^2b + 3ab^2 + b^3$

組合せの数

$${}_n\mathrm{C}_r = \frac{n!}{r!(n-r)!}$$
$${}_n\mathrm{C}_0 = {}_n\mathrm{C}_n = 1$$
$${}_n\mathrm{C}_1 = n$$

これは，$(a+b)$ の n 個の袋の中から，a または b のいずれか 1 つを取り出してかけ合わせる際に，$a^{n-r}b^r$（b を r 個取り出す）となる組合せが ${}_n\mathrm{C}_r$ 通りあることから導ける。難しい？　わかりにくい人は理由は飛ばしても大丈夫だよ。でも，

$$(a+b)^n = {}_n\mathrm{C}_0\, a^n + {}_n\mathrm{C}_1\, a^{n-1}b + \cdots + \underbrace{{}_n\mathrm{C}_r\, a^{n-r}b^r} + \cdots + {}_n\mathrm{C}_n\, b^n \quad \text{より，}$$

$r = 0, 1, 2, \cdots, n$ と変化させれば，すべての項を表せるので，これが一般項だ。

$(a+b)^n$ の**一般項**が次のようになることをシッカリ頭に入れておこう。

$(a+b)^n$ の一般項

一般項 ${}_n\mathrm{C}_r a^{n-r}b^r$　$(r = 0,\ 1,\ 2,\ \cdots\cdots,\ n)$

［一般項 ${}_n\mathrm{C}_r a^r b^{n-r}$　$(r = 0,\ 1,\ 2,\ \cdots\cdots,\ n)$ としてもよい。］

では，$(x^2+2y)^5$ を展開した式で，x^4y^3 の項の係数を求めてみよう。ここで，$a = x^2$，$b = 2y$ とおき，$n = 5$ と考えると，二項定理の一般項より，

$${}_5\mathrm{C}_r(x^2)^{5-r} \cdot (2y)^r = {}_5\mathrm{C}_r x^{2(5-r)} \cdot 2^r y^r = \underbrace{2^r \cdot {}_5\mathrm{C}_r}_{\text{係数}} \cdot x^{\overset{4}{(10-2r)}} \cdot y^{\overset{3}{(r)}}$$ となる。

ここで，$x^4 \cdot y^3$となるのは，$r=3$のときだね。よって，$x^4 \cdot y^3$の項の係数は，

$2^3 \cdot {}_5C_3 = 8\times\dfrac{5!}{3!\times 2!} = 8\times\dfrac{5\cdot 4}{2\cdot 1} = 80$　となるんだね。大丈夫？

次に，二項定理の応用について解説するよ。$(1+x)^n$を展開すると，次のようになるだろう。

$$(1+x)^n = {}_nC_0 1^n + {}_nC_1 1^{n-1}x^1 + {}_nC_2 1^{n-2}x^2 + {}_nC_3 1^{n-3}x^3 + \cdots\cdots + {}_nC_n x^n$$

$$\therefore (1+x)^n = {}_nC_0 + {}_nC_1 x + {}_nC_2 x^2 + {}_nC_3 x^3 + \cdots\cdots + {}_nC_n x^n \quad \cdots\cdots㋐$$

この㋐はxについての恒等式だから，㋐の両辺のxにどんな値を代入しても成り立つ。よって，

(ⅰ) ㋐に，$x=1$を代入すると，

$$\underbrace{(1+1)^n}_{2^n} = {}_nC_0 + {}_nC_1\cdot 1 + {}_nC_2\cdot 1^2 + {}_nC_3\cdot 1^3 + \cdots\cdots + {}_nC_n\cdot 1^n$$

以上より

$${}_nC_0 + {}_nC_1 + {}_nC_2 + {}_nC_3 + \cdots\cdots + {}_nC_n = 2^n \quad \cdots\cdots㋑ \text{ が成り立つ。}$$

(ⅱ) ㋐に，$x=-1$を代入すると，

$$\underbrace{(1-1)^n}_{0} = {}_nC_0 + {}_nC_1\cdot(-1) + {}_nC_2\cdot(-1)^2 + {}_nC_3\cdot(-1)^3 + \cdots\cdots + {}_nC_n\cdot(-1)^n$$

以上より

$${}_nC_0 - {}_nC_1 + {}_nC_2 - {}_nC_3 + \cdots\cdots + (-1)^n {}_nC_n = 0 \quad \cdots\cdots㋒ \text{ が成り立つ。}$$

この㋑，㋒は，自分で導けるように，よく練習しておくといいと思う。

では次，二項定理の応用として，$(a+b+c)^n$の展開式の一般項についても教えておこう。結果はとてもシンプルだよ。

$(a+b+c)^n$ の一般項

$(a+b+c)^n$の一般項：$\dfrac{n!}{p!q!r!}\ a^p b^q c^r$　（ただし，$p+q+r=n$）

この公式の導き方については，絶対暗記問題**5**で示そう。

● 整数の除法もマスターしよう！

63を**5**で割ると，商が**12**余りが**3**となるね。これを**1**つの式でまとめて

表すと，

$63 = 5 \times \underbrace{12}_{\text{商}} + \underbrace{3}_{\text{余り}}$

（5)63 の筆算：商 12，余り 3）

となるのはいいね。

ここで，1 次式$3x-1$，2 次式x^2+4x+2，

3 次式$2x^3-x+1$，…などをx の**整式**（せいしき）という。

そして，数の割り算と同様に，この整式も整式で割り算して，その商と余りを求めることができるんだね。例題で示そう。

3 次の整式$A = 2x^3-x^2+3x-2$ を 2 次の整式$B = x^2-x+1$ で割ると，

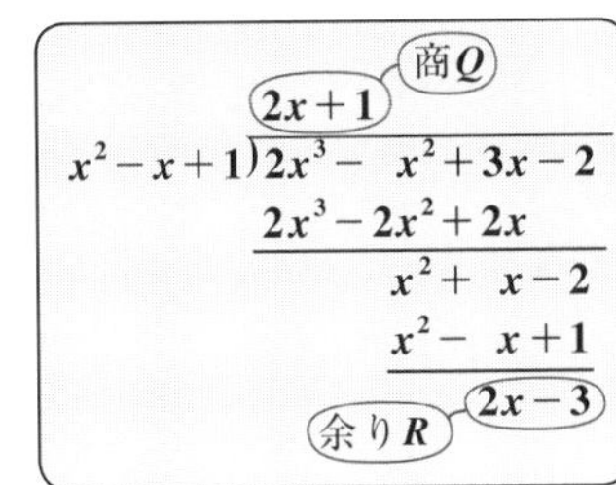

右の計算から，商$Q = 2x+1$ で，

余り$R = 2x-3$ となるんだね。

そして，これも同様に 1 つの式でまとめると次のようになる。

$$\underbrace{2x^3-x^2+3x-2}_{\text{割られる整式}A} = \underbrace{(x^2-x+1)}_{\text{割る整式}B\ (2\text{次式})}\underbrace{(2x+1)}_{\text{商}Q} + \underbrace{2x-3}_{\text{余り}R\ (1\text{次式})} \cdots\cdots ①$$

①の右辺を実際に展開してみると，

$$①\text{の右辺} = (x^2-x+1)(2x+1)+2x-3$$
$$= 2x^3+x^2-2x^2-x+2x+1+2x-3$$
$$= 2x^3-x^2+3x-2 = ①\text{の左辺}$$　となって，

①の左辺とまったく同じ式になることが分かるね。このように，左右両辺がまったく同じ式のことを“**恒等式**（こうとうしき）”と呼ぶ。したがって，$x-1=x-1$ や，$2x^2+3x=2x^2+3x$ や，$x^4+1=x^4+1$…などはみんな恒等式だ。そして，恒等式であれば，左右両辺が同じx の整式なので，x にどんな値を代入しても成り立つ。これが恒等式の重要な特徴であり，ある特定の値（解）のときしか成り立たない方程式との違いなんだね。

さらに，①式，つまり$A = \underbrace{B}_{2\text{次式}} \times Q + \underbrace{R}_{1\text{次式}}$ の形の式の場合，割る整式B の次数

より，余り R の次数は必ず小さくなることに要注意だ。また，R が 0 のとき，A は B で割りきれ，B は A の因数になるんだね。

では次，2 種類の文字(x と y) を含む整式の除法の練習も例題でやっておこう。整式 $A=x^2+xy-2y^2+2y$ と整式 $B=x-y$ について，これらを x の整式と考えて，A を B で割ってみよう。ここでは，x の整式と考えているので，y は定数として扱うことが鍵だ。つまり，$A=x^2+\underbrace{y}_{\text{定数}}\cdot x\underbrace{-2y^2+2y}_{\text{1つの定数項}}$ と考えて，B で割ると，

右に示すような計算になって，
商 $Q=x+2y$，
余り $R=2y$ となる。 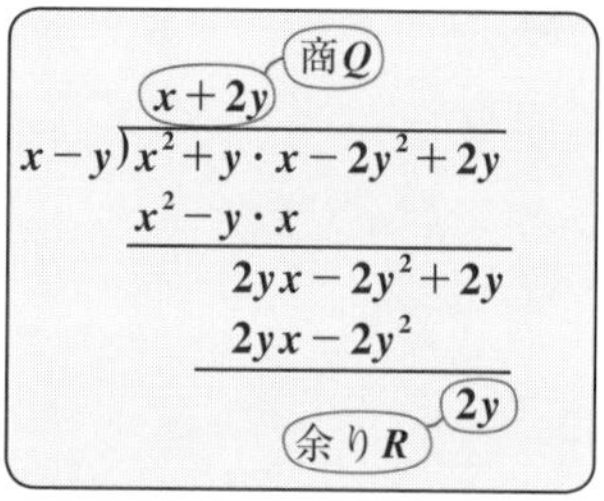
これも，1つの式：
$A=B\cdot Q+R$
の形にまとめると

$$\begin{array}{r} x+2y \quad (\text{商}Q) \\ x-y\,\overline{)\,x^2+y\cdot x-2y^2+2y} \\ \underline{x^2-y\cdot x\qquad\qquad\quad} \\ 2yx-2y^2+2y \\ \underline{2yx-2y^2\quad\;} \\ 2y \quad (\text{余り}R) \end{array}$$

$$x^2+yx-2y^2+2y=(x-y)(x+2y)+2y$$ となるんだね。

[A $=$ B $\cdot$ Q $+R$]

次に，A，B を y の整式と考えて，つまり x を定数と考えて，A を B で割ると，

$A=-2y^2+\underbrace{(x+2)}_{\text{定数}}y+\underbrace{x^2}_{\text{定数項}}$

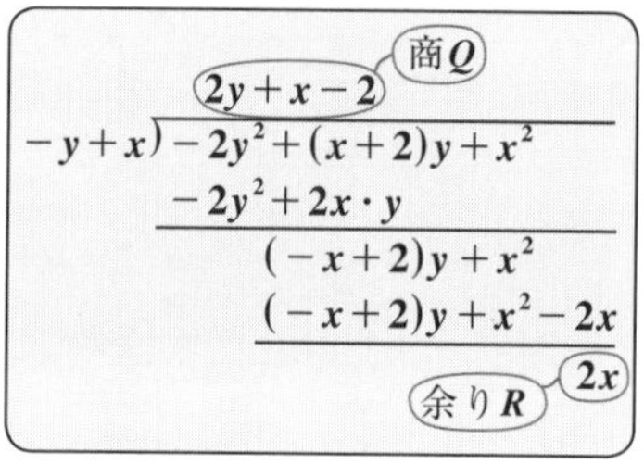

より，右のような計算から，
商 $Q=2y+x-2$，余り $R=2x$

$$\begin{array}{r} 2y+x-2 \quad (\text{商}Q) \\ -y+x\,\overline{)\,-2y^2+(x+2)y+x^2} \\ \underline{-2y^2+2x\cdot y\qquad\quad} \\ (-x+2)y+x^2 \\ \underline{(-x+2)y+x^2-2x} \\ 2x \quad (\text{余り}R) \end{array}$$

となり，これを1つの式でまとめると，次のようになる。

$$-2y^2+(x+2)y+x^2=(-y+x)(2y+x-2)+2x$$

[A $=$ B $\cdot$ Q $+R$]

● 分数式の計算は，分数計算と同じ要領だ！

1 次式 $2x+1$ や 2 次式 x^2-x+3…などを整式というんだった。ここで，

A を 1 次以上の整式，B を整式とするとき，$\dfrac{B}{A}$ のことを**分数式**（ぶんすうしき）というんだね。たとえば，$\dfrac{x^3-1}{x+1}$ や $\dfrac{3x-2}{x^2+x}$ など…，を分数式という。そして，この整式と分数式をまとめて，**有理式**（ゆうりしき）と呼ぶことも覚えておこう。

では，この分数式の計算公式を下に示すね。

分数式の基本公式

A, B, C, D：整式（ただし，分母にある場合は1次以上の整式とし，かつ0ではないものとする。）　このとき，次の公式が成り立つ。

(1) $\dfrac{B\cdot C}{A\cdot C}=\dfrac{B}{A}$　　(2) $\dfrac{B}{A}+\dfrac{D}{C}=\dfrac{BC+AD}{AC}$

(3) $\dfrac{B}{A}-\dfrac{D}{C}=\dfrac{BC-AD}{AC}$

(4) $\dfrac{B}{A}\times\dfrac{D}{C}=\dfrac{BD}{AC}$

(5) $\dfrac{B}{A}\div\dfrac{D}{C}=\dfrac{B}{A}\times\dfrac{C}{D}=\dfrac{BC}{AD}$

これは繁分数の計算と同じだ。

$$\dfrac{\dfrac{B}{A}}{\dfrac{D}{C}}=\dfrac{BC}{AD}$$

公式そのものは分数計算の公式と同じだから，問題ないはずだ。では，例題で少し練習しておこう。

(1) $\dfrac{8x^3y^2z^4}{6xy^4z^3}=\dfrac{4}{3}\cdot\dfrac{x^3}{x}\cdot\dfrac{y^2}{y^4}\cdot\dfrac{z^4}{z^3}=\dfrac{4x^2z}{3y^2}$

(2) $\dfrac{\alpha^3}{\alpha+1}+\dfrac{1}{\alpha-1}+\dfrac{1}{\alpha+1}-\dfrac{\alpha^2}{\alpha-1}=\left(\dfrac{\alpha^3}{\alpha+1}+\dfrac{1}{\alpha+1}\right)-\left(\dfrac{\alpha^2}{\alpha-1}-\dfrac{1}{\alpha-1}\right)$

公式：$a^3+b^3=(a+b)(a^2-ab+b^2)$，$a^2-b^2=(a-b)(a+b)$ を使った

$(\alpha+1)(\alpha^2-\alpha+1)$　$(\alpha-1)(\alpha+1)$

$=\dfrac{\alpha^3+1}{\alpha+1}-\dfrac{\alpha^2-1}{\alpha-1}=\dfrac{(\alpha+1)(\alpha^2-\alpha+1)}{\alpha+1}-\dfrac{(\alpha-1)(\alpha+1)}{\alpha-1}$

$=\alpha^2-\alpha+1-(\alpha+1)=\alpha^2-2\alpha$

さらに，絶対暗記問題で練習しよう。

因数分解・分数計算

難易度　★：易　★★：やや易　★★★：標準

（＊は改題を表す）

絶対暗記問題 1　難易度 ★　CHECK1　CHECK2　CHECK3

次の分数式を簡単にせよ。

(1) $\left(1-\dfrac{1}{x^3+1}\right)\times\left(\dfrac{1}{x}-\dfrac{1}{x^2+1}\right)$　(2) $\left(\dfrac{1}{x+1}-\dfrac{x}{x-1}\right)\div\left(\dfrac{1}{x-1}+\dfrac{x}{x+1}\right)$

(3) $x-\dfrac{1}{1-\dfrac{1}{1-\dfrac{1}{x+1}}}$

ヒント！ (1)は分数式同士のかけ算，(2)は分数式同士の割り算，そして(3)は繁分数の計算だね。公式通り正確に計算しよう。

解答＆解説

(1) 与式 $=\dfrac{x^3+1-1}{x^3+1}\times\dfrac{x^2+1-x}{x(x^2+1)}=\dfrac{x^3(x^2-x+1)}{(x+1)(x^2-x+1)\cdot x(x^2+1)}$

$x^3+1=(x+1)(x^2-x+1)$ ← 公式：$a^3+b^3=(a+b)(a^2-ab+b^2)$

$=\dfrac{x^2}{(x+1)(x^2+1)}$ ……………………(答)

(2) 与式 $=\dfrac{x-1-x(x+1)}{(x+1)(x-1)}\div\dfrac{x+1+x(x-1)}{(x+1)(x-1)}$　$\dfrac{B}{A}\div\dfrac{D}{C}=\dfrac{B}{A}\times\dfrac{C}{D}$

$=-\dfrac{x^2+1}{(x+1)(x-1)}\times\dfrac{(x+1)(x-1)}{x^2+1}=-1$ ……………………(答)

(3) $x-\dfrac{1}{1-\dfrac{1}{1-\dfrac{1}{x+1}}}=x-\dfrac{1}{1-\dfrac{1}{\dfrac{x+1-1}{x+1}}}=x-\dfrac{1}{1-\dfrac{1}{\dfrac{x}{x+1}}}$

$=x-\dfrac{1}{1-\dfrac{x+1}{x}}=x-\dfrac{1}{\dfrac{x-(x+1)}{x}}=x+\dfrac{1}{\dfrac{1}{x}}$

繁分数の計算

$\dfrac{\dfrac{B}{A}}{\dfrac{D}{C}}=\dfrac{BC}{AD}$

$=x+x=2x$ ……………………(答)

整式の除法(Ⅰ)

絶対暗記問題 2　難易度 ★　CHECK1　CHECK2　CHECK3

x と y の 2 つの整式 $A = 2x^3 - x^2y + y^2x + y^3 + 2y$ と $B = 2x + y$ がある。

(1) A, B を x の整式と考えて，A を B で割ったときの商 Q と余り R を求めよ。

(2) A, B を y の整式と考えて，A を B で割ったときの商 Q と余り R を求めよ。

ヒント！ (1) A, B を x の整式と考えると，y は定数扱いになるし，また (2) A, B を y の整式と考えると，x は定数扱いになることが，ポイントだ！

解答＆解説

(1) A, B を x の整式と考えて，

$$A = 2x^3 \underbrace{-y}_{\text{定数係数}}x^2 + \underbrace{y^2}_{\text{定数係数}}x + \underbrace{y^3 + 2y}_{\text{定数項}}$$

を $B = 2x + \underbrace{y}_{\text{定数項}}$ で割ると，

$$\begin{array}{r}
x^2 - yx + y^2 \quad (\text{商}Q) \\
2x + y \,\big)\, 2x^3 - yx^2 + y^2x + y^3 + 2y \\
2x^3 + yx^2 \\
\hline
-2yx^2 + y^2x + y^3 + 2y \\
-2yx^2 - y^2x \\
\hline
2y^2x + y^3 + 2y \\
2y^2x + y^3 \\
\hline
2y \quad (\text{余り}R)
\end{array}$$

右の計算から，

$$\begin{cases} \text{商 } Q = x^2 - yx + y^2 \\ \text{余り } R = 2y \end{cases}$$

となる。 ……(答)

(2) A, B を y の整式と考えて，

$$A = y^3 + \underbrace{x}_{\text{定数係数}}y^2 + \underbrace{(2 - x^2)}_{\text{定数係数}}y + \underbrace{2x^3}_{\text{定数項}}$$

を $B = y + \underbrace{2x}_{\text{定数項}}$ で割ると，

$$\begin{array}{r}
y^2 - xy + x^2 + 2 \quad (\text{商}Q) \\
y + 2x \,\big)\, y^3 + xy^2 + (2 - x^2)y + 2x^3 \\
y^3 + 2xy^2 \\
\hline
-xy^2 + (2 - x^2)y + 2x^3 \\
-xy^2 - 2x^2y \\
\hline
(x^2 + 2)y + 2x^3 \\
(x^2 + 2)y + 2x^3 + 4x \\
\hline
-4x \quad (\text{余り}R)
\end{array}$$

右の計算から，

$$\begin{cases} \text{商 } Q = y^2 - xy + x^2 + 2 \\ \text{余り } R = -4x \end{cases}$$

となる。 ……(答)

整式の除法(Ⅱ)

絶対暗記問題 3	難易度 ★★	CHECK1	CHECK2	CHECK3

多項式 $P(x)$ を $(x-1)(x+1)$ で割ると $4x-3$ 余り，$(x-2)(x+2)$ で割ると $3x+5$ 余る。このとき，$P(x)$ を $(x+1)(x+2)$ で割ったときの余りを求めよ。

(慶応大)

ヒント！ 多項式は整式と同じ意味だ！まず，整式の除法の式：$A=BQ+R$ を作ると，これは恒等式であることから，x に適当な値を代入できるんだね。

解答&解説

(1)(ⅰ) $P(x)$ を $(x-1)(x+1)$ で割った商を $Q_1(x)$ とおくと余りが $4x-3$ より

$P(x)=(x-1)(x+1)Q_1(x)+4x-3$ ……① となる。

(ⅱ) $P(x)$ を $(x-2)(x+2)$ で割った商を $Q_2(x)$ とおくと余りが $3x+5$ より

$P(x)=(x-2)(x+2)Q_2(x)+3x+5$ ……② となる。

(ⅲ) $P(x)$ を $(x+1)(x+2)$ で割った商を $Q(x)$ とおき，求める余りは $(x+1)(x+2)$ より次数が小さいので，$ax+b$ とおくと，

$P(x)=(x+1)(x+2)Q(x)+ax+b$ ……③ となる。

ここで，①，②，③はすべて，左右両辺が等しい恒等式なので，任意の x の値を代入しても成り立つ。よって，ここでは，③の $(x+1)(x+2)Q(x)$ の項を 0 にするために $x=-1,\ -2$ を代入すればいいんだね。

①，③の両辺に $x=-1$ を代入して，

$P(-1)=-7=-a+b$ …④となる。

同様に，②，③の両辺に $x=-2$ を代入すると，

$P(-2)=-1=-2a+b$ …⑤となる。

④－⑤より，　$a=-6$

④より，　$-7=6+b$　$\therefore b=-13$

よって，$P(x)$を $(x+1)(x+2)$で割った余りは，$-6x-13$ ………(答)

①より，$P(-1)=\underbrace{(-1-1)(-1+1)Q_1(-1)}_{0}+4(-1)-3$

③より，$P(-1)=\underbrace{(-1+1)(-1+2)Q(-1)}_{0}+a\cdot(-1)+b$

②より，$P(-2)=\underbrace{(-2-2)(-2+2)Q_2(-2)}_{0}+3\cdot(-2)+5$

③より，$P(-2)=\underbrace{(-2+1)(-2+2)Q(-2)}_{0}+a\cdot(-2)+b$

二項定理

絶対暗記問題 4	難易度 ☆☆	CHECK 1	CHECK 2	CHECK 3

(1) $\left(\dfrac{x^2}{2}+\dfrac{y^3}{x}\right)^{10}$ を展開したとき，$\dfrac{y^{21}}{x}$ の係数を求めよ。

(2) ${}_{20}C_1-{}_{20}C_2+{}_{20}C_3-\cdots+{}_{20}C_{19}-{}_{20}C_{20}$ の値を求めよ。

ヒント！ (1) では，$\dfrac{x^2}{2}=a$，$\dfrac{y^3}{x}=b$ とおくと，$(a+b)^{10}$ の一般項 ${}_{10}C_r\,a^{10-r}b^r$ を使って解けばいい。(2) では，$(1+x)^{20}$ を二項展開したものに，$x=-1$ を代入すればいいんだね。

解答＆解説

(1) $\left(\dfrac{x^2}{2}+\dfrac{y^3}{x}\right)^{10}$ の一般項は ${}_{10}C_r\left(\dfrac{x^2}{2}\right)^{10-r}\cdot\left(\dfrac{y^3}{x}\right)^r$

これをまとめると，

$${}_{10}C_r\cdot\frac{x^{20-2r}}{2^{10-r}}\cdot\frac{y^{3r}}{x^r}=\boxed{\frac{{}_{10}C_r}{2^{10-r}}}\,x^{\boxed{20-3r}}y^{\boxed{3r}}$$

（係数）（$20-3r=-1$）（$3r=21$）

$(r=0,\ 1,\ 2,\ \cdots,\ 10)$

$\cdot\left(\dfrac{x^2}{2}\right)^{10-r}=\dfrac{x^{2\times(10-r)}}{2^{10-r}}=\dfrac{x^{20-2r}}{2^{10-r}}$

$\cdot\left(\dfrac{y^3}{x}\right)^r=\dfrac{(y^3)^r}{x^r}=\dfrac{y^{3r}}{x^r}$

となる。

ここで，$\dfrac{y^{21}}{x}=x^{-1}\cdot y^{21}$ となる r は，$20-3r=-1$，$3r=21$ より，$r=7$

よって，$x^{-1}\cdot y^{21}$ の係数は，

$$\frac{{}_{10}C_7}{2^3}=\frac{1}{8}\cdot\frac{10!}{7!\cdot 3!}=\frac{1}{8}\cdot\frac{10\cdot 9\cdot 8}{3\cdot 2\cdot 1}=\frac{120}{8}=15$$ ……………………(答)

(2) $(1+x)^{20}$ を二項展開すると，

$$(1+x)^{20}=\underbrace{{}_{20}C_0}_{1}+{}_{20}C_1x+{}_{20}C_2x^2+{}_{20}C_3x^3+\cdots+{}_{20}C_{19}x^{19}+{}_{20}C_{20}x^{20}$$

この両辺に $x=-1$ を代入すると，

$$0=1+{}_{20}C_1(-1)+{}_{20}C_2\cdot(-1)^2+{}_{20}C_3\cdot(-1)^3+\cdots+{}_{20}C_{19}\cdot(-1)^{19}+{}_{20}C_{20}\cdot(-1)^{20}$$

$$0=1-{}_{20}C_1+{}_{20}C_2-{}_{20}C_3+\cdots-{}_{20}C_{19}+{}_{20}C_{20}$$

$\therefore\ {}_{20}C_1-{}_{20}C_2+{}_{20}C_3-\cdots+{}_{20}C_{19}-{}_{20}C_{20}=1$ ……………………(答)

二項定理の応用（I）

絶対暗記問題 5	難易度 ★★	CHECK 1	CHECK 2	CHECK 3

(1) $(a+b+c)^n$ (n：2 以上の整数) の一般項が $\dfrac{n!}{p!q!r!}a^pb^qc^r$

$(p+q+r=n,\ p\geqq 0,\ q\geqq 0,\ r\geqq 0)$ で表されることを示せ。

(2) $(2x+y+z)^8$ の展開式における $x^2y^3z^3$ の係数を求めよ。　（愛知大）

ヒント！ (1) まず，$\{(a+b)+c\}^n$ として，二項定理を用いる。(2) は，(1) の結果を利用すればいい。頑張ろう！

解答＆解説

(1) まず，$(a+b)$ を 1 まとめにして二項定理を用いると，$\{(a+b)+c\}^n$ の一般項は，${}_n\mathrm{C}_r(a+b)^{n-r}c^r$ ……① $(r=0,\ 1,\ \cdots,\ n)$

$(a+b)^{n-r}$ の一般項は ${}_{n-r}\mathrm{C}_qa^{n-r-q}b^q(q=0,\ 1,\ \cdots,\ n-r)$ となる。

ここでさらに，$(a+b)^{n-r}$の一般項を二項定理から求めると，

${}_{n-r}\mathrm{C}_qa^{\overset{p}{\overset{\shortparallel}{n-r-q}}}b^q$　$(q=0,\ 1,\ \cdots,\ n-r)$ ……② となる。

よって，$n-r-q=p$とおくと，①，②より，$(a+b+c)^n$の一般項は，

${}_n\mathrm{C}_r\cdot{}_{n-r}\mathrm{C}_qa^pb^qc^r$　$(p+q+r=n)$となる。ここで，

${}_n\mathrm{C}_r=\dfrac{n!}{r!\,(n-r)!}$，　${}_{n-r}\mathrm{C}_q=\dfrac{(n-r)!}{q!\,(n-r-q)!}$　より，この一般項は

（$n-r-q$ は p のことだ。）

$$\frac{n!}{r!\,(n-r)!}\cdot\frac{(n-r)!}{q!p!}a^pb^qc^r$$

$$=\frac{n!}{p!q!r!}a^pb^qc^r\quad(p+q+r=n)$$ となる。…………(終)

(2) $(2x+y+z)^8$ の一般項は，(1) の結果より，$\dfrac{8!}{p!q!r!}(2x)^py^qz^r$ となる。

よって，$x^2y^3z^3$ の係数は，$p=2,\ q=3,\ r=3$ より，次のようになる。

$$\frac{8!}{2!3!3!}\times 2^2=\frac{8\cdot 7\cdot 6\cdot 5\cdot 4\times 2}{3\cdot 2\cdot 1}=2240$$ ……………………………(答)

二項定理の応用（Ⅱ）

絶対暗記問題 6	難易度 ☆☆	CHECK1	CHECK2	CHECK3

$\left(x^2-2+\dfrac{1}{x}\right)^8$ を展開したとき，x^5 の係数を求めよ。

ヒント！ $(a+b+c)^n$ の一般項は $\dfrac{n!}{p!q!r!}a^pb^qc^r$ となることを利用すればいい。$\{x^2+(-2)+x^{-1}\}^8$ として，一般項を求め，x^5 の係数を調べよう。

解答＆解説

$\{x^2+(-2)+x^{-1}\}^8$ ……① の一般項は，

$$\frac{8!}{p!q!r!}\underbrace{(x^2)^p(-2)^q(x^{-1})^r}_{(-2)^q\cdot x^{2p}\cdot x^{-r}=(-2)^q\cdot x^{2p-r}}\quad (p+q+r=8,\ p\geqq 0,\ q\geqq 0,\ r\geqq 0)$$

より，これをまとめると，

$$\underbrace{\frac{8!(-2)^q}{p!q!r!}}_{係数}\cdot x^{\overset{5}{\overset{\|}{2p-r}}}\quad (p+q+r=8,\ p\geqq 0,\ q\geqq 0,\ r\geqq 0)$$ となる。

よって，x^5 の係数は，$2p-r=5$ より，$(p,\ r)=(3,\ 1),\ (4,\ 3)$

（$p,\ r$ は $0\leqq p+r\leqq 8$ をみたす整数より，$(p,\ r)$ の組はこの 2 組だけだね。）

ここで，$p+q+r=8$ より，$(p,\ q,\ r)$ の値の組は，次の 2 通りとなる。

$(p,\ q,\ r)=(3,\ 4,\ 1),\ (4,\ 1,\ 3)$

よって，①を展開したときの x^5 の係数は，

$$\frac{8!(-2)^4}{3!\cdot 4!\cdot 1!}+\frac{8!(-2)^1}{4!\cdot 1!\cdot 3!}=\frac{8\cdot 7\cdot \cancel{6}\cdot 5\times 16}{\cancel{3\cdot 2\cdot 1}}-\frac{8\cdot 7\cdot \cancel{6}\cdot 5\times 2}{\cancel{3\cdot 2\cdot 1}}$$

$=56\times 80-56\times 10=56\times 70=3920$ ……………………………（答）

頻出問題にトライ・1	難易度 ☆☆☆	CHECK1	CHECK2	CHECK3

$(x^2+1)^4(2x+1)^6$ を展開したとき，x^5 の係数を求めよ。

解答は P236

2. 実数から複素数まで，数の範囲を広げよう！

さァ，数学Ⅱも **2** 回目の講義を始めよう。まず，**複素数**(ふくそすう)について詳しく解説する。これまで数は，実数についてのみ勉強してきたけれど，これを**虚数**(きょうすう)にまで範囲を広げると，解ける問題の幅がグッと広がるんだよ。

今回は，まず実数と虚数を合わせた複素数の意味と，計算法について解説する。さらに，**2** 次方程式の**虚数解**(きょすうかい)についても教えるよ。数学Ⅰでは，**2** 次方程式の判別式が「$D<0$ のとき実数解をもたない」と判断したわけだけれど，複素数まで数の範囲を広げると，「$D<0$ のとき虚数解をもつ」ということになるんだね。興味が湧いてきた？

● 虚数単位 i とは，$\sqrt{-1}$ のことだ！

これまで，ある実数の **2** 乗は必ず **0** 以上になるんだったね。つまり，$x^2 \geqq 0$ が常識だったんだ。でも，ここでは，$x^2=-2$ ……①をみたす x のような，これまでとは全く違う数について考えようと思う。①の方程式を

（これは，もう実数ではない！）

形式的に解くと，$x=\pm\sqrt{-2}$ となる。

ここで，$\sqrt{-2}=\sqrt{2\times(-1)}=\sqrt{2}\times\sqrt{-1}$ とおき，この $\sqrt{-1}$，つまり **2** 乗して -1 になる変な数を $\sqrt{-1}=i$ とおく。すると，$\sqrt{-2}=\sqrt{2}i$ となって，さっきの①の方程式の解も，$x=\pm\sqrt{2}i$ と表すことができるだろう。

この i を**虚数単位**と呼ぶ。次のことを頭に入れておこう。

> i：虚数単位
>
> $i=\sqrt{-1}$，$i^2=-1$

> i の計算練習
>
> (1) $\sqrt{-5}=\sqrt{5}\times\sqrt{-1}=\sqrt{5}i$
>
> (2) $\sqrt{-9}=\sqrt{9}\times\sqrt{-1}=3i$
>
> (3) $\sqrt{-12}=\sqrt{12}\times\sqrt{-1}=2\sqrt{3}i$

これによって根号内が負の数も i を使って自由に表されるようになる。右で少し練習するといいよ。さて，ここでキミたちが間違えやすい例題を **2** つ入れておくから，やってごらん。

(1) $\sqrt{-3}\times\sqrt{-6}$　　**(2)** $\dfrac{2}{\sqrt{-2}}$　を計算せよ。

(1) を $\sqrt{-3}\times\sqrt{-6}=\sqrt{-3\times(-6)}=\sqrt{18}=3\sqrt{2}$

(2) を $\dfrac{2}{\sqrt{-2}}=\sqrt{\dfrac{4}{-2}}=\sqrt{-2}=\sqrt{2}\times\sqrt{-1}=\sqrt{2}i$　とやっちゃいけないよ。

正解は次の通りだ。

(1) $\sqrt{-3}\times\sqrt{-6}=\sqrt{3}i\times\sqrt{6}i=3\sqrt{2}\underbrace{i^2}_{-1}=-3\sqrt{2}$ ……………………(答)

まず，$\sqrt{-3}=\sqrt{3}i$，$\sqrt{-6}=\sqrt{6}i$ と変形してから計算する！

(2) $\dfrac{2}{\sqrt{-2}}=\dfrac{-2\times\underbrace{i^2}_{-1}}{\sqrt{2}i}=-\dfrac{2}{\sqrt{2}}\times\dfrac{i^2}{i}=-\sqrt{2}i$ ……………………(答)

これもまず，$\sqrt{-2}=\sqrt{2}i$ とする。また，$2=-2\times(-1)=-2\times i^2$ と表せる。

● 複素数は i(愛)のある，なしで分かれる！

虚数単位 i と，2つの実数 a と b を使って，**複素数**という数を次のように定義する。

複素数　$a+bi$（a：実部，bi の b：虚部）	(a，b：実数) (i：虚数単位)

ここで，a，b は共に実数なんだけれど，i のかかってない方を**実部**(じつぶ)，i のかかってる方を**虚部**(きょぶ)と呼ぶ。たとえば，複素数 $3+\sqrt{2}i$ の実部は 3 で，虚部は $\sqrt{2}$ だね。このように複素数は i(愛)のない世界(実部)と，i(愛)のある世界(虚部)から出来てるんだ。そして，$b=0$ ならば，$a+bi=a$ となって，ただの実数だね。また，$b\neq0$ のときの $a+bi$ を特に**虚数**と呼ぶよ。

複素数：$a+bi\begin{cases}\text{実数}：a & (b=0)\\ \text{虚数}：a+bi & (b\neq0)\end{cases}$

実数 $3=3+0i$，虚数 $2+3i$，純虚数 $2i=0+2i$ は，すべて $a+bi$ の形で書けるから，複素数なんだね。

特に，$b\neq0$，$a=0$ のとき，bi を**純虚数**(じゅんきょすう)と呼ぶ。

● 複素数の相等や共役複素数にも慣れよう！

2つの複素数 $a+bi$ と $c+di$ が等しいとき，実部と虚部に分けて，$a=c$ と，$b=d$ の2つの等式が導ける。これを**複素数の相等**(そうとう)という。

複素数の相等

(1) $a+bi=c+di$ のとき

$a=c$ かつ $b=d$

(2) 特に，$a+bi=0$ のとき

$a=0$ かつ $b=0$

(ただし，a, b, c, d：実数)

(2)の $a+bi=0$ は，$a+bi=0+0i$ とみて $a=0$ かつ $b=0$ が導ける！

次に，**共役**(きょうやく)**複素数**について説明するよ。ある複素数 $\alpha=a+bi$ に対して，共役な複素数を $\overline{\alpha}$ で表し，$\overline{\alpha}=a-bi$ となる。この共役な関係というのは相対的なもので，たとえば，$3+2i$ の共役複素数は $3-2i$ だけれど，逆に $3-2i$ の共役複素数は $3+2i$ となる。

共役な関係は相対的だ！ $a+bi \xleftrightarrow{\text{共役}} a-bi$

● 複素数の計算では，$i^2=-1$ がポイントになる！

それでは，複素数の四則計算(＋，－，×，÷)を，次の例題で練習しよう。

(1) $(3+2i)+(1-4i)=(3+1)+(2-4)i=4-2i$ (実部：$3+1$，虚部：$2-4$)

(2) $(2-\sqrt{3}i)-(3-2\sqrt{3}i)=(2-3)+(-\sqrt{3}+2\sqrt{3})i=-1+\sqrt{3}i$

(3) $(2+i)\times(1-3i)=2\times1+2\times(-3)i+1\times i-3\times i^2$ ($i^2=-1$)

$=2-6i+i+3=(2+3)+(-6+1)i=5-5i$

(4) $\dfrac{1+2i}{2-i}=\dfrac{(1+2i)(2+i)}{(2-i)(2+i)}$ ← 分母・分子に $2+i$ をかけて，分母を実数にする！

$=\dfrac{2+i+4i+2i^2}{4-i^2}=\dfrac{(2-2)+(1+4)i}{5}=\dfrac{5i}{5}=i$ ← これは純虚数だね。

それじゃ，複素数の計算のコツを下にまとめて示すよ。

> (ⅰ) i は，普通の文字と考えて計算する！
> (ⅱ) i^2 が出てきたら，$i^2=-1$ とおく！
> (ⅲ) 最後は，$a+bi$ (a，b：実数) の形にまとめる！

● 2次方程式は，判別式 $D<0$ のとき虚数解をもつ！

2次方程式：$ax^2+bx+c=0$ $(a \neq 0)$ の解は，

$x=\dfrac{-b\pm\sqrt{b^2-4ac}}{2a}$ と表されるんだったね。

> $ax^2+2b'x+c=0$ の場合
> 解 $x=\dfrac{-b'\pm\sqrt{b'^2-ac}}{a}$
> となる。

$D=b^2-4ac$

そして，この $\sqrt{\ }$ 内の部分を判別式 D とおき，

(ⅰ) $D>0$ のとき，相異なる2実数解，

(ⅱ) $D=0$ のとき，重解をもつんだったね。

今回は，虚数まで範囲を広げているので，

$D<0$ のとき，2次方程式は**虚数解**をもつと言える。

2次方程式の解の判別

> $ax^2+bx+c=0$ $(a \neq 0)$ は，判別式 D が
> (ⅰ) $D>0$ のとき，相異なる2実数解
> (ⅱ) $D=0$ のとき，重解
> (ⅲ) $D<0$ のとき，相異なる2虚数解
> をもつ。

ここで，$a>0$ のとき，2次方程式 $ax^2+bx+c=0$ を分解して，$y=f(x)=ax^2+bx+c$ と $y=0$［x 軸］とおく。このとき，$y=f(x)$ のグラフと x 軸との位置関係は，判別式 D の正，0，負によって，分類できる。その様子を図1の(ⅰ)(ⅱ)(ⅲ)に示しておいた。

図1 $y=f(x)$ と D の関係

(ⅰ) $D>0$ のとき

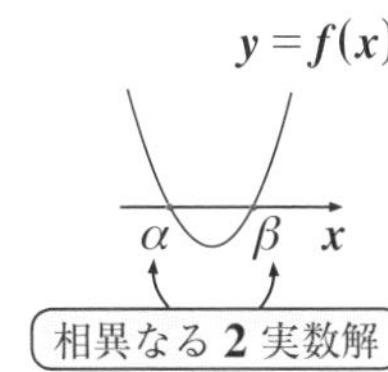

(ⅱ) $D=0$ のとき

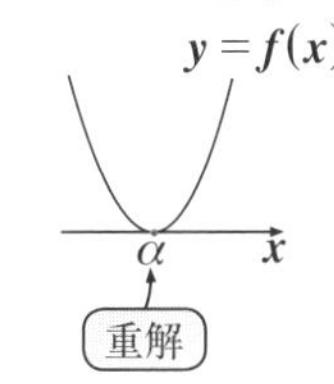

(ⅲ) $D<0$ のとき

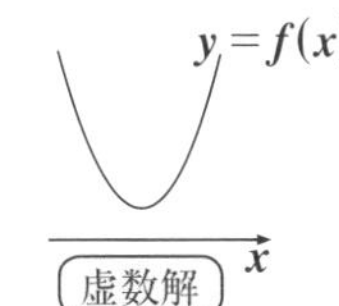

複素数の計算

絶対暗記問題 7	難易度 ☆	CHECK 1	CHECK 2	CHECK 3

(1) 次の式の値を計算せよ。ただし，$i^2=-1$ とする。

(ⅰ) $i+i^2+i^3+i^4$　　(ⅱ) $i+i^2+i^3+i^4\cdots+i^{30}$　　(愛知大)

(2) 方程式 $x^2+x+4i=2-x^2i-4xi$ をみたす実数 x の値を求めよ。ただし，$i=\sqrt{-1}$ とする。

ヒント！ (1)(ⅰ) では，0 となることがスグ分かるはずだ。(ⅱ) は，(ⅰ) の結果を利用することがポイントだ。(2) では，$a+bi=0$ (a, b: 実数) のとき，$a=0$ かつ $b=0$ となることを利用する。

解答＆解説

(1)(ⅰ) $i+i^2+i^3+i^4=i-1-i+1=0$ ……………………(答)

$i^2=-1$，$i^3=i^2\cdot i=-i$，$i^4=(i^2)^2=(-1)^2=1$

(ⅱ) (ⅰ) の結果を用いて，与式を変形すると，

$i+i^2+i^3+i^4+i^5\cdots+i^{30}$

$=(i+i^2+i^3+i^4)+i^4(i+i^2+i^3+i^4)+i^8(i+i^2+i^3+i^4)+\cdots$

（$i+i^2+i^3+i^4=0$，$i^4=1$，$i^8=(i^4)^2=1^2$）

$\cdots+i^{24}(i+i^2+i^3+i^4)+i^{28}(i+i^2)$

（$i^{24}=(i^4)^6=1^6$，$i+i^2+i^3+i^4=0$，$i^{28}=(i^4)^7=1^7=1$，$i^2=-1$）

$=1\cdot(i-1)=-1+i$ ……………………(答)

(2) $x^2+x+4i=2-x^2i-4xi$ ……① (x : 実数)

①を変形して

$(x^2+x-2)+(x^2+4x+4)i=0$

$(x+2)(x-1)+(x+2)^2i=0$

$a+bi=0$ (a, b : 実数) のとき，(ⅰ) $a=0$ かつ (ⅱ) $b=0$ だ！

$\therefore$ (ⅰ) $(x+2)(x-1)=0$ かつ (ⅱ) $(x+2)^2=0$

(ⅰ) より $x=-2$, 1　(ⅱ) より $x=-2$

以上より，(ⅰ) かつ (ⅱ) をみたす x の値は，$x=-2$ ……………(答)

2 次方程式の虚数解条件

絶対暗記問題 8　難易度 ★　CHECK 1　CHECK 2　CHECK 3

2 つの 2 次方程式 $x^2+ax+3a=0$ …①，$x^2-ax+a^2-1=0$ …② が共に虚数解をもつとき，実数 a のとり得る値の範囲を求めよ。

ヒント！ 2 つの 2 次方程式①，②が共に虚数解をもつので，それぞれの判別式 D_1，D_2 は $D_1<0$，$D_2<0$ となる。これから出てきた 2 つの a の条件を共にみたすものが，求める a の値の範囲となる。

解答＆解説

2 つの 2 次方程式

$x^2+ax+3a=0$ ……①，$x^2-ax+a^2-1=0$ ……②

が共に虚数解をもつので，①，②の判別式をそれぞれ D_1，D_2 とおくと，

(ⅰ) $D_1=a^2-4\cdot1\cdot3a=\boxed{a^2-12a<0}$

よって，$a(a-12)<0$　　$\therefore\ 0<a<12$

(ⅱ) $D_2=(-a)^2-4\cdot1\cdot(a^2-1)=\boxed{-3a^2+4<0}$

よって，$3a^2-4>0$

$(\sqrt{3}a+2)(\sqrt{3}a-2)>0$

$\therefore\ a<-\dfrac{2\sqrt{3}}{3},\ \dfrac{2\sqrt{3}}{3}<a$

$-3a^2+4<0$ の両辺に -1 をかけて，$3a^2-4>0$ となる。

以上(ⅰ)(ⅱ)の条件を共にみたす a の範囲が求める a のとり得る値の範囲なので，

$\dfrac{2\sqrt{3}}{3}<a<12$ ……………………………(答)

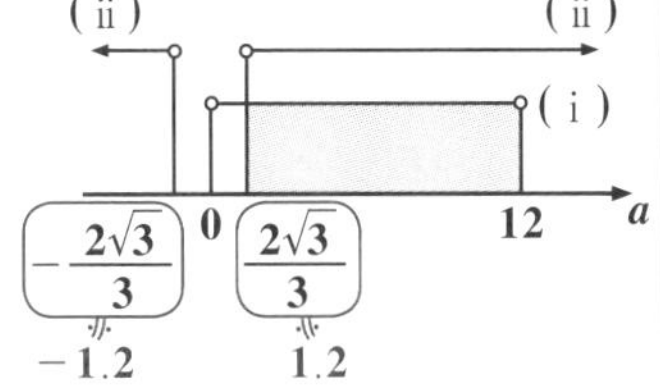

頻出問題にトライ・2　難易度 ★★　CHECK 1　CHECK 2　CHECK 3

$a^2+(i-2)a+2xy+\left(\dfrac{y}{2}-2x\right)i=0$ をみたす実数 x，y が存在するとき，実数 a のとり得る値の範囲を求めよ。　（東北大＊）

解答は P236

3. 解と係数の関係，実数条件もマスターしよう！

今回は，複素数から離れて，**2次方程式の解と係数の関係**について解説するよ。これを利用して，**実数解の符号の問題**，そして**実数条件**（じっすうじょうけん）へと話を発展させるつもりだ。今回もわかりやすく解説するからシッカリついてらっしゃい。

● 解と係数の関係は，㊀符号に要注意だ！

まず，2次方程式：$ax^2+bx+c=0$ ……① $(a \neq 0)$ について，この解を α，β とおく。この α，β は重解や虚数解でもかまわない。

（重解：このとき $\alpha=\beta$ となる。）

$a \neq 0$ より，①の両辺を a で割ると，

$$x^2+\frac{b}{a}x+\frac{c}{a}=0 \quad \cdots\cdots② \quad \text{となる。}$$

ここで，α と β を解にもつ x の2次方程式で，x^2 の係数が1のものは

$(x-\alpha)(x-\beta)=0$　だね。これを変形して，

$x^2-(\alpha+\beta)x+\alpha\beta=0$ ……③

②と③は同じ方程式だから，各係数を比較して

$$\frac{b}{a}=-(\alpha+\beta), \quad \frac{c}{a}=\alpha\beta$$

これから，解 α，β と係数 a，b，c の関係式が次のように導ける。

2次方程式の解と係数の関係

2次方程式：$ax^2+bx+c=0$ $(a \neq 0)$ の解を α，β とおくと

(i) $\alpha+\beta=-\dfrac{b}{a}$　　　(ii) $\alpha\beta=\dfrac{c}{a}$

（この㊀に注意！）

1つ例題をやっておこう。方程式 $\underset{a}{\textcircled{2}}x^2+\underset{b}{\textcircled{3}}x+\underset{c}{\textcircled{4}}=0$ の判別式 D は，$D=3^2-4\cdot2\cdot4=-23<0$ だから，これは2つの虚数解 α，β をもつけれど，これに解と係数の関係を用いると，

$\alpha+\beta=-\dfrac{3}{2}$，$\alpha\beta=\dfrac{4}{2}=2$ となるんだね。

公式：$\alpha+\beta=-\dfrac{b}{a}$，$\alpha\beta=\dfrac{c}{a}$ を使った！

ここで，$\alpha+\beta$ と $\alpha\beta$ は基本対称式で，すべての対称式はこの基本対称式で表されることも，応用問題を解いていく上で重要だ。

対称式は基本対称式で表される。次の例は覚えておこう！
(1) $\alpha^2+\beta^2=(\alpha+\beta)^2-2\alpha\beta$
(2) $\alpha^3+\beta^3=(\alpha+\beta)^3-3\alpha\beta(\alpha+\beta)$

● 解と係数の関係は，逆の形でも利用できる！

解と係数の関係を逆手にとった問題も多いので，慣れておいた方がいい。つまり，$\alpha+\beta=p$，$\alpha\beta=q$ と与えられたとき，α と β を解にもつ x の2次方程式は，$x^2-px+q=0$ となるんだ。実際に，p と q に $\alpha+\beta$ と $\alpha\beta$ を代入すると

$x^2-(\alpha+\beta)x+\alpha\beta=0$，$(x-\alpha)(x-\beta)=0$ となって，$x=\alpha$，β を解にもつだろう。これを公式としてまとめておくよ。

解と係数の関係の逆の利用

$\alpha+\beta=p$，$\alpha\beta=q$ のとき，α と β を解にもつ x の2次方程式は，
$x^2-px+q=0$ となる。← p の前の⊖符号に注意！

これも例題を1つ。$\alpha+\beta=\sqrt{2}$，$\alpha\beta=1$ のとき，α と β を解にもつ x の2次方程式は，$x^2-\sqrt{2}x+1=0$ と表されるんだね。大丈夫？

● 実数解の符号も解と係数の関係でわかる！

2次方程式：$ax^2+bx+c=0\ (a\neq0)$ の相異なる実数解 α，β の正・負の条件についても，解と係数の関係が使える。その公式を書いておくからシッカリ覚えよう。

相異なる2実数解の符号の判定

2次方程式：$ax^2+bx+c=0\ (a \neq 0)$ の相異なる2実数解 α, β について,

(Ⅰ) α と β が共に正となるための条件：

(ⅰ) $D>0$　(ⅱ) $\alpha+\beta=-\dfrac{b}{a}>0$　(ⅲ) $\alpha\beta=\dfrac{c}{a}>0$

(Ⅱ) α と β が共に負となるための条件：

(ⅰ) $D>0$　(ⅱ) $\alpha+\beta=-\dfrac{b}{a}<0$　(ⅲ) $\alpha\beta=\dfrac{c}{a}>0$

(Ⅲ) α と β が異符号となるための条件：

(ⅰ) $\alpha\beta=\dfrac{c}{a}<0$ ← エッ！これだけ !?

正や負というのは実数についてのみ言えることだから, i が正で, $-i$ が負なんて言えない。だから,「α, β の正, 負を問題とする」とき, その時点で「α, β は実数である」ことを前提にしているんだよ。

(Ⅰ)の α と β が共に正となる条件を, まず調べてみようか。

α と β は相異なる2実数解だから, 当然, 判別式 $D=b^2-4ac>0$ だ。次に, α と β が共に正ならば $\alpha\beta>0$。でも, これだと α と β が共に負でも $\alpha\beta>0$ となるので, これと区別するために $\alpha+\beta>0$ の条件がいる。

よって, $\alpha>0$ かつ $\beta>0$ の必要十分条件は,

$$\begin{cases}(\text{i})\ \text{判別式}\ D>0\\(\text{ii})\ \alpha+\beta>0\ (\text{㊣}+\text{㊣}>0)\\(\text{iii})\ \alpha\beta>0\ (\text{㊣}\times\text{㊣}>0)\end{cases}$$

となる。

(Ⅱ)の α と β が共に負となる条件も同様に考えて,

$$\begin{cases}(\text{i})\ \text{判別式}\ D>0\\(\text{ii})\ \alpha+\beta<0\ (\text{(負)}+\text{(負)}<0)\\(\text{iii})\ \alpha\beta>0\ (\text{(負)}\times\text{(負)}>0)\end{cases}$$

となるね。

これは覚えよう！

(Ⅰ) $\alpha>0$, $\beta>0$ となるための必要十分条件：

$$\begin{cases}D>0 \text{ かつ}\\ \alpha+\beta>0 \text{ かつ}\\ \alpha\beta>0\end{cases}$$

(Ⅱ) $\alpha<0$, $\beta<0$ となるための必要十分条件：

$$\begin{cases}D>0 \text{ かつ}\\ \alpha+\beta<0 \text{ かつ}\\ \alpha\beta>0\end{cases}$$

(Ⅲ) の α と β が異符号 (いずれか一方が正で，他方が負) となる条件は，

(i) $\alpha\beta = \frac{c}{a} < 0(\oplus \times \ominus < 0)$ だけで，$D > 0$ の条件がいらないのは大丈夫？ $\frac{c}{a} < 0$ より，$ac < 0$ だね。

よって，$D = \underbrace{b^2}_{0\text{以上}} \underbrace{-4ac}_{-4ac\text{は}\oplus} > 0$ となって，$D > 0$ の条件は自動的にみたされる。ナットクいった？

分数不等式
$\frac{c}{a} < 0$ のとき，両辺に a^2 (正の数) をかけて，
$a^2 \times \frac{c}{a} < a^2 \times 0$
$\therefore ac < 0$ となる！

● 実数条件にもチャレンジしよう！

解と係数の関係を逆に利用したものについては既に説明したね。これをさらに発展させたものが，次の**実数条件**と呼ばれるもので，受験では頻出ポイントの 1 つだから，是非マスターしてくれ！

実数条件

$\alpha + \beta = p$，$\alpha\beta = q$ のとき，α と β を解にもつ x の 2 次方程式は，
$x^2 - px + q = 0$ ……① となる。
ここで，α と β が共に実数のとき，①は実数解をもつ。
よって，判別式 $D = \boxed{(-p)^2 - 4 \cdot 1 \cdot q \geqq 0}$ ← これが，実数条件だ！

それじゃ，1 つ例題を入れておこう。2 つの実数 α，β が，$\alpha + \beta = 2p - 1$，$\alpha\beta = p^2$ をみたすとき，p のとり得る値の範囲を求めてみよう。

解と係数の関係を逆に使って，α と β を解にもつ x の 2 次方程式は，
$x^2 - (2p - 1)x + p^2 = 0$ ……① だね。この①は実数解 α，β をもつので，
判別式 $D = \boxed{(2p-1)^2 - 4 \cdot 1 \cdot p^2 \geqq 0}$ ← 実数条件
これを解いて $p \leqq \frac{1}{4}$ となるね。これが答えだ！
こんなのチョロイって？ いいね，その調子だ！

$(2p - 1)^2 - 4p^2 \geqq 0$
$4p^2 - 4p + 1 - 4p^2 \geqq 0$
$4p \leqq 1$
$\therefore p \leqq \frac{1}{4}$ だ！

解と係数の関係(Ⅰ)

絶対暗記問題 9	難易度 ★★	CHECK1	CHECK2	CHECK3

2次方程式 $2x^2-4x+5=0$ の2つの解を α, β とする。

(1) $(\alpha-\beta)^2$ の値を求めよ。

(2) $\alpha-\beta+1$ と $\beta-\alpha+1$ を解にもつ x の2次方程式で, x^2 の係数が1となるものを求めよ。　(東海大・医)

ヒント！ 解と係数の関係から, $\alpha+\beta=2$, $\alpha\beta=\dfrac{5}{2}$ がわかる。**(1)** は対称式 $(\alpha-\beta)^2$ を基本対称式で表す。**(2)** は, 解と係数の関係を逆手に使うパターンだね。

解答＆解説

$\overset{a}{2}x^2\overset{b}{-4}x+\overset{c}{5}=0$ の解を α, β とおくと

解と係数の関係より,

$\alpha+\beta=2$ ……①　　$\alpha\beta=\dfrac{5}{2}$ ……②

公式：$\alpha+\beta=-\dfrac{b}{a}$, $\alpha\beta=\dfrac{c}{a}$ を使った！

(1) $\underset{対称式}{(\alpha-\beta)^2}=\underset{基本対称式}{(\alpha+\beta)^2-4\alpha\beta}$ ………③

①, ②を③に代入して

$(\alpha-\beta)^2=2^2-4\cdot\dfrac{5}{2}$

$=4-10=-6$ ……………………………(答)

対称式：$(\alpha-\beta)^2$ は次のように, 基本対称式 $\alpha+\beta$ と $\alpha\beta$ で表される。

$(\alpha-\beta)^2=\alpha^2-2\alpha\beta+\beta^2$

$=(\alpha^2+2\alpha\beta+\beta^2)-4\alpha\beta$

$=(\alpha+\beta)^2-4\alpha\beta$

(2) $\alpha-\beta+1$ と $\beta-\alpha+1$ の和と積を求めて,

(ⅰ) $(\alpha-\beta+1)+(\beta-\alpha+1)=2$　← p のこと

(ⅱ) $(\alpha-\beta+1)\times(\beta-\alpha+1)$

$=\{1+(\alpha-\beta)\}\{1-(\alpha-\beta)\}$　← q のこと

$=1^2-(\alpha-\beta)^2=1-(-6)=7$

以上(ⅰ)(ⅱ)より, 求める x の2次方程式は

$x^2-2x+7=0$ ……………………………(答)

$\begin{cases}\alpha'=\alpha-\beta+1\\ \beta'=\beta-\alpha+1\end{cases}$ とおいて,

$\begin{cases}(ⅰ)\ \alpha'+\beta'=p\\ (ⅱ)\ \alpha'\times\beta'=q\end{cases}$ を求めると,

α' と β' を解にもつ x の2次方程式は

$x^2-px+q=0$

になる！

解と係数の関係(Ⅱ)

絶対暗記問題 10	難易度 ★★	CHECK1	CHECK2	CHECK3

2次方程式 $x^2+px+q=0$ が0でない解 α, β をもち，$\alpha^2+\beta^2=3$, $\dfrac{1}{\alpha}+\dfrac{1}{\beta}=1$ が成り立つとき，実数 p, q の値を求めよ。 (東京都市大)

ヒント！ 解と係数の関係より，$\alpha+\beta=-p$, $\alpha\beta=q$ がスグ導けるね。また，与えられた2つの α と β の式は，共に対称式なので基本対称式 $\alpha+\beta$ と $\alpha\beta$ で表せる。以上から，p, q の値を求める。

解答＆解説

$\overset{a}{1}\cdot x^2+\overset{b}{p}x+\overset{c}{q}=0$ の0でない2つの解が α, β より

解と係数の関係を用いて

基本対称式

$$\begin{cases}\alpha+\beta=-p & \cdots\cdots① \\ \alpha\beta=q & \cdots\cdots②\end{cases}$$

公式：$\alpha+\beta=-\dfrac{b}{a}$, $\alpha\beta=\dfrac{c}{a}$ を使った！

対称式

$\alpha^2+\beta^2=3$ ……③， $\dfrac{1}{\alpha}+\dfrac{1}{\beta}=1$ ……④ のとき

③より，$(\alpha+\beta)^2-2\alpha\beta=3$ $\therefore p^2-2q=3$ ……③´

($\alpha+\beta$：$-p$(①より))　($\alpha\beta$：q(②より))

④より，$\dfrac{\alpha+\beta}{\alpha\beta}=1$ $\dfrac{-p}{q}=1$ $\therefore q=-p$ ……④´

($\alpha+\beta$：$-p$(①より))　($\alpha\beta$：q(②より))

④´を③´に代入して， $p^2-2\cdot(-p)=3$

$p^2+2p-3=0$ $(p-1)(p+3)=0$

$\therefore p=1$, または -3

(i) $p=1$ のとき，④´より，$q=-1$

(ii) $p=-3$ のとき，④´より，$q=3$

以上(i)(ii)より，$(p, q)=(1, -1)$, または $(-3, 3)$ ……………(答)

2次方程式の2実数解の符号

絶対暗記問題 11	難易度 ☆☆	CHECK1	CHECK2	CHECK3

x の2次方程式 $x^2-2px+2-p=0$ の相異なる2実数解 α，β が次の条件をみたすとき，定数 p のとり得る値の範囲を求めよ。

(1) α と β が共に正　　(2) α と β が共に負

(3) α と β が異符号

ヒント！ $ax^2+bx+c=0$ の相異なる2実数解 α，β が，(1) 共に正，(2) 共に負，(3) 異符号，の条件はすぐ言えるように練習しよう。特に (3) の異符号では，$\alpha\beta<0$ だけでよく，判別式 $D>0$ の条件はいらないんだね。

解答＆解説

2次方程式 $x^2-2px+2-p=0$ の相異なる2実数解を α，β とおくと，解と係数の関係より，

$\alpha+\beta=2p$　　$\alpha\beta=2-p$

(1) α と β が共に正となる条件は，

(ⅰ) 判別式 $\dfrac{D}{4}=(-p)^2-(2-p)>0$

$p^2+p-2=(p+2)(p-1)>0$

$\therefore\ p<-2,\ 1<p$

(ⅱ) $\alpha+\beta=2p>0$　$\therefore\ p>0$

(ⅲ) $\alpha\beta=2-p>0$　$\therefore\ p<2$

以上(ⅰ)(ⅱ)(ⅲ)より，$1<p<2$ ……(答)

(1) α，β が共に正の条件は (ⅰ) $D>0$，(ⅱ) $\alpha+\beta>0$ (ⅲ) $\alpha\beta>0$ の3つだ！

(iii)
(ii)
(i)
(i)
−2　0　1　2　p

(2) α と β が共に負となる条件は，

(ⅰ) 判別式 $\dfrac{D}{4}>0$　$\therefore\ p<-2,\ 1<p$

(ⅱ) $\alpha+\beta=2p<0$　$\therefore\ p<0$

(ⅲ) $\alpha\beta=2-p>0$　$\therefore\ p<2$

以上(ⅰ)(ⅱ)(ⅲ)より，$p<-2$ ………(答)

(2) α，β が共に負の条件は (ⅰ) $D>0$，(ⅱ) $\alpha+\beta<0$ (ⅲ) $\alpha\beta>0$ の3つだ！

(iii)
(ii)
(i)
(i)
−2　0　1　2　p

(3) α と β が異符号となる条件は，

(ⅰ) $\alpha\beta=2-p<0$　$\therefore\ p>2$

(この時，判別式 $D>0$ の条件はみたされる)

以上より，$p>2$ ……………………………………………(答)

(3) α，β が異符号の条件は (ⅰ) $\alpha\beta<0$ の1つだけだ！

実数条件の応用

絶対暗記問題 12

難易度 ★★★　CHECK1　CHECK2　CHECK3

実数α，β，γが，$\alpha+\beta+\gamma=1$，$\alpha\beta+\beta\gamma+\gamma\alpha=-8$ をみたす。
このとき，実数γのとり得る値の範囲を求めよ。

ヒント！ $\alpha+\beta=p$，$\alpha\beta=q$ のとき，α と β を解にもつ x の 2 次方程式は，$x^2-px+q=0$ だよね。ここで，α と β が実数のとき，この方程式は実数解をもつので，判別式 $D=(-p)^2-4q\geqq 0$ となる。これが実数条件だ。

解答＆解説

$\alpha+\beta+\gamma=1$ ……①　$\alpha\beta+\beta\gamma+\gamma\alpha=-8$ ……②　とおく。

①より，$\alpha+\beta=1-\gamma$

②より，$\alpha\beta=-\gamma(\alpha+\beta)-8=-\gamma(1-\gamma)-8=\gamma^2-\gamma-8$　（$\alpha+\beta$ に $1-\gamma$ を代入）

以上より，$\begin{cases}\alpha+\beta=1-\gamma\\ \alpha\beta=\gamma^2-\gamma-8\end{cases}$

よって，α と β を解にもつ x の 2 次方程式は，

$$x^2-(1-\gamma)x+\gamma^2-\gamma-8=0 \quad \cdots\cdots ③$$

ここで，α と β は実数より，③の x の 2 次方程式は実数解をもつ。よって，

$\begin{cases}\alpha+\beta=p\\ \alpha\beta\ =q\end{cases}$ の p，q が γ の式となっているのがポイント。後は α と β を解にもつ x の 2 次方程式を立てて，実数条件から γ の値の範囲を求めればいい。面白いだろ？

判別式 $D=(1-\gamma)^2-4(\gamma^2-\gamma-8)\geqq 0$

$-3\gamma^2+2\gamma+33\geqq 0$，$3\gamma^2-2\gamma-33\leqq 0$

$\begin{matrix}3 & \times & -11\\ 1 & & 3\end{matrix}$　たすきがけ！

$(3\gamma-11)(\gamma+3)\leqq 0$

よって，求める γ のとり得る値の範囲は，$-3\leqq\gamma\leqq\dfrac{11}{3}$ ………………(答)

頻出問題にトライ・3

難易度 ★★★　CHECK1　CHECK2　CHECK3

x の 2 次方程式 $x^2+(a-2)x+a^2-3a+2=0$（a は実数）が，2 つの異なる実数解 α，β をもつものとする。

(1) a の値の範囲を求めよ。　(2) $\alpha^2+\beta^2$ を a の式で表せ。

(3) $\alpha^2+\beta^2$ の値の範囲を求めよ。　（甲南大）

解答は P236

4. 高次方程式 $f(x)=0$ では，因数定理 $f(a)=0$ を使う！

前回は **2** 次方程式について判別式や解と係数の関係について勉強したね。今回は，さらに話を発展させて，**高次方程式**にチャレンジしてみよう。高次方程式というのは，**2** 次よりも高次の **3** 次，**4** 次，…の方程式のことだ。これを解くには，**因数定理**が決め手となるので，まず**整式の除法**から解説する。

● 組立て除法は整式計算の重要テクだ！

まず，**整式**というのは，x や y や a などの **1** 次式，**2** 次式，**3** 次式，…のことなんだね。

ここで x の **3** 次式の **1** 例として，x^3-2x^2-4x+5 について考えてみよう。一般にこれを

$f(x)=x^3-2x^2-4x+5$ ……①

とおいてもいいんだ。

次に，整数の除法でやったようにこの **3** 次式 $f(x)$ を $x-3$ で割ると，図 **1** に示すように，商は x^2+x-1，余りは **2** となるのがわかるはずだ。

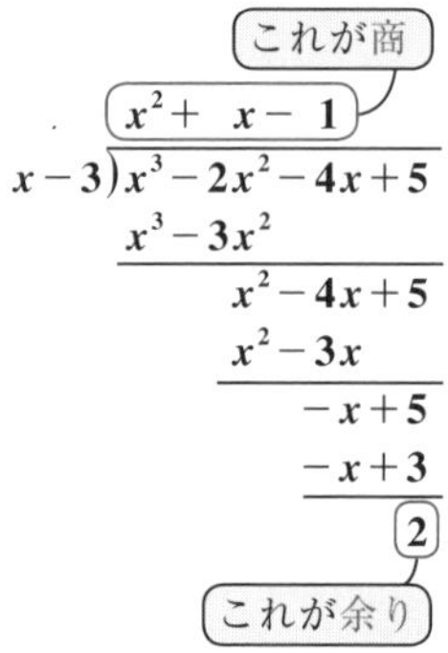

$x-3$ などの **1** 次式で **2** 次以上の整式を割る場合，**組立て除法**と呼ばれる便利な計算法も利用できる。今回の $f(x)$ を $f(x)=\underline{1}\cdot x^3\underline{-2}\cdot x^2\underline{-4}\cdot x+\underline{5}$ とみて各係数を並べ，次に $x-\underset{\sim}{3}$ の $\underset{\sim}{3}$ を立てて，計算する。図 **2** と下に，この組立て除法の計算法を書いておくからマスターしてくれ。

図 1　整式の除法

これが商

$$\begin{array}{r} x^2+\ \ x-\ 1 \\ x-3\,\overline{)\,x^3-2x^2-4x+5} \\ x^3-3x^2\qquad\quad \\ \hline x^2-4x+5 \\ x^2-3x\quad \\ \hline -x+5 \\ -x+3 \\ \hline 2 \end{array}$$

これが余り

図 2　組立て除法

組立て除法

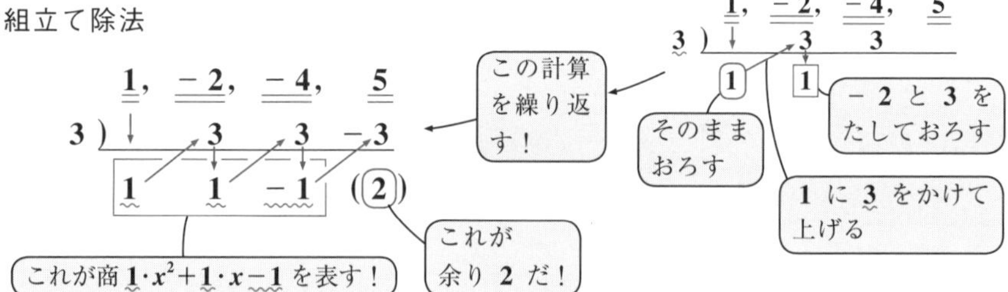

● 剰余の定理は整式の除法から導ける！

$f(x)$ を $x-3$ で割って，商が x^2+x-1，余りが 2 となることを次の 1 つの式で表すことができる。

$$f(x)=\underbrace{(x-3)}_{(1\text{次式})}\underbrace{(x^2+x-1)}_{\text{商}}+\underbrace{2}_{\text{余り}(0\text{次式})}\cdots\cdots①$$

（0 次式：定数のこと）

これは，17 を 5 で割って商が 3，余りが 2 より $17=5\times\underset{\text{商}}{3}+\underset{\text{余り}}{2}$ と書けるのと，同じだね。

ここで，①の右辺を展開すると

$$\text{右辺}=(x-3)(x^2+x-1)+2=x^3+x^2-x-3x^2-3x+3+2$$
$$=x^3-2x^2-4x+5$$

となって，左辺の $f(x)$ とまったく同じになる。よって，①は左右両辺が等しい**恒等式**ということになるんだ。この恒等式の場合，x にどんな値を代入しても成り立つから，この①の両辺に $x=3$ を代入すると

$$f(3)=\underbrace{(3-3)}_{0}(3^2+3-1)+2=2$$ となって，

$f(x)$ を $x-3$ で割った余り 2 がすぐ計算出来るんだね。

一般に，整式 $f(x)$ を $x-a$ で割った商を $Q(x)$，余りを r（0 次式）とおくと，

（定数なので，R ではなく，小文字の r にした。）

$$f(x)=(x-a)\cdot\underset{\text{商}}{Q(x)}+\underset{\text{余り}}{r}$$ となる。

これは恒等式なので，この両辺に $x=a$ を代入すると

$$f(a)=(a-a)\cdot Q(a)+r=r$$ となって，

$f(x)$ を $x-a$ で割った余り r は，$f(a)$ で表せるのがわかるだろう。

これを**剰余の定理**という。

剰余の定理

整式 $f(x)$ について，

$f(a)=r \iff f(x)$ を $x-a$ で割った余りは r

● 因数定理を使えば高次方程式が解ける！

整式 $f(x)$ の x に a を代入して，$f(a)=r$ となれば $f(x)$ を $x-a$ で割った余りが r となるんだったね。ここで，もし，$r=0$，つまり $f(a)=0$ となると，どういうことかわかる？これは，$f(x)$ を $x-a$ で割ると「余り 0」，つまり「割り切れる」といっているんだね。

この剰余の定理の特殊な場合が，次の**因数定理**なんだね。これは高次方程式を解く鍵となるのでぜひ覚えよう。

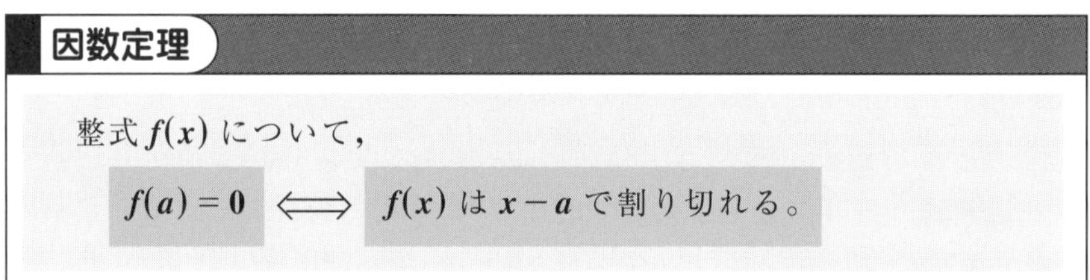

因数定理

整式 $f(x)$ について，

$f(a)=0 \iff f(x)$ は $x-a$ で割り切れる。

一例として，$f(x)=x^3-x^2-x-2$ とおくよ。ここで，この $f(x)$ に $x=2$ を代入すると，

$f(2)=2^3-2^2-2-2=8-4-2-2=0$ となるので，この $f(x)$ は $x-2$ で割り切れるはずだ。

図 4 のように組立て除法を使うと，

$f(x)=(x-2)(x^2+x+1)$ と因数分解できる。

図 4　組立て除法

$1\cdot x^3-1\cdot x^2-1\cdot x-2$ を

$x-2$ で割ると

$$\begin{array}{r|rrrr} & 1, & -1, & -1, & -2 \\ 2) & \downarrow & 2 & 2 & 2 \\ \hline & 1 & 1 & 1 & (0) \end{array}$$

商 $1\cdot x^2+1\cdot x+1$　　余り 0

一般に，3 次方程式 $ax^3+bx^2+cx+d=0$ を解かないといけないとき，まず，左辺を $f(x)$ とおくんだ。そして，$f(p)=0$ をみたす p の値を，$p=\pm1$，±2，±3 などと調べて求めるんだ。今回の例ではこの p が 2 だったんだね。

これから，組立て除法を使って

$(x-2)(x^2+x+1)=0$ と変形して，

$x-2=0$ または $x^2+x+1=0$ より

求める x の値は，$x=2$，$\dfrac{-1\pm\sqrt{3}i}{2}$ と求まる。

$\underset{a}{1}\cdot x^2+\underset{b}{1}\cdot x+\underset{c}{1}=0$ の解は

$$x=\frac{-1\pm\sqrt{1^2-4\cdot1\cdot1}}{2\cdot1}$$

$$=\frac{-1\pm\sqrt{-3}}{2}=\frac{-1\pm\sqrt{3}i}{2}$$

となる。

（この $x^2+x+1=0$ の解の 1 つを ω（オメガ）とおくと，次に説明する ω 計算にもち込めるんだよ。）

これで，高次方程式の解き方の要領もつかめただろう？

● ω(オメガ)計算にも慣れよう！

これは，ギリシャ文字のオメガ

さっきの例で出てきた $x^2+x+1=0$ の解の 1 つを ω とおくと，ω は次の性質をもつ。これもよく出題されるから覚えておくといい。

ω 計算

$x^2+x+1=0$ の解の 1 つを ω とおくと，

(i) $\omega^2+\omega+1=0$　　(ii) $\omega^3=1$

ω は $x^2+x+1=0$ の解だから，この x に ω を代入して，
(i) の $\omega^2+\omega+1=0$ は当然成り立つね。

次にこれを $\omega^2=-\omega-1$ と変形し，この両辺に ω をかけると，

これに $-\omega-1$ を代入

$\omega^3=\omega\cdot(-\omega-1)=-\omega^2-\omega=-(-\omega-1)-\omega=1$ となって，
(ii) の $\omega^3=1$ も導ける。

● 3 次方程式の解と係数の関係も頻出だ！

次に，x の 3 次方程式 $ax^3+bx^2+cx+d=0$ $(a \neq 0)$ の 3 つの解を α，β，γ とおくと，**3 次方程式の解と係数の関係**は，次のようになるよ。

3 次方程式の解と係数の関係

3 次方程式 $ax^3+bx^2+cx+d=0$ $(a \neq 0)$ の解を α，β，γ とおくと，

$$\begin{cases} \text{(i)}\ \alpha+\beta+\gamma=-\dfrac{b}{a} \\ \text{(ii)}\ \alpha\beta+\beta\gamma+\gamma\alpha=\dfrac{c}{a} \\ \text{(iii)}\ \alpha\beta\gamma=-\dfrac{d}{a} \end{cases}$$

$ax^3+bx^2+cx+d=0$ より
$x^3+\dfrac{b}{a}x^2+\dfrac{c}{a}x+\dfrac{d}{a}=0$ …①
α，β，γ を解にもつ 3 次方程式は
$(x-\alpha)(x-\beta)(x-\gamma)=0$
これを展開して
$x^3-(\alpha+\beta+\gamma)x^2$
$+(\alpha\beta+\beta\gamma+\gamma\alpha)x-\alpha\beta\gamma=0$
…②
①，②の各係数を比較すればいいんだね。

講義 1 方程式・式と証明
講義 2 図形と方程式
講義 3 三角関数
講義 4 指数関数と対数関数
講義 5 微分法と積分法

整式の割り算

絶対暗記問題 13　難易度 ★　CHECK1　CHECK2　CHECK3

$x^5+3x^4+5x^3+7x^2+12x+17$ を x の整式 $g(x)$ で割ったときの商が x^3+x^2+4，余りが $4x+5$ であるとき，$g(x)$ を求めよ。　(駒澤大＊)

ヒント！ 条件から，$x^5+3x^4+5x^3+7x^2+12x+17=g(x)\cdot(x^3+x^2+4)+4x+5$ とおける。これから，$g(x)$ を求めればいいんだね。

解答＆解説

$x^5+3x^4+5x^3+7x^2+12x+17$ を整式 $g(x)$ で割って，商 x^3+x^2+4，余り $4x+5$ より

$$x^5+3x^4+5x^3+7x^2+12x+17=g(x)\cdot\underbrace{(x^3+x^2+4)}_{\text{商}}+\underbrace{4x+5}_{\text{余り}}$$

余り $4x+5$ を移項して，

$$x^5+3x^4+5x^3+7x^2+8x+12=(x^3+x^2+4)g(x)$$

これより，この左辺は x^3+x^2+4 で割り切れて，余りは 0 となり，その商が求める $g(x)$ である。右の計算結果より，

$$\begin{array}{r}
x^2+2x+3 \quad (\text{商}\ g(x))\\
x^3+x^2+4\,)\overline{\,x^5+3x^4+5x^3+7x^2+8x+12}\\
x^5+x^4+4x^2\\
\hline
2x^4+5x^3+3x^2+8x+12\\
2x^4+2x^3+8x\\
\hline
3x^3+3x^2+12\\
3x^3+3x^2+12\\
\hline
0 \quad (\text{余り})
\end{array}$$

$g(x)=x^2+2x+3$ ……………………………………………(答)

5次式を3次式で割るので，その商 $g(x)$ は2次以下の整式になる。
今回は，3次式による割り算なので，因数定理や組立て除法は使えない。
直接右上のように割り算をして，$g(x)$ を求める。

剰余の定理と因数定理

絶対暗記問題 14　難易度 ★★　CHECK1　CHECK2　CHECK3

(1) 整式 $f(x)=4x^3+2x^2-x+1$ を $x+2$，および $2x-1$ で割った余りをそれぞれ求めよ。

(2) 整式 $g(x)=x^3-6x^2+ax+b$ が，$x+1$ と $x-2$ で割り切れるとき，定数 a，b の値を求めよ。　(武蔵大)

ヒント！ (1) は剰余の定理の問題で，$f(x)$ を $x+2=x-(-2)$ で割った余りは，$f(-2)$ となるんだね。(2) は因数定理の問題で，$g(x)$ が $x+1=x-(-1)$ で割り切れるので，$g(-1)=0$ となる。同様に $g(2)=0$ だ。

解答＆解説

(1) 整式 $f(x)=4x^3+2x^2-x+1$ について，

(ⅰ) $f(x)$ を $x+2=x-(-2)$ で割った余りは，剰余の定理より

$$f(-2)=4\cdot(-2)^3+2\cdot(-2)^2-(-2)+1$$
$$=-32+8+2+1=-21 \quad \cdots(答)$$

整式 $f(x)$ について，$f(a)=r$ ならば，$f(x)$ を $x-a$ で割った余りは r なんだね。これが剰余の定理だ！

(ⅱ) $f(x)$ を $2x-1$ で割った余りは，剰余の定理を応用して，

$$f\left(\frac{1}{2}\right)=4\cdot\left(\frac{1}{2}\right)^3+2\cdot\left(\frac{1}{2}\right)^2-\frac{1}{2}+1$$
$$=\frac{1}{2}+\frac{1}{2}-\frac{1}{2}+1=\frac{3}{2} \quad \cdots\cdots(答)$$

一般に，整式 $f(x)$ を $ax-b$ $(a\neq 0)$ で割った余りは $f\left(\frac{b}{a}\right)$ になる。ナゼって？
$f(x)=(ax-b)Q(x)+r$ より（$Q(x)$：商，r：余り）
$f\left(\frac{b}{a}\right)=\left(a\cdot\frac{b}{a}-b\right)Q\left(\frac{b}{a}\right)+r$
$=r$ (余り)
が導けるからだ。
これは，剰余の定理の応用だ！

(2) 整式 $g(x)=x^3-6x^2+ax+b$ が $x-(-1)$ と $x-2$ で割り切れるので，因数定理より

$$g(-1)=(-1)^3-6\cdot(-1)^2+a\cdot(-1)+b=0$$
$$-a+b=7 \quad \cdots\cdots①$$
$$g(2)=2^3-6\cdot 2^2+a\cdot 2+b=0$$
$$2a+b=16 \quad \cdots\cdots②$$

①，②を解いて，

$a=3$，$b=10$ $\quad\cdots\cdots\cdots\cdots\cdots(答)$

整式 $f(x)$ が $x-a$ で割り切れるならば，$f(a)=0$ となるんだ。これが因数定理だ！

$\begin{cases}-a+b=7 & \cdots\cdots①\\ 2a+b=16 & \cdots\cdots②\end{cases}$
②－①より，$3a=9$
$\therefore a=3$
これを①に代入して
$-3+b=7$
$\therefore b=10$

3 次方程式・3 次不等式 (Ⅰ)

絶対暗記問題 15	難易度 ★★	CHECK 1	CHECK 2	CHECK 3

(1) 方程式 $x^3+2x^2-5x-6=0$ を解け。

(2) 不等式 $x^3+2x^2-5x-6<0$ を解け。

ヒント！ (1)(2) の左辺を $f(x)$ とおくと，$f(-1)=0$ から，$f(x)$ は $x+1$ で割り切れることがわかる。(因数定理) これから $f(x)$ を因数分解できる。(2) の 3 次不等式では，さらにグラフも利用する。

解答＆解説

(1) $x^3+2x^2-5x-6=0$ の左辺を $f(x)$ とおくと，

$f(x)=x^3+2x^2-5x-6$

$f(\underset{\sim\sim}{-1})=-1+2+5-6=0$ より

$f(x)$ は $x+1$ で割り切れる。よって，

$f(x)=(x+1)(x^2+x-6)$

$\quad=(x+1)(x+3)(x-2)$

組立て除法

	1,	2,	−5,	−6
−1)	↓	−1	−1	6
	1	1	−6	(0)

商 $1\cdot x^2+1\cdot x-6$

$\therefore$ 方程式 $f(x)=\boxed{(x+1)(x+3)(x-2)=0}$ の解は，

$x=-3,\ -1,\ 2$ ……………………………………(答)

(2) $y=f(x)$ とおくと，(1) より，$f(x)=0$ の解は $x=-3,\ -1,\ 2$ だから，曲線 $y=f(x)$ は x 軸と $x=-3,\ -1,\ 2$ の点で交わる。

よって，不等式 $f(x)<0$ の解は，右のグラフより，

$x<-3$，または $-1<x<2$

………(答)

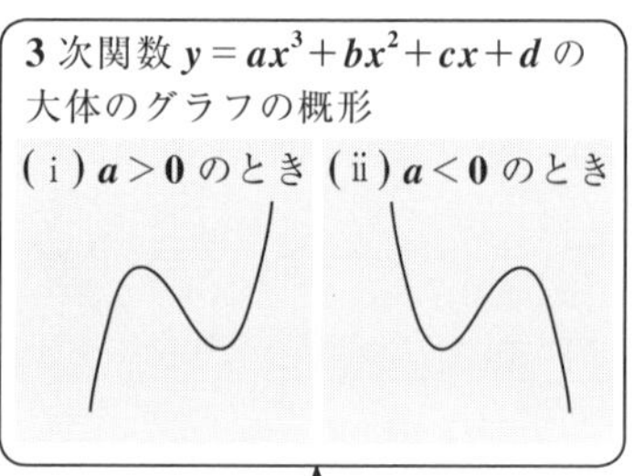

詳しくは"**微分法**"のところで教える

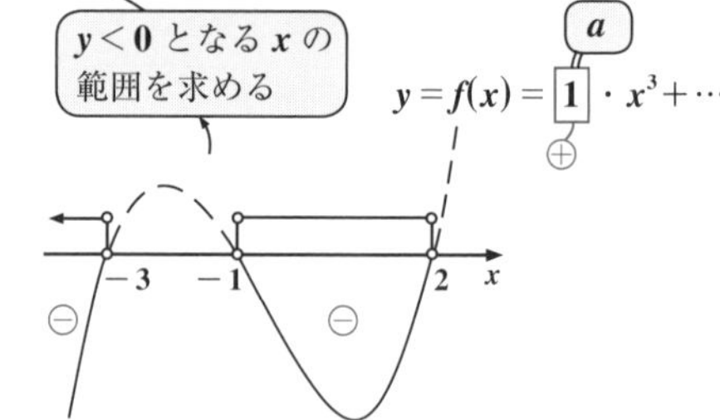

3 次方程式・3 次不等式 (Ⅱ)

絶対暗記問題 16	難易度 ★★	CHECK 1	CHECK 2	CHECK 3

(1) 方程式 $x^3-5x^2+7x-3=0$ を解け。

(2) 不等式 $x^3-5x^2+7x-3 \geqq 0$ を解け。

ヒント！ (1)(2) の左辺を $g(x)$ とおくと $g(1)=0$ より，$g(x)$ は $x-1$ で割り切れることがわかり，$g(x)=(x-1)^2(x-3)$ と因数分解できる。
$y=g(x)$ とおいたとき，このグラフは x 軸と $x=1$ で接し，$x=3$ で交わることに気を付けよう。

解答＆解説

(1) x^3-5x^2+7x-3 の左辺を $g(x)$ とおくと

$g(x)=x^3-5x^2+7x-3$

$g(1)=1-5+7-3=0$ より

$g(x)$ は $x-1$ で割り切れる。よって，

$g(x)=(x-1)(x^2-4x+3)$

$=(x-1)^2\cdot(x-3)$

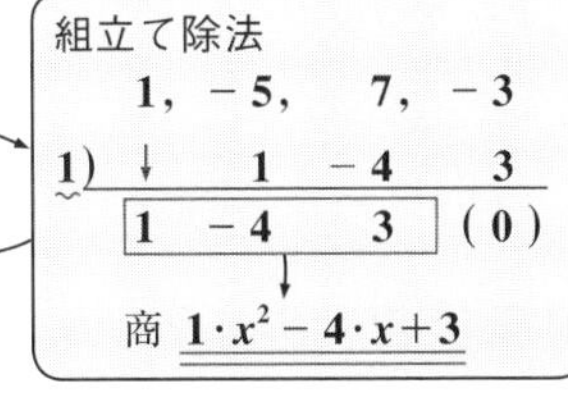

∴ 方程式 $g(x)=\boxed{(x-1)^2\cdot(x-3)=0}$ の解は

$x=1$(重解)，3 ……………………(答)

(2) $y=g(x)$ とおくと，(1) より $g(x)=0$ の解は $x=1$(重解)，3 より，曲線 $y=g(x)$ は，x 軸と $x=1$ で接し，$x=3$ で交わる。

よって，不等式 $g(x)\geqq 0$ の解は，右のグラフより

$x=1$，または $3\leqq x$

………(答)

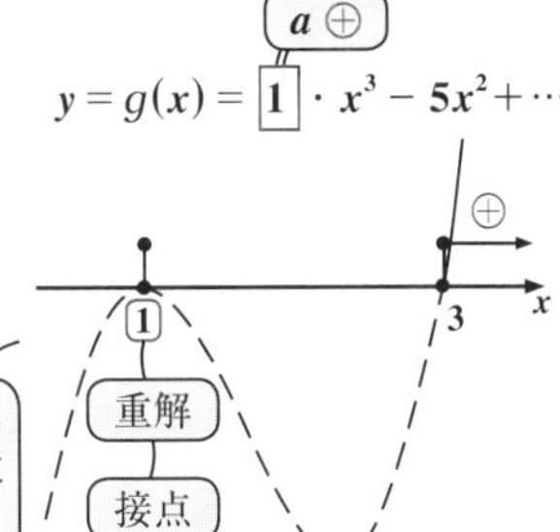

$x^2+x+1=0$ の解 ω の性質

絶対暗記問題 17	難易度 ★★	CHECK 1	CHECK 2	CHECK 3

方程式 $x^3+2x^2+ax+1=0$ ……① が，解 $x=-1$ をもつ。

(1) a の値を求めよ。

(2) ①の虚数解の 1 つを ω とおくとき，次の式の値を求めよ。

(i) $\omega^{10}+\omega^{20}$　　　(ii) $1+\omega+\omega^2+\omega^3+\cdots+\omega^{17}$

ヒント！ (1) では，①の左辺を $f(x)$ とおくと，条件より，$f(-1)=0$ となる。(2) では，$x^2+x+1=0$ の虚数解の 1 つを ω とおくと，$\omega^2+\omega+1=0$，$\omega^3=1$ の性質を使って，(i)(ii) の式の値が求まるよ。

解答＆解説

(1) ①の方程式の左辺を $f(x)=x^3+2x^2+ax+1$ とおくと，①は解 $x=-1$ をもつので，

$f(-1)=\boxed{-1+2-a+1=0}$　　$\therefore a=2$ ……………………………(答)

(2) (1) の結果より

$f(x)=x^3+2x^2+2x+1$　← $f(-1)=0$ より

$=(x+1)(x^2+x+1)$

組立て除法

	1,	2,	2,	1
$-1)$		-1	-1	-1
	1	1	1	(0)

よって，方程式 $f(x)=(x+1)(x^2+x+1)=0$ の解 x は，

$x=-1$，または $x^2+x+1=0$ ……② をみたす。

②の虚数解の 1 つを ω とおくと

$\omega^2+\omega+1=0$ ……③，$\omega^3=1$ ……④ が成り立つ。（ω の性質だ！）

(i) $\omega^{10}+\omega^{20}=(\omega^3)^3\times\omega+(\omega^3)^6\times\omega^2=1^3\cdot\omega+1^6\cdot\omega^2$　（$\omega^3=1$（④より））

$=\omega^2+\omega=-1$　（$\because$③）……………………………(答)

（∵ は，これ“なぜなら”記号）

(ii) $(1+\omega+\omega^2)+(\omega^3+\omega^4+\omega^5)+\cdots\cdots+(\omega^{15}+\omega^{16}+\omega^{17})$

$1=\omega^0$ とおいて考えると，上式は，トータルで 18 項の和だ。これらを 3 項ずつにまとめて，③を利用するとウマクいく！

$=(1+\omega+\omega^2)+\omega^3(1+\omega+\omega^2)+\cdots\cdots+\omega^{15}(1+\omega+\omega^2)$　（各 $1+\omega+\omega^2=0$（③より））

$=0+0\cdot\omega^3+0\cdot\omega^6+\cdots\cdots+0\cdot\omega^{15}=0$ ……………………………(答)

実数係数の3次方程式の決定

絶対暗記問題 18　難易度 ★★　CHECK 1　CHECK 2　CHECK 3

3次方程式 $x^3+px^2+qx+5=0$ の1つの解が $2-i$ のとき，実数 p，q の値を求めよ。　（東京電機大＊）

ヒント！ 一般に，実数係数の3次方程式 $ax^3+bx^2+cx+d=0$ が虚数解 x_1+y_1i (x_1，y_1：実数) を解にもつならば，その共役複素数 x_1-y_1i も解にもつ。これも大事だから覚えておこう。

解答＆解説

p，q が実数より，実数係数の3次方程式：$\underset{a}{1}\cdot x^3+\underset{b}{p}x^2+\underset{c}{q}x+\underset{d}{5}=0$ が $\underset{\alpha}{2-i}$ を解にもつならば，この共役複素数 $\underset{\beta}{2+i}$ も解である。この他のもう1つの解を γ とおくと，解と係数の関係より

$$\begin{cases}(2-i)+(2+i)+\gamma=-p\left(=-\dfrac{p}{1}\right) & \cdots\cdots①\\ (2-i)(2+i)+(2+i)\gamma+\gamma(2-i)=q\left(=\dfrac{q}{1}\right) & \cdots\cdots②\\ (2-i)(2+i)\gamma=-5\left(=-\dfrac{5}{1}\right) & \cdots\cdots③\end{cases}$$

3次方程式の解と係数の関係の公式：

$$\begin{cases}\alpha+\beta+\gamma=-\dfrac{b}{a}\\ \alpha\beta+\beta\gamma+\gamma\alpha=\dfrac{c}{a}\\ \alpha\beta\gamma=-\dfrac{d}{a}\end{cases}$$

を使った！

③より，$(4-\underset{-1}{i^2})\gamma=-5$，$5\gamma=-5$　$\therefore\ \gamma=-1$

①より，$4+\underset{-1}{\gamma}=-p$　$\therefore\ p=-3$

②より，$4-\underset{-1}{i^2}+4\underset{-1}{\gamma}=q$，$4+1-4=q$　$\therefore\ q=1$

以上より，$p=-3$，$q=1$ ……………………………（答）

頻出問題にトライ・4　難易度 ★★★　CHECK 1　CHECK 2　CHECK 3

3次方程式 $x^3+ax+b=0$ (ただし $b\neq 0$) の1つの解を α とおくと，他の2つの解は α^2，α^3 になる。このとき，次の問いに答えよ。

(1) a，b および α の値を求めよ。

(2) n を正の整数とするとき，α^{3n} を求めよ。

解答は P237

5. 不等式の証明には，4 つの計算テクがある！

これから，式の計算と証明について解説する。ここではまず，すべての計算の基礎となる分数式の計算や恒等式についてもう **1** 度復習しておこう。さらに，不等式の証明法についても詳しく説明する。この不等式の証明に不可欠な **4** つの手法についても詳述するつもりだ。

● 分数式や恒等式について復習しよう！

分数式同士の割り算については，次の公式があったんだね。

$$\frac{B}{A} \div \frac{D}{C} = \frac{B}{A} \times \frac{C}{D}$$

$\frac{D}{C}$ の逆数をとって，割り算をかけ算に変える。

たとえば，

$$\frac{x+1}{x-1} \div \frac{x+1}{x^2-1} = \frac{x+1}{x-1} \times \frac{x^2-1}{x+1}$$

$$= \frac{(x+1)(x-1)}{x-1} = x+1 \quad \text{となる。}$$

（ただし，$x \neq \pm 1$）

また**繁分数**の計算にも，慣れるようにしよう。

$$\frac{\frac{B}{A}}{\frac{D}{C}} = \frac{BC}{AD}$$

分子の分母は下へ

分母の分母は上へ

たとえば，

$$\frac{1}{1-\frac{1}{1-x}} = \frac{1}{\frac{1-x-1}{1-x}} = \frac{1}{\frac{-x}{1-x}}$$

$$= \frac{x-1}{x}$$ となる。（ただし，$x \neq 0,\ 1$）

上の **2** つの基本事項は，実は同じことを言っているのはわかるね。
それでは次，恒等式についても解説しておこう。これは整式の除法のところでも出てきたけれど，両辺がまったく同じ等式のことを**恒等式**と呼ぶ。だから，恒等式として

$x^2-3x+1=x^2+px+q$ が与えられたならば，両辺の各係数を比較して，$p=-3$，$q=1$ と定まる。

それでは次の例題をやってごらん。

◆例題 1 ◆

次の恒等式が成り立つように定数 p，q の値を定めよ。

$$\frac{3x^2+3}{x^3+x^2+2x+2} = \frac{x-p}{x^2+2} + \frac{q}{x+1}$$

（摂南大＊）

解答

$$\frac{3x^2+3}{x^3+x^2+2x+2}=\frac{x-p}{x^2+2}+\frac{q}{x+1}=\frac{(x-p)(x+1)+q(x^2+2)}{(x^2+2)(x+1)}$$

$(x-p)(x+1)=x^2+(1-p)x-p$, $q(x^2+2)=qx^2+2q$, $(x^2+2)(x+1)=x^3+x^2+2x+2$

$$=\frac{(q+1)x^2+(1-p)x+2q-p}{x^3+x^2+2x+2}$$

$q+1=3$, $1-p=0$, $2q-p=3$

これは恒等式より，両辺の各係数を比較して

$q+1=3$，$1-p=0$，$2q-p=3$

これを解いて，$p=1$，$q=2$ …………(答)

はじめの2式から，$p=1$，$q=2$ がわかり，これは3番目の式 $2q-p=3$ もみたす。

● 整式にも最大公約数と最小公倍数がある！

2つの数36と60の最大公約数を G，最小公倍数を L とおくと，右図より

$$\begin{cases}\text{最大公約数 } G=2\times2\times3=12\\ \text{最小公倍数 } L=2\times2\times3\times3\times5=180\end{cases}$$

となるのは，大丈夫だね。

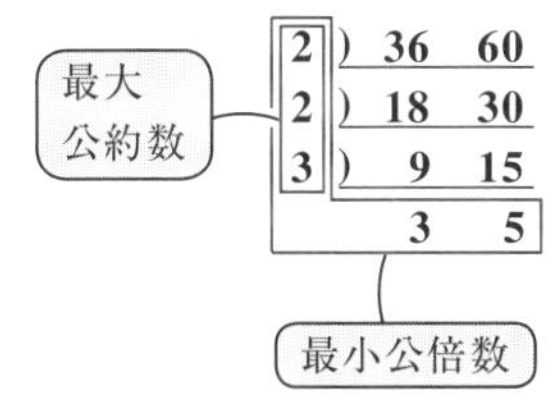

これと同様に，2つの整式にも最大公約数と最小公倍数が存在する。たとえば，$f(x)=x^3-1$，$g(x)=x^3-x^2+2x-2$ が与えられたとすると，

$$\begin{cases}f(x)=(x-1)(x^2+x+1)\\ g(x)=(x-1)(x^2+2)\end{cases}$$

となる。

公式：$a^3-b^3=(a-b)(a^2+ab+b^2)$

$g(1)=1-1+2-2=0$ より，$(x-1)$ で割り切れる。

	1,	−1,	2,	−2
1)		1	0	2
	1	0	2	(0)

組立て除法

よって数値のときと同様に，2つの整式 $f(x)$ と $g(x)$ の

・最大公約数は

$x-1$

・最小公倍数は

$(x-1)(x^2+x+1)(x^2+2)$　となるんだね。

最大公約数: $x-1$) $f(x)$ $g(x)$ / x^2+x+1 x^2+2 最小公倍数

● 不等式の証明には，4つの公式がある！

$A \geqq B$ や $X < Y$ のような不等式が与えられたとき，これが常に成り立つことを示すのに，次の4つの公式が役に立つ。

不等式の証明に使う4つの公式

(1) $A^2 \geqq 0$，$A^2 + B^2 \geqq 0$　など（A，B：実数）

(2) $|a| \geqq a$　（a：実数）

(3) 相加・相乗平均の公式

$a \geqq 0$，$b \geqq 0$ のとき，$a + b \geqq 2\sqrt{ab}$

（等号成立条件：$a = b$）

(4) $a > b \geqq 0$ のとき，$a^2 > b^2$

$a \geqq 0$，$b \geqq 0$ のとき，
$(\sqrt{a} - \sqrt{b})^2 \geqq 0$
$a - 2\sqrt{ab} + b \geqq 0$
$\therefore a + b \geqq 2\sqrt{ab}$
が成り立つ。
$\sqrt{a} - \sqrt{b} = 0$，すなわち
$a = b$ のとき，等号が
成り立つ。

(1)は当たり前だね。実数 A や B を2乗したものは必ず0以上になるからね。たとえば，$(x-1)^2$ は，どんな実数 x の値に対しても，常に $(x-1)^2 \geqq 0$ をみたす。

ここで，(1)の応用として，次の公式も成り立つ。

実数 A，B について，　$A^2 + B^2 = 0 \iff A = B = 0$

A，B は実数より，当然 $A^2 \geqq 0$，$B^2 \geqq 0$ だね。よって，$A^2 + B^2 = 0$ となるとき，たとえば $A^2 = 2$，$B^2 = -2$ などとはなり得ない。
つまり，$A^2 = 0$ かつ $B^2 = 0$ しかないんだね。よって，$A = B = 0$ が成り立つ。
逆に $A = B = 0$ ならば，明らかに $A^2 + B^2 = 0$ は成り立つ。
これも，試験では頻出だから必ず覚えておこう。

(2)は，$\begin{cases} (\text{i})\ a \geqq 0 \text{ のとき } |a| = a \text{ であり} \\ (\text{ii})\ a < 0 \text{ のとき } \underset{\oplus}{|a|} > \underset{\ominus}{a} \text{ となる。} \end{cases}$

よって，(i)(ii)より，$|a| \geqq a$ となる。これも頻出パターンだ。

(3) 相加・相乗平均の公式は，$(\sqrt{a} - \sqrt{b})^2 \geqq 0$ …①　から導ける。

①より，$a - 2\sqrt{ab} + b \geqq 0$　　よって，公式：$a + b \geqq 2\sqrt{ab}$ が導けるんだね。等号成立条件は，①より，$\sqrt{a} = \sqrt{b}$ すなわち $a = b$ のときになる。

では，これも例題で練習しておこう。

$x \neq 0$ のとき $P = \dfrac{4x^4+1}{x^2}$ の最小値を求めよう。

$P = 4x^2 + \dfrac{1}{x^2}$ で，$x \neq 0$ より，$x^2 > 0$

よって，相加・相乗平均の式を用いると，

$P = 4x^2 + \dfrac{1}{x^2} \geqq 2\sqrt{4x^2 \cdot \dfrac{1}{x^2}} = \boxed{4}$ （最小値）

$\left[\ a + b \geqq 2\sqrt{ab}\ \right]$

> 等号成立条件
>
> $4x^2 = \dfrac{1}{x^2}$ $[a = b]$
>
> $x^4 = \dfrac{1}{4}$ $x^2 = \dfrac{1}{2}$ $(\because x^2 > 0)$
>
> $\therefore x = \pm\dfrac{1}{\sqrt{2}}$

$\therefore x = \pm\dfrac{1}{\sqrt{2}}$ のとき，P は最小値 4 をとる。

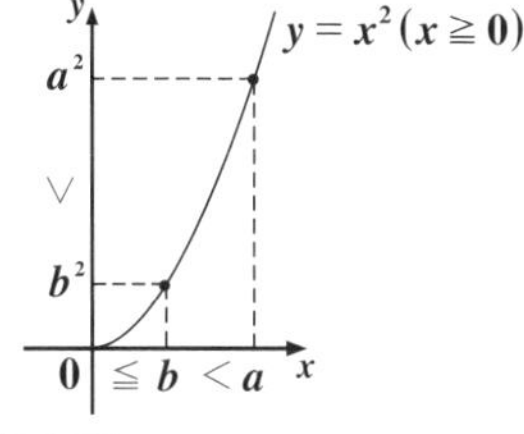

(4) $y = x^2\ (x \geqq 0)$ のグラフから明らかに，

$a > b \geqq 0$ ならば，$a^2 > b^2$ が言える。

> a, b が 0 以上のとき，逆に
> $a^2 > b^2$ ならば $a > b$ も成り立つ。

これから，実数 x についての不等式 $x - 1 \geqq \sqrt{3-x}$ ……①

を解いてみようか。これは注意深く解く必要があるんだよ。

$$\begin{cases} \sqrt{\quad} \text{ 内は } 0 \text{ 以上より } \ 3 - x \geqq 0 \quad \therefore x \leqq 3 \\ x - 1 \geqq \sqrt{3-x} \geqq 0 \text{ より } \ x - 1 \geqq 0 \quad \therefore 1 \leqq x \end{cases}$$

以上より，$1 \leqq x \leqq 3$ ……②

①の両辺は 0 以上，すなわち $x - 1 \geqq \sqrt{3-x} \geqq 0$ より

①の両辺を 2 乗して，（両辺を 2 乗するには，このチェックがいる！）

$(x-1)^2 \geqq 3 - x$ $\quad x^2 - 2x + 1 \geqq 3 - x$

$x^2 - x - 2 \geqq 0$ $\quad (x+1)(x-2) \geqq 0$

$\therefore x \leqq -1$ または $2 \leqq x$ ……③

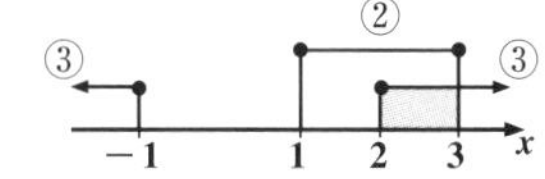

以上②，③より，求める x の値の範囲は

$2 \leqq x \leqq 3$ となる。

解き方の要領は，これでつかめたと思う。

それでは，絶対暗記問題でさらに腕を磨いていこう！

等式の証明，式の値

絶対暗記問題　19	難易度 ★★	CHECK 1	CHECK 2	CHECK 3

(1) $\dfrac{1}{a}+\dfrac{1}{b}+\dfrac{1}{c}=1$……①，$a+b+c=5$……②　のとき，

$(a-1)(b-1)(c-1)=4$ となることを示せ。　　（神奈川大）

(2) $\dfrac{a}{a+b}=\dfrac{b}{b+c}=\dfrac{c}{c+a}=k$ のとき，k の値を求めよ。

ただし，$a+b+c \fallingdotseq 0$ とする。　　（日本大）

ヒント！ (1) ①より $ab+bc+ca=abc$ が導ける。(2) $A=B=C=k$ の形の式は，3 つの式 $A=k$，$B=k$，$C=k$ に分解して考える。

解答＆解説

(1) ①より，$\dfrac{bc+ca+ab}{abc}=1$　　$\therefore\ ab+bc+ca=abc$　……①′

また，$a+b+c=5$　……②

与式の左辺 $=(a-1)(b-1)(c-1)=(a-1)(bc-b-c+1)$

$=abc-ab-ca+a-bc+b+c-1$

$=abc-(ab+bc+ca)+(a+b+c)-1$

（$ab+bc+ca$ は abc（①′より），$a+b+c$ は 5（②より））

$=abc-abc+5-1$　（①′，②より）

$=4=$ 与式の右辺　……………………………………（終）

(2) 与式を分解して，$\dfrac{a}{a+b}=k$，$\dfrac{b}{b+c}=k$，$\dfrac{c}{c+a}=k$

よって，
$$\begin{cases} a=k(a+b) & \cdots\cdots③ \\ b=k(b+c) & \cdots\cdots④ \\ c=k(c+a) & \cdots\cdots⑤ \end{cases}$$

③＋④＋⑤より，　$a+b+c=2k(a+b+c)$

ここで，$a+b+c \fallingdotseq 0$ より，両辺を $a+b+c$ で割って

$2k=1$　　$\therefore\ k=\dfrac{1}{2}$　……………………………………（答）

$A^2+B^2=0$ の応用, 式の値

絶対暗記問題 20	難易度 ★★	CHECK 1	CHECK 2	CHECK 3

$\mathbf{0}$ でない $\mathbf{3}$ つの実数 a, b, c が $a^2+8b^2+9c^2-4ab-12bc=0$ …①

をみたす。このとき，$a:b:c$ の比を求め，$\dfrac{a^2+b^2+c^2}{ab+bc+ca}$ の値を求めよ。

ヒント！ ①式を変形して $A^2+B^2=0$ の形に持ち込み，これから $A=0$ かつ $B=0$ を導いて，$a:b:c$ の比を求めればいいね。

解答＆解説

$a^2+8b^2+9c^2-4ab-12bc=0$ ……① を変形して

$(a^2-4ab+4b^2)+(4b^2-12bc+9c^2)=0$

$a^2-4ab+4b^2=(a-2b)^2$ と平方完成することが出来，残りのものでもう $\mathbf{1}$ つの平方完成が出来る！

$(a-2b)^2+(2b-3c)^2=0$

$\therefore\ a-2b=0$ かつ $2b-3c=0$

$A^2+B^2=0$ ならば，$A=0$ かつ $B=0$ (A, B：実数)

$a=2b$ から $a:b=2:1\ (=6:\underline{3})$

$2b=3c$ から $b:c=\underline{3}:2$

$\therefore\ a:b:c=6:3:2$ ……② ……………………(答)

②より，$a=6k,\ b=3k,\ c=2k\ (k\neq 0)$ とおくと

$$\frac{a^2+b^2+c^2}{ab+bc+ca}=\frac{(6k)^2+(3k)^2+(2k)^2}{6k\times 3k+3k\times 2k+2k\times 6k}$$

$$=\frac{(36+9+4)\cancel{k^2}}{(18+6+12)\cancel{k^2}}=\frac{49}{36}$$ ……………………(答)

不等式の証明

絶対暗記問題 21　難易度 ★★　CHECK1　CHECK2　CHECK3

次の不等式が成り立つことを示せ。(a, b は実数とする。)

(1) $|a|+|b| \geqq |a+b|$　　(2) $a^2+2ab+2b^2 \geqq 0$

(3) $a^2+10b^2+4 \geqq 6ab+4b$

ヒント！ (1) の両辺は共に 0 以上なので，(左辺)$^2 \geqq$(右辺)^2，つまり(左辺)$^2-$(右辺)$^2 \geqq 0$ を示せばいい。このとき，$|\alpha| \geqq \alpha$ も使う。(2)，(3) は，共に $A^2+B^2 \geqq 0$ の形にもち込めるよ。頑張れ！

解答＆解説

(1) $|a|+|b| \geqq |a+b|$　……(＊) について

この両辺は 0 以上より，(左辺)$^2-$(右辺)$^2 \geqq 0$

を示せばよい。

(左辺)$^2-$(右辺)^2

$=(|a|+|b|)^2-(a+b)^2$

$=|a|^2+2|a||b|+|b|^2-(a^2+2ab+b^2)$

$=a^2+2|ab|+b^2-a^2-2ab-b^2$

$=2(|ab|-ab)$

ここで，$|ab| \geqq ab$ より ← $|\alpha| \geqq \alpha$ だ！

(左辺)$^2-$(右辺)$^2 \geqq 0$　∴ (＊) は成り立つ。　……………………(終)

$A \geqq 0$, $B \geqq 0$ のとき，$A^2 \geqq B^2$ を示せば，$A \geqq B$ を示したのと同じだ。

$|a+b|^2=(a+b)^2$ と変形できる。どうせ 2 乗するから絶対値の意味がなくなるからだ。$|a|^2=a^2$, $|b|^2=b^2$ も同様だ。

(2) $a^2+2ab+2b^2=(a^2+2b\cdot a+b^2)+b^2$　(2 で割って 2 乗)

$=(a+b)^2+b^2 \geqq 0$　($\because$ $(a+b)^2 \geqq 0$, $b^2 \geqq 0$)　(0 以上)(0 以上)　← これ，“なぜなら” 記号

∴ $a^2+2ab+2b^2 \geqq 0$　……………………………………(終)

(3) 左辺 − 右辺 $=a^2+10b^2+4-(6ab+4b)$

$=(a^2-6b\cdot a+9b^2)+(b^2-4b+4)$　(2 で割って 2 乗)(2 で割って 2 乗)

$=(a-3b)^2+(b-2)^2 \geqq 0$　($\because$ $(a-3b)^2 \geqq 0$, $(b-2)^2 \geqq 0$)　(0 以上)(0 以上)

以上より，$a^2+10b^2+4 \geqq 6ab+4b$　……………………………(終)

相加・相乗平均と最小値

絶対暗記問題 22　難易度 ★★★　CHECK1　CHECK2　CHECK3

(1) すべての実数 x について，$x^2+x+1>0$ を示せ。

(2) $x^2+x+\dfrac{4}{x^2+x+1}$ の最小値を求めよ。

ヒント！ (1) は，$x^2+x+1=\left(x+\dfrac{1}{2}\right)^2+\dfrac{3}{4}$ と変形すればいいね。(2) は，$X=x^2+x+1$ とおくと，$X>0$ より，相加・相乗平均の式の形が見えてくるはずだ。

解答＆解説

(1) $x^2+1\cdot x+1=\left(x^2+1\cdot x+\dfrac{1}{4}\right)+\dfrac{3}{4}=\left(x+\dfrac{1}{2}\right)^2+\dfrac{3}{4}>0$

（2で割って2乗）（0以上）（⊕）

$\therefore\ x^2+x+1>0$ ……………………………………(終)

(2) 与式 $=x^2+x+1+\dfrac{4}{x^2+x+1}-1$ ……①

ここで，$X=x^2+x+1$ とおくと，(1) の結果より，$X>0$

（正確には，$X=\left(x+\dfrac{1}{2}\right)^2+\dfrac{3}{4}$ より，$X\geqq\dfrac{3}{4}$ だね。）

よって，①に相加・相乗平均の式を用いると

与式 $=X+\dfrac{4}{X}-1\geqq2\sqrt{X\cdot\dfrac{4}{X}}-1=4-1=3$（最小値）

$[A+B-1\geqq2\sqrt{A\cdot B}-1]$

（$A+B\geqq2\sqrt{A\cdot B}$ の両辺から同じ1を引いても，この不等式は成り立つ。）

等号成立条件：$X=\dfrac{4}{X}$ $[A=B]$ より，

$X^2=4$　$\therefore\ X=2$　これは，$X\geqq\dfrac{3}{4}$ をみたす。

以上より，$x^2+x+\dfrac{4}{x^2+x+1}$ の最小値は，3 である。…………(答)

頻出問題にトライ・5　難易度 ★★★　CHECK1　CHECK2　CHECK3

次の不等式を証明せよ。

(1) $a^2+b^2+c^2\geqq ab+bc+ca$　（ただし，文字はすべて実数とする）

(2) $a^3+b^3+c^3\geqq3abc$　（ただし，a，b，c はすべて正の数とする）

解答は P237

講義1 ● 方程式・式と証明　公式エッセンス

1. 二項定理

$(a+b)^n$ を展開した式の一般項は，${}_n\mathrm{C}_r a^{n-r} b^r$　$(r=0,\ 1,\cdots,\ n)$

2. 2次方程式の解の判別

2次方程式 $ax^2+bx+c=0$ は，

(i) $D>0$ のとき，相異なる2実数解をもつ。

(ii) $D=0$ のとき，重解をもつ。

(iii) $D<0$ のとき，相異なる2虚数解をもつ。

3. 2次方程式の解と係数の関係

2次方程式 $ax^2+bx+c=0$ の2解を α，β とおくと，

(i) $\alpha+\beta=-\dfrac{b}{a}$　　(ii) $\alpha\beta=\dfrac{c}{a}$

4. 解と係数の関係の逆利用

$\alpha+\beta=p$，$\alpha\beta=q$ のとき，α と β を2解にもつ x の2次方程式は，

$$x^2-\underset{\substack{\shortparallel\\(\alpha+\beta)}}{p}x+\underset{\substack{\shortparallel\\ \alpha\beta}}{q}=0$$

5. 剰余の定理：整式 $f(x)$ について，

$f(a)=r \iff f(x)$ を $x-a$ で割った余りは r

6. 因数定理：整式 $f(x)$ について，

（余り $r=0$ の場合）

$f(a)=0 \iff f(x)$ は $x-a$ で割り切れる。

7. 3次方程式の解と係数の関係

3次方程式 $ax^3+bx^2+cx+d=0$ の3解が α，β，γ のとき，

(i) $\alpha+\beta+\gamma=-\dfrac{b}{a}$　(ii) $\alpha\beta+\beta\gamma+\gamma\alpha=\dfrac{c}{a}$　(iii) $\alpha\beta\gamma=-\dfrac{d}{a}$

8. 不等式の証明に使う4つの公式

相加・相乗平均の不等式：

$a\geqq 0$，$b\geqq 0$ のとき，$a+b\geqq 2\sqrt{ab}$（等号成立条件：$a=b$）など。

講義 Lecture

2 図形と方程式

- 内分点・外分点の公式
- 直線の方程式、点と直線の距離
- 円の方程式、円の接線
- 軌跡、領域、領域と最大・最小

講義2 図形と方程式

1. 内分点の公式は，“たすきがけ” で覚えよう！

さァ，これから“**図形と方程式**”の講義に入ろう。ここで扱う図形は平面図形のみで，具体的には，**点**や**直線**や**円**について勉強する。そして，今回勉強するのはその中の“**点**”についてなんだよ。最初はやさしいけれど，やさしいときにこそシッカリ基礎を固めていこう！

● 2点間の距離は三平方の定理で求まる！

まず，図1のような直角三角形が与えられたとする。ここで，斜辺 c の2乗を a，b で表せ，といわれたら，当然，三平方の定理を用いて，

$c^2 = a^2 + b^2$ とするのはいいね。ここで，$c > 0$ だから

$c = \sqrt{a^2 + b^2}$ ……① と表される。

図1 まず三平方の定理から始めよう

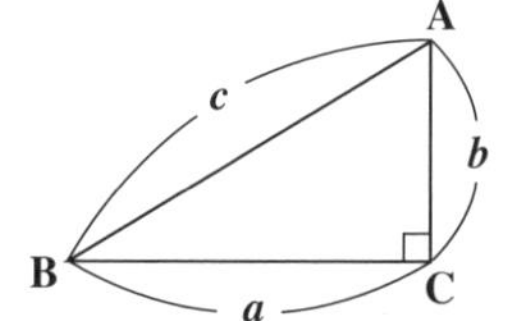

今，この斜辺 c を線分ABとおいて，2点A，B間の距離(線分ABの長さ)を求める問題におきかえてみよう。図2のように，直角三角形ABCを，xy 座標平面上にもってきて，2点A，Bの座標が $A(x_1,\ y_1)$，$B(x_2,\ y_2)$ となったとすると，

$a^2 = (x_1 - x_2)^2$，$b^2 = (y_1 - y_2)^2$

なので，2点A，B間の距離 $AB(=c)$ は，①より

$$AB = \sqrt{(x_1 - x_2)^2 + (y_1 - y_2)^2}$$

図2 2点A，B間の距離

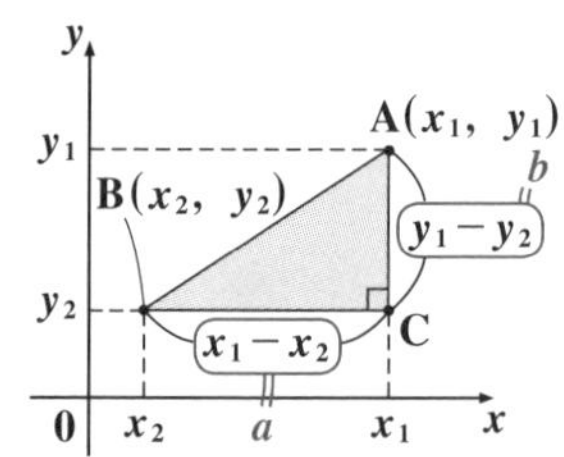

となる。これは2点間の距離を求める公式だから，シッカリ覚えてくれ。図2では，$x_1 > x_2$，$y_1 > y_2$ となってたけど，公式では，$(x_1 - x_2)^2$，$(y_1 - y_2)^2$ のように，どちらも2乗の形だから，x_1 と x_2，y_1 と y_2 の大小関係はどうでもよくて，$(x_2 - x_1)^2$，$(y_2 - y_1)^2$ としてもいいよ。

特に，2点O(0, 0)，$A(x_1, y_1)$ 間の距離OAは，図3より，$OA=\sqrt{(x_1-0)^2+(y_1-0)^2}$ となって，

$\boxed{OA=\sqrt{x_1{}^2+y_1{}^2}}$ と，簡単になる。これも公式だから，シッカリ覚えよう。

図3 O, A 間の距離

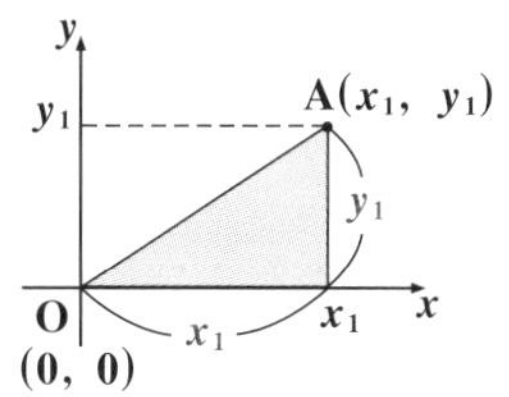

● 内分点の公式は，“たすきがけ”構造だ！

図4のように，x 軸上に2点A(1)，B(3)をとる。これは2つの点A，Bの x 座標がそれぞれ1，3と言っているんだよ。

ここで，この2点A，Bを結ぶ線分を2：1に内分する点Pの x 座標 α をこれから求めてみるよ。

図4 線分ABを2：1に内分する点P

(2)　(1)
A(1)　P(α)　B(3)　x

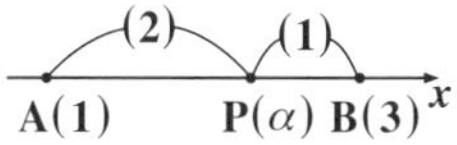

まず，P(α) とおくと，当然 $1<\alpha<3$ となる。図4より，

$PA=\alpha-1$ ……①，$PB=3-\alpha$ ……②

また，PA：PB＝2：1と言っているわけだから，$2PB=PA$ ……③

①，②を③に代入して，$2(3-\alpha)=\alpha-1$

$$6-2\alpha=\alpha-1,\quad 3\alpha=7\qquad \therefore\ \alpha=\frac{7}{3}$$

これから，求める点Pの座標は，$P\left(\frac{7}{3}\right)$ となるんだね。

これをより一般化して，$A(x_1)$，$B(x_2)$，そして線分ABを $m:n$ に内分する点をP(α) とおくと，図5のようなイメージになるだろう。さっきと同様に，

図5 線分ABを $m:n$ に内分する点P

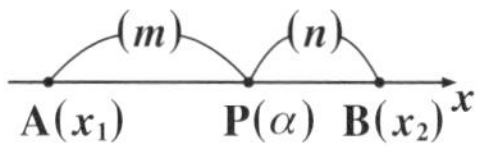

(m)　(n)
$A(x_1)$　P(α)　$B(x_2)$　x

$$\alpha=\frac{nx_1+mx_2}{m+n}$$

(これが内分点の公式だ)

$PA:PB=m:n$

$(\alpha-x_1):(x_2-\alpha)=m:n$

$m(x_2-\alpha)=n(\alpha-x_1)$

$(m+n)\alpha=nx_1+mx_2$ となるから，α は

$\alpha=\boxed{\dfrac{nx_1+mx_2}{m+n}}$ となって，内分点の公式が導ける。

さっきの例では，$x_1=1$，$x_2=3$，$m=2$，$n=1$ だったから，この公式に代入すると，$\alpha=\dfrac{\overset{1}{n}\,\overset{1}{x_1}+\overset{2}{m}\,\overset{3}{x_2}}{\underset{2}{m}+\underset{1}{n}}=\dfrac{1\times1+2\times3}{2+1}=\dfrac{7}{3}$ となって，一発で答えが出てくる。公式の威力がわかっただろう？

それでは，これをより一般化して，xy 平面上の 2 点 $A(x_1,\ y_1)$，$B(x_2,\ y_2)$ を結ぶ線分 AB を $m:n$ に内分する点 $P(\alpha,\ \beta)$ の座標を求めてみるよ。

図 6 から，x 座標のときと同様に，点 P の y 座標 β についても同じ形の公式が導けるのがわかるだろう。よって，次の内分点の公式が導ける。

図 6　内分点の公式

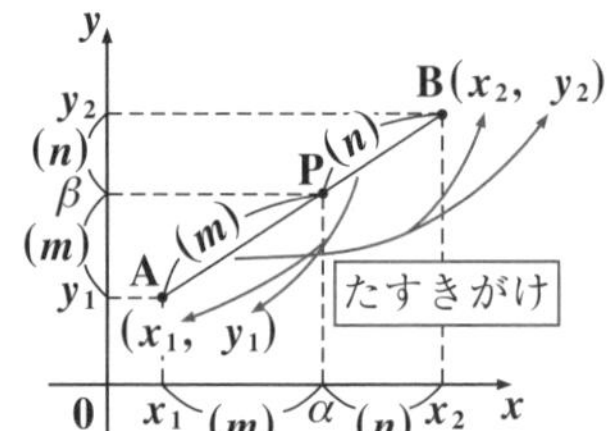

内分点の公式

2 点 $A(x_1,\ y_1)$，$B(x_2,\ y_2)$ を結ぶ線分 AB を $m:n$ に内分する点 P の座標は，

$$P\left(\frac{nx_1+mx_2}{m+n},\ \frac{ny_1+my_2}{m+n}\right)$$ となる。

公式はわかったけど，覚えるのが大変だって？
いいよ。内分点の公式を覚えるコツは，ズバリ次の通りだ。

内分点の公式は「たすきがけ」だ！

公式の分母はいずれも $m+n$ で問題ないね。そして，図 6 に示すように，分子は，m と n の，x_1，x_2 および y_1，y_2 へのかけ方が，いずれもたすきがけになってるだろ？ これが，公式を覚えるコツなんだ。

特別な場合として，線分 AB の中点 M の座標は

$M\left(\dfrac{x_1+x_2}{2},\ \dfrac{y_1+y_2}{2}\right)$ となることも覚えておくと便利だよ。

$m=1$，$n=1$ のとき
$M\left(\dfrac{1\cdot x_1+1\cdot x_2}{1+1},\ \dfrac{1\cdot y_1+1\cdot y_2}{1+1}\right)$ だからだ。

● 外分点は，その意味を理解しよう！

2点 $A(x_1, y_1)$, $B(x_2, y_2)$ を結ぶ線分 AB を $m:n$ に外分する点 Q の公式は，内分点の公式の n の代わりに $-n$ を代入するだけだ。次の公式を覚えよう。

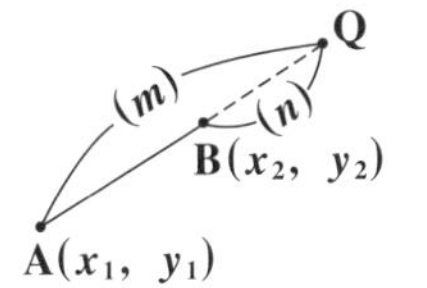

図7 (i) 外分点 $(m>n)$

$$\text{外分点 } Q\left(\frac{-nx_1+mx_2}{m-n},\ \frac{-ny_1+my_2}{m-n}\right)$$

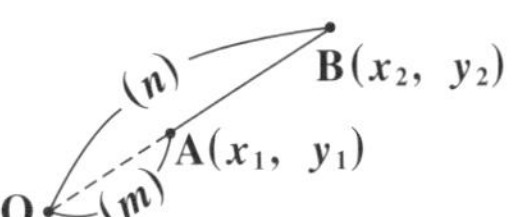

図8 (ii) 外分点 $(m<n)$

ただし，外分の意味がわかりづらいんだね。

(i) $m>n$ のとき，線分 AB の外分点 Q の位置は，図7のように，B の右側に出てくるんだよ。

(ii) $m<n$ のとき，線分 AB の外分点 Q は，図8のように，A の左側の位置にくる。

このように，イメージがつかめると，問題も解きやすくなると思う。

● △ABC の重心 G は，内分点の公式の2連発だ！

3点 $A(x_1, y_1)$, $B(x_2, y_2)$, $C(x_3, y_3)$ でできる△ABC の重心 G の座標は次のように求められる。

まず，線分 BC の中点 M の座標を $M(p, q)$ とおくと，

$p=\dfrac{x_2+x_3}{2}$ ……②, $q=\dfrac{y_2+y_3}{2}$ ……③ だね。

ここで，さらに線分 AM を 2：1 に内分する点が重心 G だね。したがって，G の座標を $G(X, Y)$ とおくと，

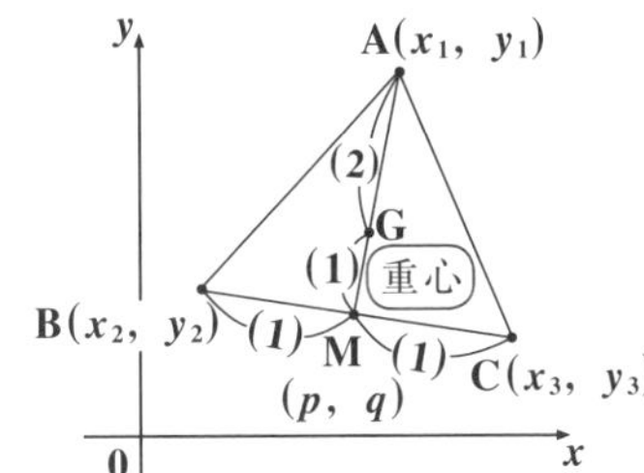

図9 三角形の重心

$$X=\frac{1\cdot x_1+2\cdot p}{2+1}=\frac{1}{3}(x_1+x_2+x_3)\quad(\text{②より})$$

（$2\cdot p$ は x_2+x_3）

$$Y=\frac{1\cdot y_1+2\cdot q}{2+1}=\frac{1}{3}(y_1+y_2+y_3)\quad(\text{③より})$$

（$2\cdot q$ は y_2+y_3）

$$\therefore\ G\left(\frac{x_1+x_2+x_3}{3},\ \frac{y_1+y_2+y_3}{3}\right) \text{ となる。}$$

これも大事な公式だからシッカリ覚えよう。

内分点の座標と線分の長さ

絶対暗記問題 23	難易度 ★	CHECK 1	CHECK 2	CHECK 3

xy 座標平面上に，3 点 A$(2,\ -2)$，B$(-1,\ 4)$，C$(-5,\ 0)$ がある。

(1) 線分 AB を $2:1$ の比に内分する点 P，および線分 BC を $1:3$ の比に内分する点 Q の座標を求めよ。

(2) 線分 PQ の中点 M の座標，および線分 PQ の長さを求めよ。

ヒント！ (1) は，文字通り内分公式の問題だ。計算がメンドウと感じるかもしれないが，慣れてしまえばなんでもないよ。(2) で，“線分 PQ の長さ”と言ってるけれど，これは 2 点 P，Q 間の距離と同じ意味だ。

解答＆解説

(1) 2 点 A$(2,\ -2)$，B$(-1,\ 4)$ を結ぶ線分 AB を $2:1$ に内分する点 P の座標は，

$$\mathrm{P}\left(\frac{1\times2+2\times(-1)}{2+1},\ \frac{1\times(-2)+2\times4}{2+1}\right)$$

内分点の公式：$\mathrm{P}\left(\dfrac{nx_1+mx_2}{m+n},\ \dfrac{ny_1+my_2}{m+n}\right)$ より。
$\left(\begin{array}{l} m=2,\ n=1,\ x_1=2,\ x_2=-1, \\ \qquad y_1=-2,\ y_2=4 \end{array}\right)$

$\therefore$ P$(0,\ 2)$ ……………………………(答)

また，2 点 B$(-1,\ 4)$，C$(-5,\ 0)$ を結ぶ線分 BC を $1:3$ に内分する点 Q の座標は，

$$\mathrm{Q}\left(\frac{3\times(-1)+1\times(-5)}{1+3},\ \frac{3\times4+1\times0}{1+3}\right)$$

内分点の公式！

$\therefore$ Q$(-2,\ 3)$ ……………………………(答)

(2) 2 点 P$(0,\ 2)$，Q$(-2,\ 3)$ を結ぶ線分 PQ の中点 M の座標は，

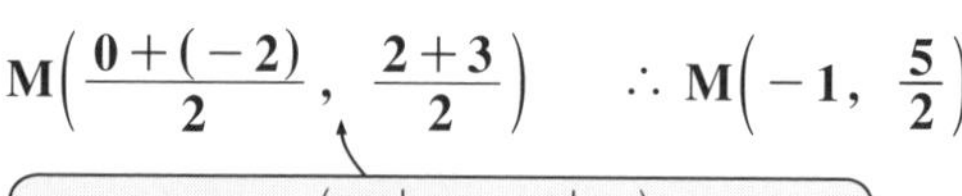

$$\mathrm{M}\left(\frac{0+(-2)}{2},\ \frac{2+3}{2}\right)\qquad \therefore\ \mathrm{M}\left(-1,\ \frac{5}{2}\right)$$

中点の公式：$\mathrm{M}\left(\dfrac{x_1+x_2}{2},\ \dfrac{y_1+y_2}{2}\right)$ を使った！

……(答)

また，2 点 P，Q を結ぶ線分の長さ PQ は，

$$\mathrm{PQ}=\sqrt{\{0-(-2)\}^2+(2-3)^2}$$
$$=\sqrt{2^2+(-1)^2}=\sqrt{5}$$ …………………(答)

公式：$\sqrt{(x_1-x_2)^2+(y_1-y_2)^2}$ を使った！

外分点と重心の座標

絶対暗記問題 24 難易度 ★ CHECK1 CHECK2 CHECK3

3 点 A(1, 3), B(4, 6), C(5, 3) がある。
(1) 線分 AB を 5 : 2 の比に外分する点 P の座標を求めよ。
(2) 線分 AC を 3 : 1 の比に内分する点 Q の座標を求めよ。
(3) △APQ の重心 G の座標を求めよ。

ヒント！ (1) の線分 AB を 5 : 2 に外分する点 P の座標は，内分公式の $n=2$ の代わりに，$-n=-2$ を使えば求まる。(3) の三角形の重心は x, y 座標共に，3 つの座標をたして，3 で割ればいい。

解答＆解説

(1) 2 点 A(1, 3), B(4, 6) を結ぶ線分 AB を 5 : 2 に外分する点 P の座標は，$P\left(\frac{-2\times1+5\times4}{5-2},\ \frac{-2\times3+5\times6}{5-2}\right)$

外分点の公式：$P\left(\frac{-nx_1+mx_2}{m-n},\ \frac{-ny_1+my_2}{m-n}\right)$ を使った！

∴ 点 P(6, 8) ……………………………(答)

(2) 2 点 A(1, 3), C(5, 3) を結ぶ線分 AC を 3 : 1 に内分する点 Q の座標は，$Q\left(\frac{1\times1+3\times5}{3+1},\ \frac{1\times3+3\times3}{3+1}\right)$

∴ 点 Q(4, 3) ……………………………(答)

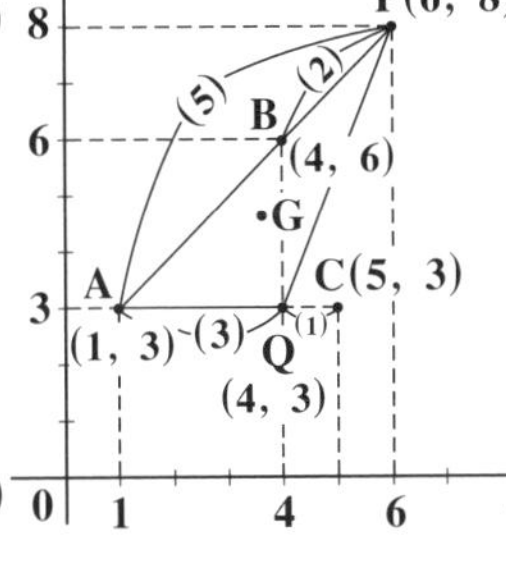

(3) 3 点 A(1, 3), P(6, 8), Q(4, 3) でできる三角形 APQ の重心 G の座標は，

$G\left(\frac{1+6+4}{3},\ \frac{3+8+3}{3}\right)$

重心の公式：$G\left(\frac{x_1+x_2+x_3}{3},\ \frac{y_1+y_2+y_3}{3}\right)$ を使った！

よって，三角形 APQ の重心 $G\left(\frac{11}{3},\ \frac{14}{3}\right)$ ……(答)

頻出問題にトライ・6 難易度 ★★ CHECK1 CHECK2 CHECK3

3 点 A(−2, 4), B(α, 2), C(8, −1) がある。点 C は，線分 AB を $m:n$ の比に外分するものとする。原点を O(0, 0) とする。
(1) $m:n$ の比を，最も簡単な整数比で表せ。 (2) α の値を求めよ。
(3) △OAC の重心 G の座標と，2 点 O, G 間の距離を求めよ。

解答は P238

2. 2直線の位置関係は，傾きで決まる！

前回は，点について勉強した。今回は直線について詳しく解説しよう。2直線の位置関係や，点と直線の距離など，今回も盛り沢山だよ！

● 直線の方程式には2つの型がある！

xy 座標平面上で直線の式を書けと言われたら，みんな，$y=mx+n$ と答えるだろうね。そう，傾き m，y 切片 n の直線の式だね。でも，この式ですべての直線を表すことはできない。x 軸に垂直な (y 軸に平行な) 直線は，$x=k$ の形でしか表せない。つまり，直線の方程式には，$y=mx+n$ と $x=k$ の2つのタイプがある。

図1 (i) 直線 $y=mx+n$

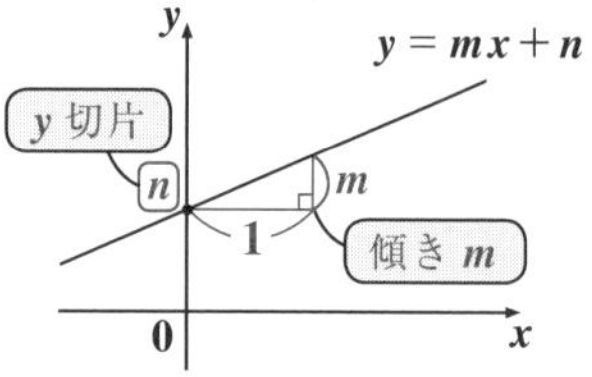

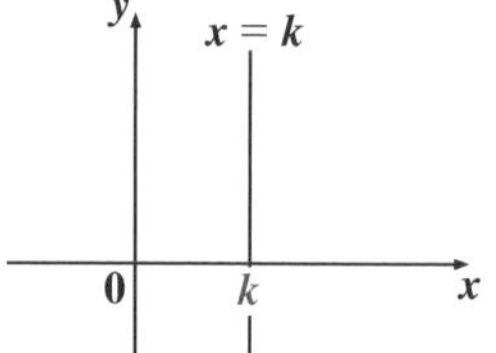

図2 直線 $x=k$

● 直線の方程式の求め方は3通りだ！

直線の方程式の求め方には3通りの方法がある。

3つの直線の方程式の求め方

(i) 傾き m，y 切片 n が与えられている場合，

$$y=mx+n$$ (図1参照)

(ii) 傾き m と，直線の通る点 $A(x_1,\ y_1)$ が与えられている場合，

$$y=m(x-x_1)+y_1$$ (図3参照)

x にかかる係数 m が傾きなんだね。また，$x=x_1$ のとき $y=m(x_1-x_1)+y_1=y_1$ となって，ナルホド点Aを通る。

(iii) 直線の通る2点 $A(x_1,\ y_1)$，$B(x_2,\ y_2)$ が与えられている場合，(ただし，$x_1 \neq x_2$)

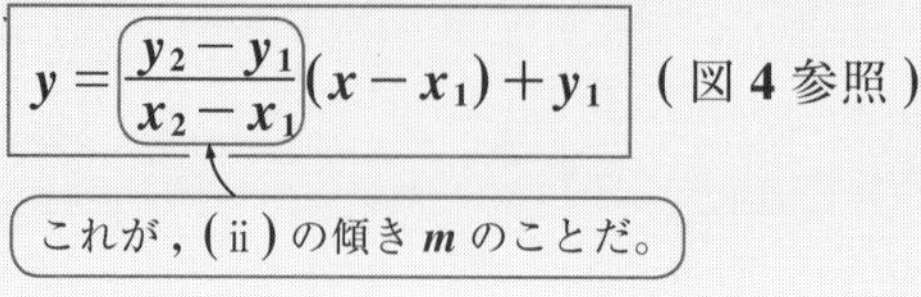

$$y=\frac{y_2-y_1}{x_2-x_1}(x-x_1)+y_1$$ (図4参照)

これが，(ii) の傾き m のことだ。

図3 (ii) $y=m(x-x_1)+y_1$

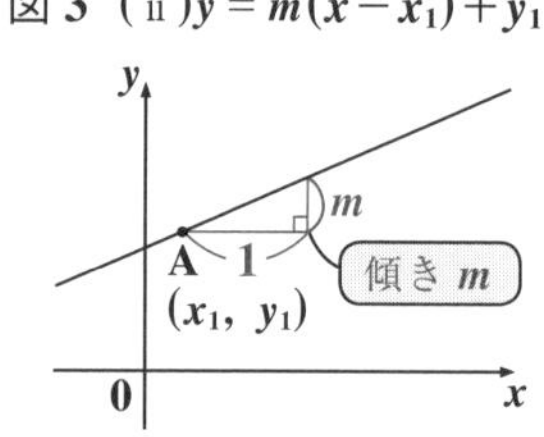

図4 (iii) $y=\frac{y_2-y_1}{x_2-x_1}(x-x_1)+y_1$

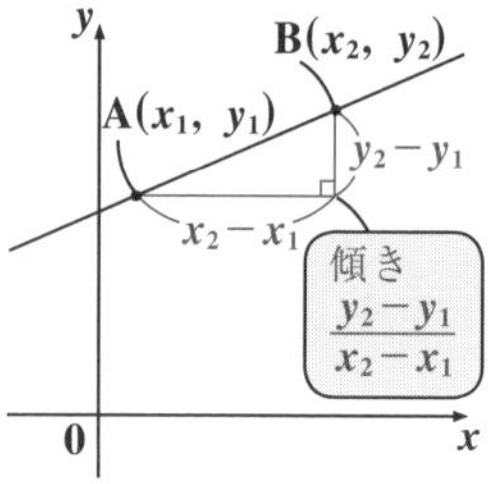

(iii) の公式は，(ii) の直線の式の傾き m を，図 4 のように 2 点 A，B の x 座標と y 座標で，$\dfrac{y_2 - y_1}{x_2 - x_1}$ と表しただけだね。ただし，これには $x_1 \neq x_2$ の条件がつく。もし $x_1 = x_2$ ならば，直線の式は $x = \underset{k\,(\text{定数})}{\boxed{x_1}}$ となって，図 2 のような y 軸に平行な直線になる。

● 2直線の位置関係の決め手は傾きだ！

次に，2 つの直線の位置関係について説明するよ。2 直線 l_1 と l_2 が

$$\begin{cases} l_1 : y = m_1 x + n_1 \\ l_2 : y = m_2 x + n_2 \end{cases}$$

と与えられたとすると，この 2 直線の位置関係は次の通りだ！

2直線の位置関係

(i) $m_1 \neq m_2$ のとき，1 点で交わる。

(ii) $m_1 = m_2$ かつ $n_1 = n_2$ のとき，一致する。

(iii) $m_1 = m_2$ かつ $n_1 \neq n_2$ のとき，平行である。

(iv) $m_1 \times m_2 = -1$ のとき，直交する。

2 直線の位置関係

図 5 (i) $m_1 \neq m_2$

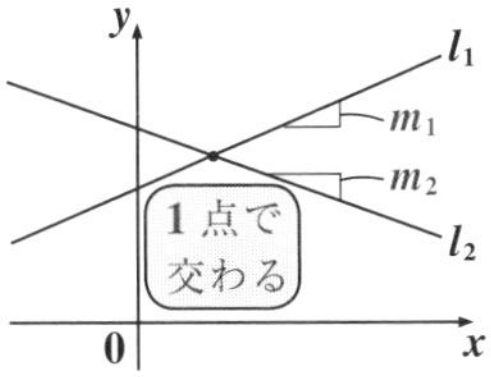

図 6 (ii) $m_1 = m_2$，$n_1 = n_2$

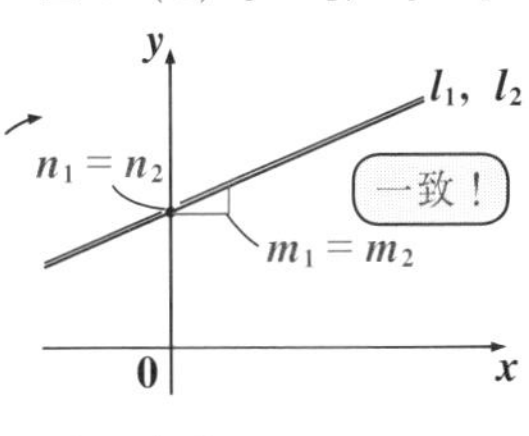

図 7 (iii) $m_1 = m_2$，$n_1 \neq n_2$

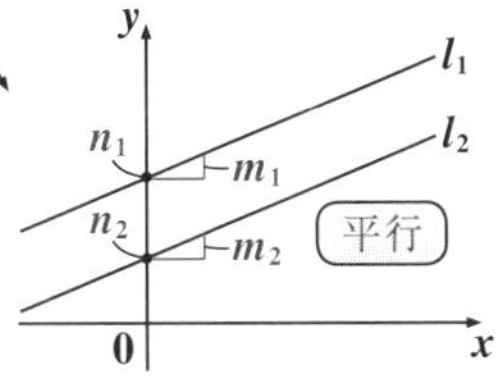

図 8 (iv) $m_1 \times m_2 = -1$

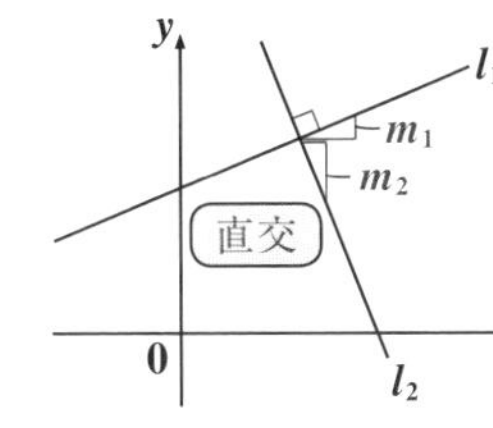

以上 (i)～(iv) のグラフのイメージを図 5～図 8 に描いておくから視覚的に理解しておこう。

特に大事なポイント，2 直線の平行条件 ($l_1 \,/\!/\, l_2$) と直交条件 ($l_1 \perp l_2$) を単純化して次に示す。

2 直線 l_1，l_2 は，
(i) $m_1 = m_2$ **ならば平行**
(ii) $m_1 \times m_2 = -1$ **ならば直交**

この証明は三角関数(P115)で示す。

よって，2 直線 $y = \underline{2}x + 1$ と $y = \underline{2}x - 3$ は平行だし，$y = \underline{3}x - 1$ と $y = \underline{-\frac{1}{3}}x + 5$ は直交するんだね。

● 点と直線の距離の公式もマスターしよう！

今まで直線の式を，$y=mx+n$ や $x=k$ で表してきたけれど，より一般的な直線の表し方として，$ax+by+c=0$ があることも知っておいてくれ。

上の2つの式も $\underset{a}{m}\cdot x\underset{b}{-1}\cdot y+\underset{c}{n}=0$ や $\underset{a}{1}\cdot x+\underset{b}{0}\cdot y\underset{c}{-k}=0$ として，この形で表すことができる。

そして，この形に直線を表すことにより，点と直線との距離が次の公式で求まる。これは，頻繁に使われる公式なので，絶対暗記だ！

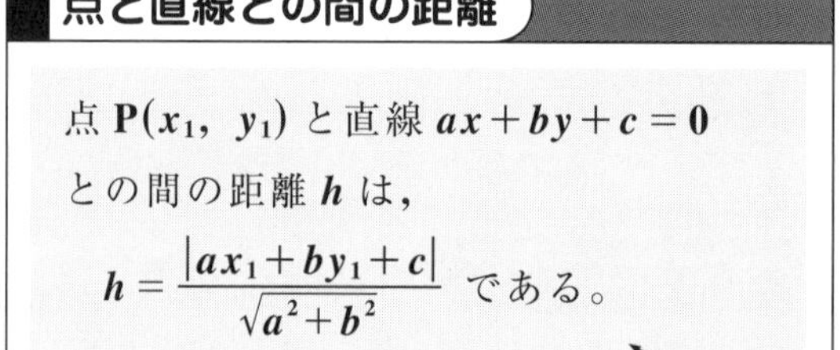

点と直線との間の距離

点 $P(x_1,\ y_1)$ と直線 $ax+by+c=0$ との間の距離 h は，

$$h=\frac{|ax_1+by_1+c|}{\sqrt{a^2+b^2}}$$ である。

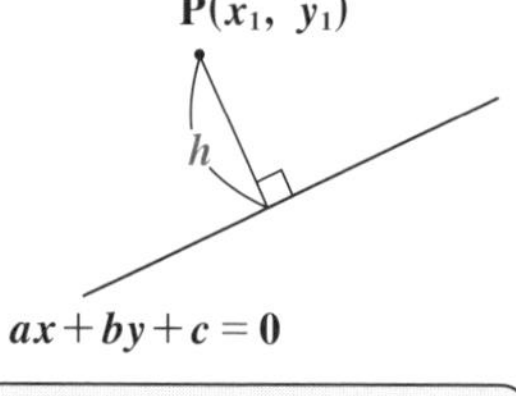

図9 点と直線との距離 h

この公式の証明は，絶対暗記問題26でやろう！

◆例題2◆

点 $(-2,\ -5)$ と直線 $4x+3y+8=0$ との間の距離 h を求めよ。

（八戸工大）

解答 点 $(\underset{x_1}{-2},\ \underset{y_1}{-5})$ と直線 $\underset{a}{4}x+\underset{b}{3}y+\underset{c}{8}=0$ との間の距離 h は，

$$h=\frac{|4\cdot(-2)+3\cdot(-5)+8|}{\sqrt{4^2+3^2}}=\frac{|-15|}{\sqrt{25}}=\frac{15}{5}=3 \quad \cdots\cdots(答)$$

公式：$h=\dfrac{|ax_1+by_1+c|}{\sqrt{a^2+b^2}}$ を使った！

結構複雑な公式だけど，こうして使って慣れるといいんだよ。

● 文字定数の入った直線にチャレンジだ！

これから，文字定数 k を含んだ直線の式について話すよ。たとえば，$2x+(k+1)y+2k-2=0$ ……㋐（k は定数）と，直線の式が与えられたとする。これは，k に，0，-2，…などいろんな値を代入することにより，さまざまな直線の式を表すんだね。つまり，これは直線というよりも，直線群の式と言えるんだ。

だけど，k の値がどんなに変化しても，これら直線群は，図 10 のように，必ずある 1 つの定点を通る。この定点を求めるためのコツは，ズバリ

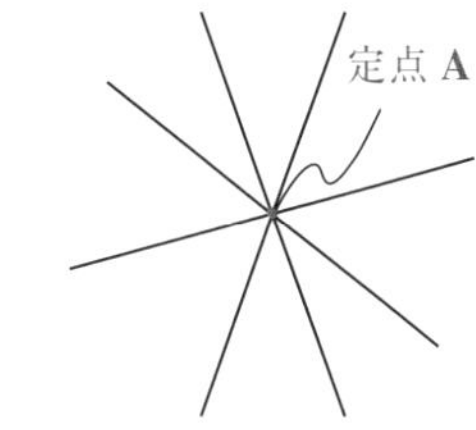

図 10　文字定数 k を含んだ直線群と定点

"文字定数 k でまとめよ！"

ということなんだ。今回の㋐の式も文字定数 k でまとめると，

$(\underline{2x+y-2})+\underline{k}(\underline{y+2})=0$ だ。このとき，k がどんなに変化しても，

（$2x+y-2=0$，k：任意，$y+2=0$　自由に値をとり得るってこと！）

$2x+y-2=0$ かつ $y+2=0$ ならば㋐は成り立つ。よって，これを解いて，$x=2$，$y=-2$ となるから，㋐は k の値に関わらず，必ず定点 $(2,\ -2)$ を通ることがわかる。

● 絶対値の入った直線の式は場合分けで求める！

絶対値は，次のように場合分けできるのは大丈夫だね。

絶対値の式の変形

$$|A|=\begin{cases} A & (A \geqq 0 \text{ のとき}) \\ -A & (A < 0 \text{ のとき}) \end{cases}$$

絶対値内の式 A の ⊕，⊖によって場合分けするんだね。

よって，関数 $y=|x-2|$ が与えられた場合も，

$$y=|x-2|=\begin{cases} x-2 & (x \geqq 2 \text{ のとき}) \\ -(x-2) & (x < 2 \text{ のとき}) \end{cases}$$

となる。つまり，

(i) $x \geqq 2$ のとき，$y=x-2$，
(ii) $x < 2$ のとき，$y=-x+2$ となり，

これをグラフで表すと，図 11 のようになる。

図 11　絶対値の入った直線 $y=|x-2|$ のグラフ

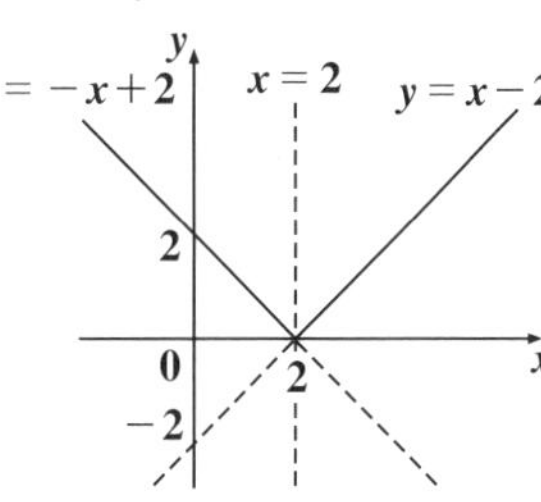

このように，直線の式以外でも，絶対値の入った関数は，絶対値内の式の正・負によって，場合分けするといいんだよ。

文字定数の入った直線の問題

絶対暗記問題 25	難易度 ★	CHECK 1	CHECK 2	CHECK 3

定点 $\mathbf{A(1,\ 1)}$ と直線 $\boldsymbol{l}$: $\boldsymbol{kx+(k+1)y-2=0}$ がある。(ただし，$\boldsymbol{k}$ は定数) 次の各問いに答えよ。

(1) $\boldsymbol{k}$ の値にかかわらず，直線 $\boldsymbol{l}$ の通る定点 **B** の座標を求めよ。

(2) **2** 点 **A, B** を通る直線の方程式を求めよ。

(3) 定点 **A** と直線 $\boldsymbol{l}$ との距離が **1** となるとき，$\boldsymbol{k}$ の値を求めよ。

ヒント！ **(1)** では，直線 $\boldsymbol{l}$ の式を $\boldsymbol{k}$ でまとめて，定点 **B** の座標を出すんだね。**(2)** では，直線 $\boldsymbol{l}$ が，**B** を通ることは間違いないので，**A** も通るようにすればいい。**(3)** では，点と直線の距離の公式を使う。

解答＆解説

(1) 直線 $\boldsymbol{l}$: $\boldsymbol{kx+(k+1)y-2=0}$ ……①を $\boldsymbol{k}$ でまとめると，

$\boldsymbol{k(x+y)+(y-2)=0}$ 　よって，$\boldsymbol{x+y=0}$ かつ $\boldsymbol{y-2=0}$ のとき

（k：任意，$x+y=0$，$y-2=0$）

$\boldsymbol{x=-2,\ y=2}$ だから，直線 $\boldsymbol{l}$ の通る定点 **B** の座標は，

$\mathbf{B(-2,\ 2)}$ ……………………………………………………(答)

(2) 直線 $\boldsymbol{l}$ は必ず定点 $\mathbf{B(-2,\ 2)}$ を通るので，これが点 $\mathbf{A(1,\ 1)}$ を通るようにすればよい。

（直線 **AB** とは，点 $\mathbf{A(1,\ 1)}$ を通る直線 $\boldsymbol{l}$ のことだ！）

よって，①に点 **A** の座標を代入して

$\boldsymbol{k\times 1+(k+1)\times 1-2=0}$ 　$\therefore\ \boldsymbol{k=\frac{1}{2}}$

これを①に代入してまとめると，直線 **AB** の方程式は

$\boldsymbol{x+3y-4=0}$ ……………………………(答)

（$k=\frac{1}{2}$ のとき，①は，$\frac{1}{2}x+\frac{3}{2}y-2=0$ この両辺を **2** 倍した！）

(3) 点 **A** と直線 $\boldsymbol{l}$ との距離が **1** より

$$\frac{|k\times 1+(k+1)\times 1-2|}{\sqrt{k^2+(k+1)^2}}=1,\ |2k-1|=\sqrt{2k^2+2k+1}$$

（点 $\mathbf{A}(\overset{x_1}{1},\ \overset{y_1}{1})$ と直線 $\boldsymbol{l}$: $\overset{a}{k}x+(\overset{b}{k+1})y\overset{c}{-2}=0$ との距離 $\boldsymbol{h}$ は，公式より $h=\frac{|ax_1+by_1+c|}{\sqrt{a^2+b^2}}$ だ。）

この両辺を **2** 乗して，

$\boldsymbol{(2k-1)^2=2k^2+2k+1,\ 4k^2-4k+1=2k^2+2k+1}$

$\boldsymbol{2k^2-6k=0,\ 2k(k-3)=0}$

よって，求める $\boldsymbol{k}$ の値は，$\boldsymbol{k=0,\ 3}$ ……………………………(答)

点と直線との距離の公式の証明

絶対暗記問題 26　難易度 ☆☆☆　CHECK 1　CHECK 2　CHECK 3

直線 $l: ax+by+c=0$ と，l 上にない点 $P(x_1, y_1)$ がある。点 P から直線 l に下した垂線の足を $H(x_2, y_2)$ とおくとき，線分 PH の長さを求めよ。ただし，$a \neq 0$ かつ $b \neq 0$ とする。

ヒント！ 点と直線との間の距離 $h(=PH)$ を求める公式の証明問題だね。l と PH が直交するので，それぞれの傾きの積が -1 となることがポイントだ。

解答＆解説

直線 $l: ax+by+c=0$ ……①

に対して，l 上にない点 $P(x_1, y_1)$ から l に下した垂線の足を $H(x_2, y_2)$ とおくと，H は l 上の点より，

直線 l：
$ax+by+c=0$
$P(x_1, y_1)$
h
H
(x_2, y_2)

$ax_2+by_2+c=0$ ……②　（①より）

また，l の傾きは，$-\dfrac{a}{b}$

垂線 PH の傾きは $\dfrac{y_2-y_1}{x_2-x_1}$ であり，$l \perp PH$ より $-\dfrac{a}{b} \times \dfrac{y_2-y_1}{x_2-x_1} = -1$

$\therefore \dfrac{x_2-x_1}{a} = \dfrac{y_2-y_1}{b}$ ……③　ここで，③$=k$ とおくと，

$$\begin{cases} x_2 = ak + x_1 & \cdots\cdots ④ \\ y_2 = bk + y_1 & \cdots\cdots ④' \end{cases}$$

$\dfrac{x_2-x_1}{a} = k$ より，$x_2 = ak + x_1$
y_2 も同様

④と④′を②に代入して，まとめると，

$a(ak+x_1)+b(bk+y_1)+c=0$　　$(a^2+b^2)k = -(ax_1+by_1+c)$

$\therefore k = -\dfrac{ax_1+by_1+c}{a^2+b^2}$ ……⑤

以上より，$PH^2 = (x_2-x_1)^2 + (y_2-y_1)^2$ を求めると，

（$x_2-x_1 = ak$（④より），$y_2-y_1 = bk$（④′より））

$PH^2 = a^2k^2 + b^2k^2 = (a^2+b^2)k^2 = (a^2+b^2) \cdot (-1)^2 \cdot \dfrac{(ax_1+by_1+c)^2}{(a^2+b^2)^2}$　（k^2（⑤より））

$\therefore PH = \sqrt{\dfrac{(ax_1+by_1+c)^2}{a^2+b^2}} = \dfrac{|ax_1+by_1+c|}{\sqrt{a^2+b^2}}$ となる。……………………（答）　（$\sqrt{\alpha^2} = |\alpha|$）

2 直線の交点を通る直線

絶対暗記問題 27　難易度 ★　CHECK 1　CHECK 2　CHECK 3

直線 $y = ax + b$ を l とする，また直線 $y = 2x - 7$ を l_1，直線 $y = -3x + 8$ を l_2 とし，2 直線 l_1 と l_2 の交点を P とする。直線 l は交点 P を通り，直線 l_1 に垂直である。a，b の値を求めよ。　(国士舘大＊)

ヒント！ 直線 l は，直線 l_1 と垂直なので，その傾きが $a = -\frac{1}{2}$ となることはスグに分かる。後は，l_1 と l_2 の交点 $P(x_1, y_1)$ を求めて，直線の方程式 $y = a(x - x_1) + y_1$ の形にもち込めばいい。別解として，交点 P を求めずに l を求める方法も示すね。

解答＆解説

直線 l_1：$y = 2x - 7$ ………①

直線 l_2：$y = -3x + 8$ ……②　とおく。

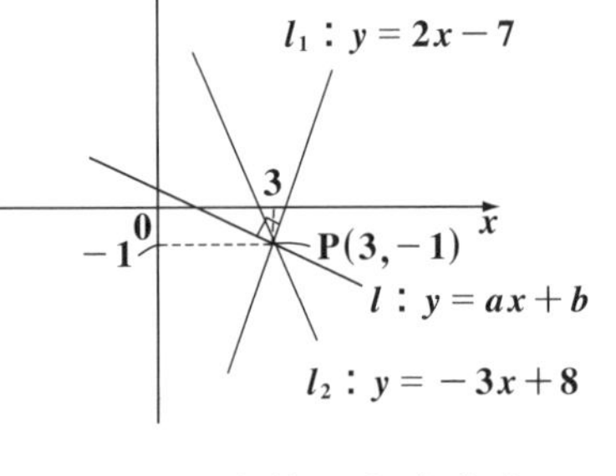

①，②より y を消去して，

$2x - 7 = -3x + 8$　　$5x = 15$

$\therefore x = 3$　これを①に代入して，

$y = 2 \times 3 - 7 = -1$

よって，2 直線 l_1 と l_2 の交点 P の座標は，P(3, −1) である。

直線 l：$y = ax + b$ は，点 $P(\underset{x_1}{3}, \underset{y_1}{-1})$ を通り，傾き 2 の直線 l_1 と直交するので，その傾き a は，$a = -\frac{1}{2}$ である。← 2×a = −1 だからね。

∴直線 l の方程式は，

$$y = -\frac{1}{2}(x - 3) - 1 \quad より，\quad y = \underbrace{-\frac{1}{2}}_{a}x + \underbrace{\frac{1}{2}}_{b}$$

$[\ y = \ a\ (x - x_1) + y_1]$

$\therefore a = -\frac{1}{2}$，$b = \frac{1}{2}$ ……………………………………………(答)

参考

一般に 2 直線 l_1：$a_1x+b_1y+c_1=0$ と l_2：$a_2x+b_2y+c_2=0$ との交点 P を通る任意の直線 l は，文字定数 k を用いて，次式で表される。

$$a_1x+b_1y+c_1+k(a_2x+b_2y+c_2)=0 \quad \cdots\cdots(a)$$

$$(\text{および，}a_2x+b_2y+c_2=0)$$

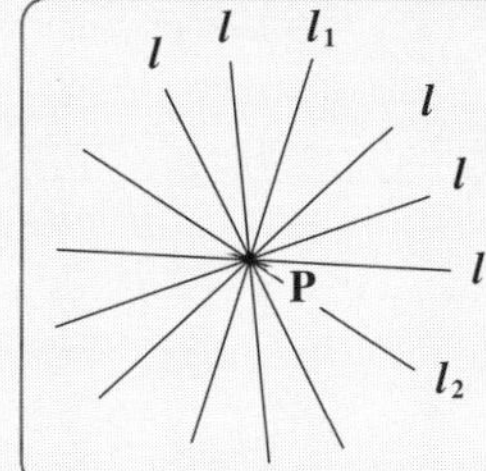

k の値を変化させれば，P を通る任意の直線になる。

何故なら，(a) は x と y の 1 次式なので，当然直線の式であり，さらに k の値がどんな値をとっても，

$\underline{a_1x+b_1y+c_1=0}$ かつ $\underline{a_2x+b_2y+c_2=0}$ で
（l_1 のこと）（l_2 のこと）

あれば，(a) はみたされる。よってこれは，右上図に示すように，l_1 と l_2 の交点を直線 l が通ることを表す。

ただし，$k=0$ のとき，(a) は l_1 を表せるが，k がどんな値をとっても，(a) で l_2 だけは表せない。よって，l_1 と l_2 の交点を通る任意の直線 l として，l_2 を別に加える必要があったんだね。納得いった？

別解

直線 l_1：$2x-y-7=0$ と直線 l_2：$3x+y-8=0$ との交点 P を通る直線 l は，$2x-y-7+k(3x+y-8)=0$ ……①

$$(\text{および，}3x+y-8=0)$$

①で解が求まらないときのみ，これは必要。一般には不要なことが多い。

と表せる。①を変形して，$(3k+2)x+(k-1)y-(8k+7)=0$

$$y=-\frac{3k+2}{k-1}x+\frac{8k+7}{k-1} \quad \cdots\cdots②$$

（$-\dfrac{3k+2}{k-1}=-\dfrac{1}{2}$）となる。$l \perp l_1$ より，l の傾きは，$-\dfrac{1}{2}$

$\therefore -\dfrac{3k+2}{k-1}=-\dfrac{1}{2}$　　$2(3k+2)=k-1$　　$5k=-5$　$\therefore k=-1$ …③

③を②に代入して，　$y=-\dfrac{1}{2}x+\dfrac{-8+7}{-1-1}$ より，　$y=-\dfrac{1}{2}x+\dfrac{1}{2}$ となる。

$\therefore a=-\dfrac{1}{2}$，$b=\dfrac{1}{2}$ ……………………………………………………(答)

絶対値の入った方程式のグラフ

絶対暗記問題 28 難易度 ★★ CHECK1 CHECK2 CHECK3

方程式 $|x|+|y|=k$ ……①（k：正の定数）で表される図形 D は，点 $(1,\ -1)$ を通る。このとき，k の値を求め，図形 D を xy 平面上に図示せよ。

ヒント！ ①が点 $(1,\ -1)$ を通ることから，これを①に代入して $k=2$ はすぐわかる。次に $|x|$ と $|y|$ の2つの絶対値があるので，絶対値内の⊕，⊖について，トータルで4通りの場合分けが必要になる。

解答＆解説

図形 D：$|x|+|y|=k$ ……①は点 $(1,\ -1)$ を通るので，これを①に代入して，成り立つ。

$|1|+|-1|=k\quad \therefore k=2$ …………（答）

よって①は，

$|x|+|y|=2$ ……②

$|x|=\begin{cases} x & (x\geqq 0) \\ -x & (x\leqq 0)\end{cases}$

$|y|=\begin{cases} y & (y\geqq 0) \\ -y & (y\leqq 0)\end{cases}$

よって，②は，
（ⅰ）$x\geqq 0,\ y\geqq 0$（ⅱ）$x\geqq 0,\ y\leqq 0$
（ⅲ）$x\leqq 0,\ y\geqq 0$（ⅳ）$x\leqq 0,\ y\leqq 0$
の4通りの場合分けが必要となる。

（ⅰ）$x\geqq 0$ かつ $y\geqq 0$ のとき，

②は，$x+y=2\quad \therefore y=-x+2$

（ⅱ）$x\geqq 0$ かつ $y\leqq 0$ のとき，

②は，$x-y=2\quad \therefore y=x-2$

（ⅲ）$x\leqq 0$ かつ $y\geqq 0$ のとき，

②は，$-x+y=2\quad \therefore y=x+2$

（ⅳ）$x\leqq 0$ かつ $y\leqq 0$ のとき，

②は，$-x-y=2\quad \therefore y=-x-2$

（ⅰ）$x\geqq 0$ かつ $y\geqq 0$ のとき，
$y=-x+2$ より

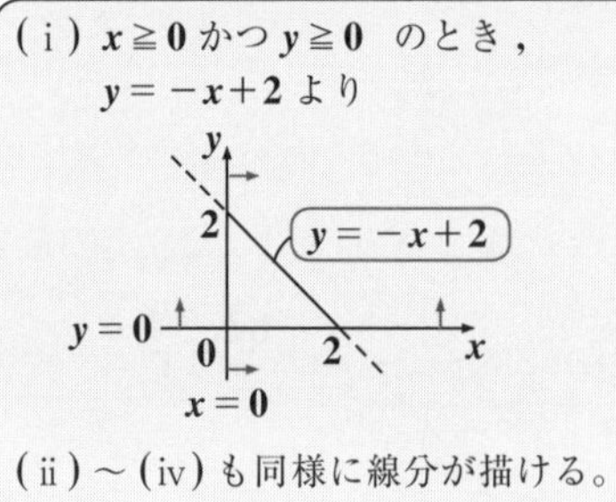

（ⅱ）～（ⅳ）も同様に線分が描ける。

以上（ⅰ）～（ⅳ）より，図形 D を xy 座標平面上に図示すると，右図のようになる。 ………（答）

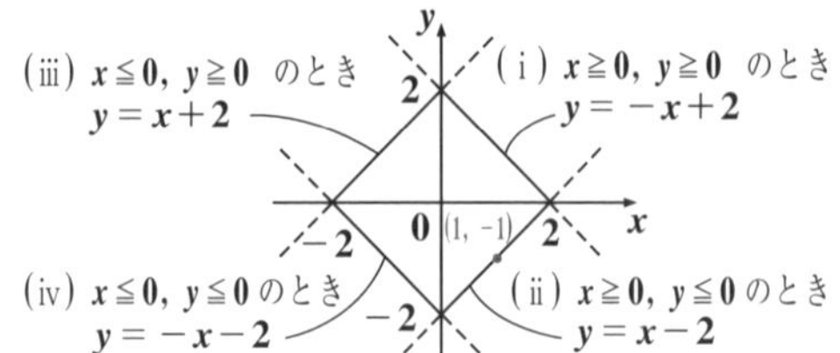

絶対値の入った関数のグラフの応用

絶対暗記問題 29 難易度 ★★ CHECK1 CHECK2 CHECK3

2つの関数 $f(x)=2|x-1|+1$ と，$g(x)=k(x-3)+2$ (k は実数) がある。

(1) $y=f(x)$ のグラフをかけ。

(2) $y=f(x)$ と $y=g(x)$ が 2 交点をもつとき，k の範囲を求めよ。

ヒント！ (1) の $y=f(x)$ のグラフは，(ⅰ) $x\geqq 1$ (ⅱ) $x<1$ の 2 通りの場合分けが必要だ。(2) では，$y=g(x)$ が，定点 $(3,\ 2)$ を通り，傾き k の直線であることに注意して，グラフを利用して解けばいい。

解答＆解説

(1) (ⅰ) $x\geqq 1$ のとき

$$f(x)=2(x-1)+1=2x-1$$

(ⅱ) $x<1$ のとき

$$f(x)=-2(x-1)+1=-2x+3$$

$|x-1|=\begin{cases} x-1 & (x\geqq 1) \\ -(x-1) & (x<1) \end{cases}$ だからね。

$y=-2x+3$　$x=1$　$y=2x-1$　3　1　0　1　-1　x　y

以上 (ⅰ)(ⅱ) より，$y=f(x)$ のグラフは右図のようになる。 ……………………………(答)

(2) $y=g(x)=k(x-3)+2$ は，定点 $(3,\ 2)$ を通る傾き k の直線であるから，$y=f(x)$ と $y=g(x)$ のグラフが 2 交点をもつための条件は，直線 $y=g(x)$ の傾き k の値に着目して，右図より明らかに

$$-2<k<\frac{1}{2}$$ ……………………………(答)

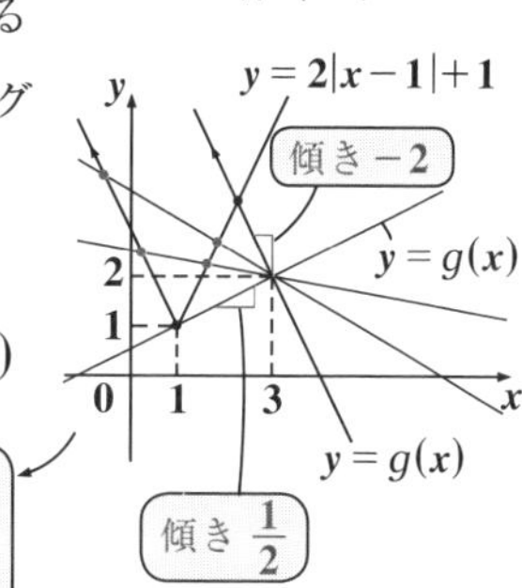

$k\leqq -2$, $k=\frac{1}{2}$, $k>2$ のときも，$y=f(x)$ と $y=g(x)$ は共有点をもつが，1 個だけなので，条件をみたさない！

頻出問題にトライ・7 難易度 ★★ CHECK1 CHECK2 CHECK3

$f(x)=-|x|+1\ (-2\leqq x\leqq 1)$ と $g(x)=a(x+1)+3$ がある。

(1) 関数 $y=f(x)$ のグラフを xy 平面上に図示せよ。

(2) $y=f(x)$ と $y=g(x)$ が共有点をもつような a の範囲を求めよ。

解答は P238

3. 円と直線の位置関係は，中心と直線との距離に着目しよう！

今回は，**円の方程式**の勉強だ。円そのものは，これまでも図形の問題などでよく利用してきたはずだ。でも，これを xy 座標平面上で方程式として表すにはどうするか？ また，**直線と円との位置関係**など，受験での頻出ポイントもていねいに解説する。楽しみにしてくれ。

● 円の方程式の決め手は中心と半径だ！

xy 座標平面上にコンパスで円をかくとき必要なものは，中心の位置と半径だね。指定された中心の位置にコンパスの針をあて，半径の分だけ広げて，クルリと回せば円が描ける。

同様に円の方程式の場合も中心 C の座標 $(a,\ b)$ と半径 r が与えられると，次のように表せる。

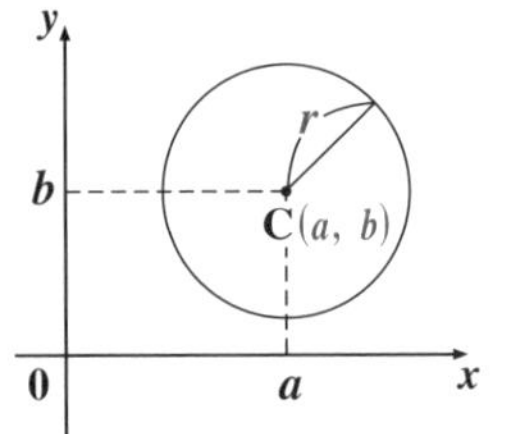

図 1 円の方程式 $(x-a)^2+(y-b)^2=r^2$

円の方程式

$$(x-a)^2+(y-b)^2=r^2 \quad (\text{中心 } \mathrm{C}(a,\ b),\ \text{半径 } r)$$

「へェ〜，こんな式で円が表せるのか」って思ってない？ いいよ，その理由を簡単に説明しておこう。

円周上を自由に動く動点 P を考え，これを $\mathrm{P}(x,\ y)$ とおく。また，中心 $\mathrm{C}(a,\ b)$ は，動かない定点だ。ここで，図 2 のように点 P がどんなに動いても，円周上の点だから，中心 C との距離 CP はつねに半径 r に等しい。

したがって，$\mathrm{CP}=r$ だ。

ここで，CP は，2 点間の距離の公式を使って，

$\mathrm{CP}=\sqrt{(x-a)^2+(y-b)^2}$ だね。

よって，$\sqrt{(x-a)^2+(y-b)^2}=r$ となる。

この両辺を 2 乗して，

図 2 動点 P が円を描く条件：$\mathrm{CP}=r$

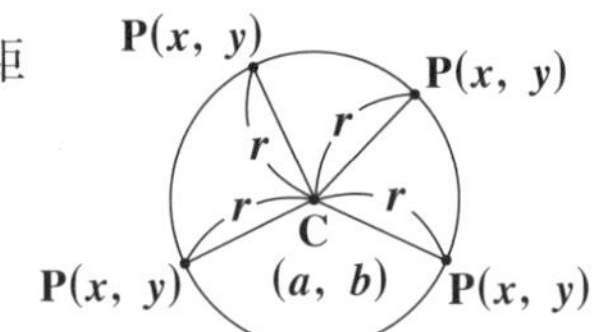

$(x-a)^2+(y-b)^2=r^2$ と円の方程式が出てくる。どう？面白かっただろ？それでは，もう 1 つ，中心が原点 $O(0,\ 0)$ の円の方程式も覚えてくれ。$a=0$，$b=0$ となって，単純な方程式になるんだね。

原点が中心の円の方程式

$x^2+y^2=r^2$　（中心 $O(0,\ 0)$，半径 r）

● $x^2+y^2+\alpha x+\beta y+\gamma=0$，これも円だ！

円の方程式として，$x^2+y^2+\alpha x+\beta y+\gamma=0$（$\alpha$，$\beta$，$\gamma$ は定数）の形で出てくることも多い。こういう場合は，放物線でやったような平方完成を 2 回やって，

$$\left(x^2+\alpha x+\frac{\alpha^2}{4}\right)+\left(y^2+\beta y+\frac{\beta^2}{4}\right)=-\gamma+\frac{\alpha^2}{4}+\frac{\beta^2}{4}$$

2 で割って 2 乗　　2 で割って 2 乗　　r^2 のこと

円の方程式になるためには，これが⊕でないといけない！

$\left(x+\dfrac{\alpha}{2}\right)^2+\left(y+\dfrac{\beta}{2}\right)^2=r^2$　$\left(r^2=-\gamma+\dfrac{\alpha^2}{4}+\dfrac{\beta^2}{4}>0\right)$ となるから，

中心 $C\left(-\dfrac{\alpha}{2},\ -\dfrac{\beta}{2}\right)$，半径 r（>0）の円になるんだね。

例として，$x^2+y^2+2x-4y+1=0$ が与えられたとき，これを変形して，

$(x^2+2x+1)+(y^2-4y+4)=-1+1+4$ より，

2 で割って 2 乗　　2 で割って 2 乗

$(x+1)^2+(y-2)^2=4$ となる。これは中心 $C(-1,\ 2)$，半径 2 の円だってわかるね。要領覚えた？

● 円と直線の位置関係は中心がポイントだ！

さァ，受験でも頻出の最重要テーマに入ろう。**円と直線の位置関係**の問題だ。

まず，円：$(x-a)^2+(y-b)^2=r^2$（中心 $C(a,\ b)$，半径 r），および直線：$lx+my+n=0$ が与えられたとする。このとき，この円と直線の位置関係を調べるポイントは，

中心と直線との距離 h と，半径 r を比較しよう！

ということなんだ。

円の中心 $\mathbf{C}(a,\ b)$ と直線：$lx+my+n=0$ との間の距離 h は，公式より，

$h=\dfrac{|la+mb+n|}{\sqrt{l^2+m^2}}$ となるんだね。

この距離 h と円の半径 r との大小関係で，円と直線との位置関係は決まる。すなわち，円と直線は，

> **(i)　$h<r$ のとき，2 交点をもつ。**
> **(ii)　$h=r$ のとき，接する。**
> **(iii)　$h>r$ のとき，共有点をもたない。**

以上 (i)，(ii)，(iii) に対応する図を，図 **3**，図 **4**，図 **5** に描いておいた。

図 **3**　(i)$h<r$ のとき 2 交点をもつ

$lx+my+n=0$

2 交点

$D>0$

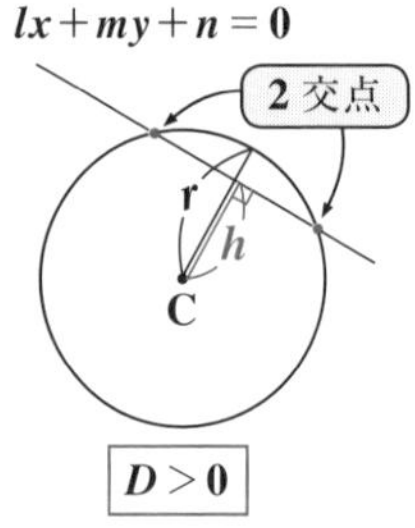

図 **4**　(ii)$h=r$ のとき 接する

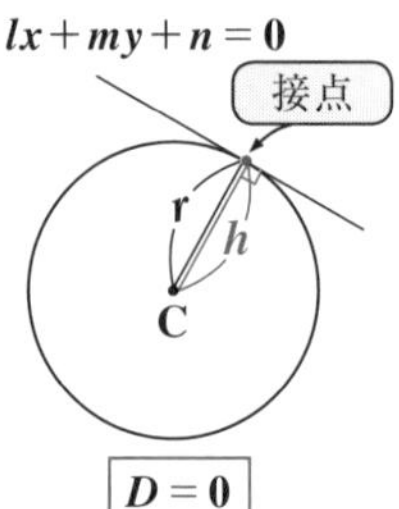

図 **5**　(iii)$h>r$ のとき 共有点をもたない

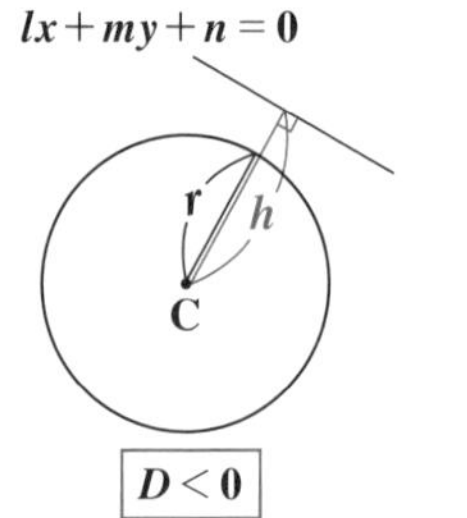

● 円と直線の位置関係は判別式でもわかる！

円　：$(x-a)^2+(y-b)^2=r^2$　……㋐と

直線：$lx+my+n=0\ (m\neq 0)$……㋑から，y を消去して，x の 2 次方程式にもち込むこともできる。この x の 2 次方程式の判別式 $D>0$ のとき，相異なる 2 実数解をもつので，㋐と㋑が 2 交点をもつはずだ。

なぜなら，この解は交点の x 座標のことだからだ。同様に $D=0$ のとき，㋐と㋑は接し，また $D<0$ のときは，共有点をもたないってことになるんだ。

これをまとめると，

(ⅰ) **判別式 $D>0$ のとき，2 交点をもつ。** ← 相異なる 2 実数解をもつ！
(ⅱ) **判別式 $D=0$ のとき，接する。** ← 重解をもつ！
(ⅲ) **判別式 $D<0$ のとき，共有点をもたない。** ← 実数解をもたない！

それじゃ，1 つ簡単な例題をやっておこう。

円：$x^2+y^2=1$ ……①と，直線：$2x+y+k=0$ ……②が接するときの k の値を求めることにするよ。

(Ⅰ) 円と直線との距離 h を使うパターン

円の中心 $O(0,\ 0)$ と直線 $2x+y+k=0$ との距離 h は，

$$h=\frac{|2\times0+0+k|}{\sqrt{2^2+1^2}}=\frac{|k|}{\sqrt{5}}$$

だね。また，半径 $r=1$ だね。円と直線が接するための条件：$h=r$ より

$\frac{|k|}{\sqrt{5}}=1,\ |k|=\sqrt{5}$　$\therefore k=\pm\sqrt{5}$　が答えだ！

(Ⅱ) 判別式を使うパターン

②より，$y=-2x-k$　　これを①に代入して

$x^2+(-2x-k)^2=1,\ \underset{a}{5}x^2+\underset{2b'}{4k}x+\underset{c}{(k^2-1)}=0$　　$\frac{D}{4}=b'^2-ac$

$\therefore$ 円と直線の接する条件：判別式 $\frac{D}{4}=\boxed{(2k)^2-5(k^2-1)=0}$ より，

$-k^2+5=0,\ k^2=5$　　$\therefore k=\pm\sqrt{5}$　となって，同じ結果が導ける。

● 円周上の点における接線の公式も重要だ！

最後に，**円の接線の方程式**も下に書いておくよ。

円の接線

原点 O を中心とする円：$x^2+y^2=r^2$ の周上の点 $P(x_1,\ y_1)$ における接線の方程式は，

$x_1\cdot x+y_1\cdot y=r^2$　となる。

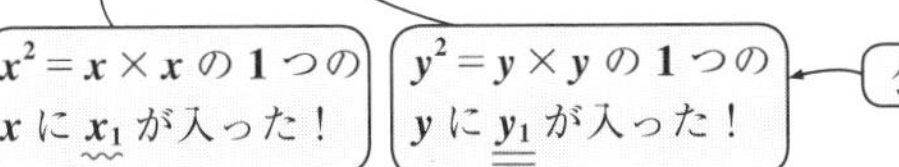

図 6　接線の方程式

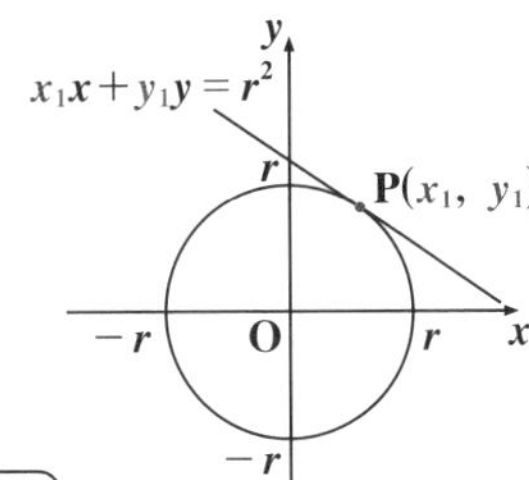

● 2つの円の位置関係も押さえよう！

中心$A_1(x_1,\ y_1)$, 半径r_1の円C_1と中心$A_2(x_2,\ y_2)$, 半径r_2の円C_2があるものとする。ここで，$r_1>r_2$とし，また2つの円の中心A_1とA_2の距離をdとおくと，$d=\sqrt{(x_1-x_2)^2+(y_1-y_2)^2}$だね。このときの，2つの円$C_1$と$C_2$の位置関係は，$d$と$r_1+r_2$と$r_1-r_2$の大小関係により，図7に示すように5通りあることが分かるはずだ。

図7　2つの円の位置関係

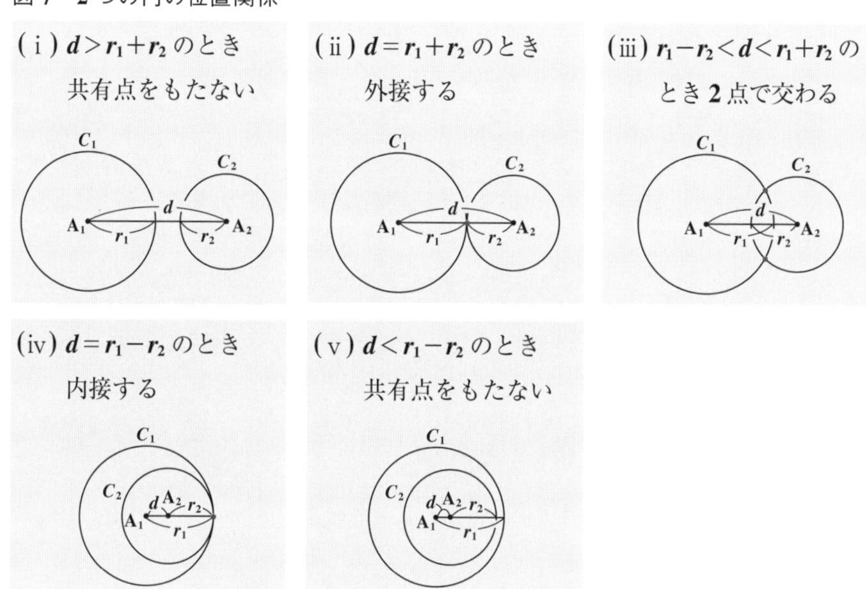

● 2つの円の共有点を通る円や直線もマスターしよう！

2つの円$C_1：x^2+y^2+\alpha_1x+\beta_1y+\gamma_1=0$と，$C_2：x^2+y^2+\alpha_2x+\beta_2y+\gamma_2=0$の共有点（交点，または接点）を通る円または直線の方程式の求め方についても解説しておこう。これは，文字定数kを用いて，次の方程式で表すことができる。

$$x^2+y^2+\alpha_1x+\beta_1y+\gamma_1+k(x^2+y^2+\alpha_2x+\beta_2y+\gamma_2)=0 \quad \cdots\cdots ①$$

（k：任意）

これにより，2つの円C_1, C_2の共有点を通る様々な円，または直線を表すことができる。

①は，kがどのような値をとったとしても，

$x^2+y^2+\alpha_1x+\beta_1y+\gamma_1=0$ かつ $x^2+y^2+\alpha_2x+\beta_2y+\gamma_2=0$ であれば，①は

これは，円 C_1 かつ円 C_2 の方程式なので，連立させて解けば，2 つの円の共有点（交点または接点）の座標を表す。

みたされる。よって①の方程式は，2 つの円 C_1 と C_2 の共有点を通る何かある図形であることが分かる。ここで，(ⅰ) $k \neq -1$ と(ⅱ) $k=-1$ に場合分けすると，

(ⅰ) $k \neq -1$ のとき，①を変形すると，

$$(k+1)x^2+(k+1)y^2+(\alpha_1+k\alpha_2)x+(\beta_1+k\beta_2)y+\gamma_1+k\gamma_2=0$$

よって，この両辺を $k+1(\neq 0)$ で割ると $x^2+y^2+\alpha x+\beta y+\gamma=0$ の円の方程式になるので，①は2 つの円 C_1，C_2 の共有点を通る円の方程式になるんだね。

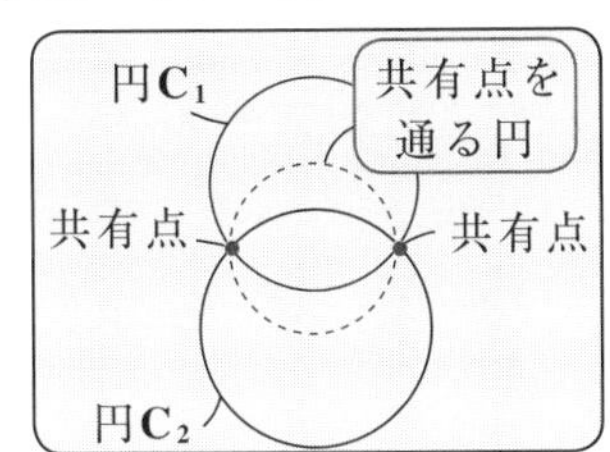

(ⅱ) $k=-1$ のとき，①は，

$$x^2+y^2+\alpha_1x+\beta_1y+\gamma_1-(x^2+y^2+\alpha_2x+\beta_2y+\gamma_2)=0 \text{ より，}$$

$$\underbrace{(\alpha_1-\alpha_2)}_{a}x+\underbrace{(\beta_1-\beta_2)}_{b}y+\underbrace{\gamma_1-\gamma_2}_{c}=0$$

となって，直線の方程式になる。よって，①は2 つの円 C_1，C_2 の共有点を通る直線の方程式を表すんだね。

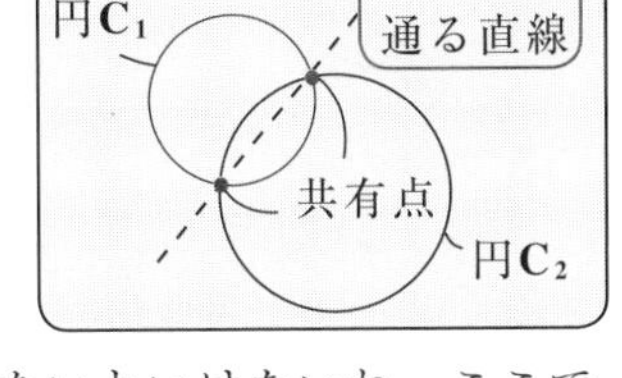

さらに，①の方程式は，円 C_1 と円 C_2 自身も表せないといけないね。ここで，

これらは，当然円 C_1 と円 C_2 の共有点を通る図形だからだ。

$k=0$ のとき，①は円 C_1 を表すけれど，k をどのような値にしても，円 C_2 だけは表すことはできない。以上より，より厳密には，次のようになる。

> 2 つの円 C_1 と C_2 が共有点をもつとき，これらの共有点を通る円，または直線の方程式は，文字定数 k を用いて，
>
> $x^2+y^2+\alpha_1x+\beta_1y+\gamma_1+k(x^2+y^2+\alpha_2x+\beta_2y+\gamma_2)=0$ ……①
>
> （および，$x^2+y^2+\alpha_2x+\beta_2y+\gamma_2=0$）
>
> と表せる。（ただし，$k \neq -1$ のとき円，$k=-1$ のとき直線を表す。）

これは，2直線の交点を通る任意の直線の方程式（P67の参考）と同様なので，まとめて頭に入れておくといいよ。頑張ろうな！

円の成立条件と円の決定

絶対暗記問題 30 難易度 ★ CHECK1 CHECK2 CHECK3

(1) 方程式 $x^2+y^2+2kx-2y+3k-1=0$ が，円の方程式となるための k の値の範囲を求めよ。

(2) 点 $(1,\ 2)$ を通り，x 軸および y 軸に接する円の方程式を求めよ。

(愛知工大)

ヒント！ (1) は，$(x-a)^2+(y-b)^2=r^2$ の形にまとめて，$r^2>0$ から k の条件を求める。(2) では，条件より，求める円の方程式は $(x-r)^2+(y-r)^2=r^2$ $(r>0)$ の形に書ける。

解答＆解説

(1) ①より，$(x^2+2kx+k^2)+(y^2-2y+1)=-3k+1+k^2+1$

2で割って2乗　2で割って2乗

$(x+k)^2+(y-1)^2=k^2-3k+2$　← $r^2(>0)$

これから，中心 $(-k,\ 1)$ がわかるので，これが円になるには，r^2 の部分が $r^2>0$ とならなければいけない。

これが，円の方程式となるための条件は，

$k^2-3k+2>0$　　$(k-1)(k-2)>0$

$\therefore\ k<1$，または $2<k$ ……………………(答)

(2) 点 $(1,\ 2)$ を通り，x 軸，y 軸に接するので，その中心は第1象限にある。この半径を $r(>0)$ とおくと，右図より，求める円の方程式は次のようにおける。

$(x-r)^2+(y-r)^2=r^2$　……②

これが点 $(1,\ 2)$ を通るので，これを②に代入して，

$(1-r)^2+(2-r)^2=r^2$，$1-2r+r^2+4-4r+r^2=r^2$

$r^2-6r+5=0$　　$(r-1)(r-5)=0$　$\therefore\ r=1,\ 5$

以上より，求める円の方程式は，

(i) $r=1$ のとき，②より，$(x-1)^2+(y-1)^2=1$

(ii) $r=5$ のとき，②より，$(x-5)^2+(y-5)^2=25$ ……………(答)

円の接線の方程式の証明

絶対暗記問題 31　難易度 ★★　CHECK1　CHECK2　CHECK3

原点を中心とし，半径 r の円 $\mathbf{C}: x^2+y^2=r^2$ 上の点 $\mathbf{P}(x_1,\ y_1)$ における円の接線 l の方程式が $x_1x+y_1y=r^2$ であることを示せ。

ヒント！ 接線 l は，点 $\mathbf{P}(x_1,\ y_1)$ を通ることは分かっているので，後は傾きが分かればいいんだね。頑張ろう！

解答＆解説

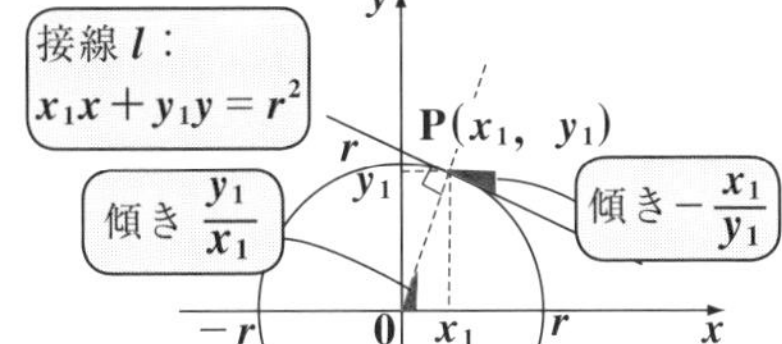

点 $\mathbf{P}(x_1,\ y_1)$ は，円 $\mathbf{C}: x^2+y^2=r^2$ 上の点より，この座標を代入して，

$x_1{}^2+y_1{}^2=r^2$ ……①

右図に示すように，接線 l は，点 $\mathbf{P}(x_1,\ y_1)$ を通り，直線 $\mathbf{OP}$ と直交する。

ここで，$\mathbf{OP}$ の傾きは $\frac{y_1}{x_1}$ より，

接線 l の傾きを m とおくと，

$m\times\frac{y_1}{x_1}=-1\qquad \therefore m=-\frac{x_1}{y_1}$ ……②となる。

以上より，求める接線 l は点 $\mathbf{P}(x_1,\ y_1)$ を通り，傾き $m=-\frac{x_1}{y_1}$ の直線より，

$y=-\frac{x_1}{y_1}(x-x_1)+y_1$ ……③　（②より）

$[\ y=\quad m\quad (x-x_1)+y_1\ ]$

③の両辺に y_1 をかけて変形すると

$y_1y=-x_1(x-x_1)+y_1{}^2\qquad x_1x+y_1y=\underbrace{x_1{}^2+y_1{}^2}_{r^2\ (①より)}$ ……③′

ここで，③′に①を代入すると，求める接線 l の方程式は

$x_1x+y_1y=r^2$　で表される。 ……………………………………………（終）

定点を通る円の接線

絶対暗記問題 32　難易度 ☆　CHECK 1　CHECK 2　CHECK 3

点 $\mathbf{A(4,\ -2)}$ を通り，円 $x^2+y^2=10$ に接する直線の方程式を求めよ。

（福岡大）

ヒント！ 円 $x^2+y^2=10$ の円周上の点 $(x_1,\ y_1)$ における接線の方程式は，公式より，$x_1\cdot x+y_1\cdot y=10$ となる。これが点 $(4,\ -2)$ を通るから，$4x_1-2y_1=10$ だ。また，点 $(x_1,\ y_1)$ は円周上の点より $x_1{}^2+y_1{}^2=10$ となる。これから，$x_1,\ y_1$ の値がわかり，接線が求まる。

解答＆解説

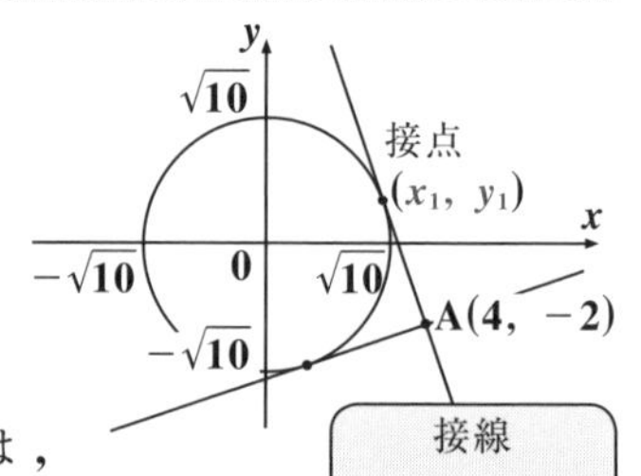

図より明らかに，2 接線が存在するので，$(x_1,\ y_1)$ の値の組も当然 2 組出てくるはずだ。

円：$x^2+y^2=10$ ……① の周上に

点 $\mathbf{P}(x_1,\ y_1)$ をとると，これを①に代入して，

$x_1{}^2+y_1{}^2=10$ ……②

次に，この点 $\mathbf{P}$ における円①の接線の方程式は，

$x_1x+y_1y=10$ ……③ ← 公式通り

③の接線が点 $\mathbf{A}(4,\ -2)$ を通るとき，

$4x_1-2y_1=10,\ y_1=2x_1-5$ ……④

④を②に代入して，$x_1{}^2+(2x_1-5)^2=10$

$5x_1{}^2-20x_1+15=0,\ x_1{}^2-4x_1+3=0,\ (x_1-1)(x_1-3)=0$

$\therefore x_1=1,\ 3$　　以上より，求める接線の方程式は，

(i) $x_1=1$ のとき，④より，$y_1=2\times1-5=-3$

　$\therefore$ ③より，$x-3y=10$

(ii) $x_1=3$ のとき，④より，$y_1=2\times3-5=1$

　$\therefore$ ③より，$3x+y=10$

……………………（答）

参考

点 $\mathbf{A}(4,\ -2)$ を通る接線の傾きを m とおくと，$y=m(x-4)-2$

よって，直線 $\underset{a}{m}\cdot x\ \underset{b}{-1}\cdot y\ \underset{c}{-4m-2}=0$ と円 $x^2+y^2=10$ が接するので，この直線と円の中心 $\mathbf{O}(0,\ 0)$ との間の距離 h が半径 $r=\sqrt{10}$ に等しいという条件から m を求めても，同じ結果が導ける。

2 直線に接する円の中心

絶対暗記問題 33　難易度 ★★　CHECK 1　CHECK 2　CHECK 3

中心が $(a,\ b)$ で半径が 3 の円 C と直線 $L: x+y=1$ があり，円 C は直線 L および x 軸の両方に接している。このとき，

(1) 円 C と x 軸が接することから，b の値を求めよ。

(2) 円 C の中心の座標を求めよ。　(近畿大)

ヒント！ (1) 円が x 軸に接するという条件から，$b=\pm3$ がすぐ出てくる。(2) ではさらに，この円が，直線 L と接する条件から，a もわかる。円の中心と直線 L との間の距離 $h=r$(半径)になることを使う。

解答＆解説

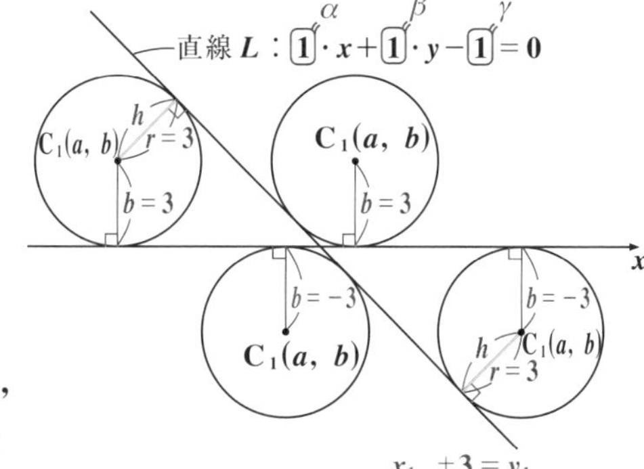

中心 $C_1(a,\ b)$，半径 $r=3$ の円 C の方程式は

$$(x-a)^2+(y-b)^2=9 \cdots\cdots①$$

(1) ①が x 軸と接することから，右図より，中心の y 座標 b は，

$b=\pm3$ ……………………(答)

(2) さらに，①の円 C は直線 L と接するので，中心 $C_1(\underset{x_1}{a},\ \underset{\pm3=y_1}{b})$ と直線 $L: \underset{\alpha}{1}\cdot x+\underset{\beta}{1}\cdot y\underset{\gamma}{-1}=0$ との間の距離 h は円の半径 $r=3$ と等しい。

$$\therefore\ h=\frac{|1\cdot a+1\cdot b-1|}{\sqrt{1^2+1^2}}=\underset{r}{3}$$

公式：$h=\dfrac{|\alpha x_1+\beta y_1+\gamma|}{\sqrt{\alpha^2+\beta^2}}$ を使った！

$|a+b-1|=3\sqrt{2}\ \cdots\cdots②$

(ⅰ) $b=3$ のとき，②より，$|a+2|=3\sqrt{2}$，$a+2=\pm3\sqrt{2}$

$a=-2\pm3\sqrt{2}$　∴中心 $C_1(-2\pm3\sqrt{2},\ 3)$

(ⅱ) $b=-3$ のとき，②より，$|a-4|=3\sqrt{2}$，$a-4=\pm3\sqrt{2}$

$a=4\pm3\sqrt{2}$　∴中心 $C_1(4\pm3\sqrt{2},\ -3)$

以上(ⅰ)(ⅱ)より，求める円 C の中心 C_1 の座標は

$(-2\pm3\sqrt{2},\ 3)$，$(4\pm3\sqrt{2},\ -3)$ ……………………………(答)

図のように，4個の円が存在するから，当然中心も4個ある。

2 円の位置関係と共有点を通る直線

絶対暗記問題 34	難易度 ★★	CHECK1	CHECK2	CHECK3

円 $C_1 : (x+1)^2+(y-1)^2=9$ と円 $C_2 : (x-3)^2+(y-4)^2=4$ がある。

(1) 2 つの円 C_1 と C_2 の位置関係を調べよ。

(2) 2 つの円 C_1 と C_2 の共有点における接線の方程式を求めよ。

ヒント！ (1) 2 つの円の中心間の距離 d と半径との関係を調べれば外接することが分かるはずだ。(2) は意味さえ分かれば，計算は簡単だ。

解答＆解説

(1) 円 C_1 は，$(x+1)^2+(y-1)^2=9$ より，

中心 $A_1(\underset{x_1}{-1},\ \underset{y_1}{1})$，半径 $r_1=3$ の円だね。

また円 C_2 は $(x-3)^2+(y-4)^2=4$ より，

中心 $A_2(\underset{x_2}{3},\ \underset{y_2}{4})$，半径 $r_2=2$ の円となる。

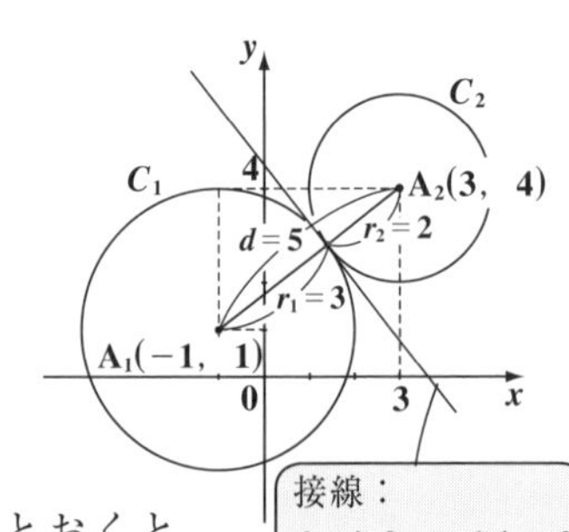

ここで，2 つの中心 A_1，A_2 間の距離を d とおくと，

$$d=\sqrt{\underbrace{(-1-3)^2}_{(-4)^2=16}+\underbrace{(1-4)^2}_{(-3)^2=9}}$$

公式
$d=\sqrt{(x_1-x_2)^2+(y_1-y_2)^2}$
を使った！

$$=\sqrt{16+9}=\sqrt{25}=5$$

よって，$d=r_1+r_2$ となるので，2 つの円 C_1 と C_2 は外接する。 …(答)

(2) 2 つの円 C_1：$\underbrace{(x+1)^2+(y-1)^2-9=0}_{x^2+y^2+2x-2y-7=0}$ と円 C_2：$\underbrace{(x-3)^2+(y-4)^2-4=0}_{x^2+y^2-6x-8y+21=0}$

の共有点（接点）P を通る接線 l の方程式は，

$$x^2+y^2+2x-2y-7-1(x^2+y^2-6x-8y+21)=0$$ より，

一般には，C_1 と C_2 の共有点を通る円（または直線）の方程式は，
$x^2+y^2+2x-2y-7+k(x^2+y^2-6x-8y+21)=0$（および，
$x^2+y^2-6x-8y+21=0$）だね。
今回は，接点 P を通る直線（接線）なので，$k=-1$ とした。

$8x+6y-28=0$　　$\therefore\ 4x+3y-14=0$ である。……………………(答)

円と直線の位置関係

絶対暗記問題 35 難易度 ★★ CHECK1 CHECK2 CHECK3

xy 平面上に円 $C : x^2+y^2=2$ と，直線 $l : y=2x+k$ がある。

(1) 円 C と直線 l が接するとき，k の値を求めよ。

(2) 円 C が直線 l から切り取る線分の長さが 2 となるとき，k の値を求めよ。

ヒント！ (1) の円と直線が接する条件は，円の中心と直線との距離が半径に等しくなることだ。(2) も，円が切り取る線分の長さが 2 となるときの，円の中心と直線との距離がわかれば，同様に解ける。

解答＆解説

円と直線が接する条件：$h=r$ を使った！

(1) 円 C と直線 l が接するとき，円 C の中心 $O(0,\ 0)$ と，直線 $l：2x-1\cdot y+k=0$ との間の距離が，円 C の半径 $r=\sqrt{2}$ に等しい。よって，

$$\frac{|2\times 0-1\times 0+k|}{\sqrt{2^2+(-1)^2}}=\sqrt{2},\quad |k|=\sqrt{2}\times\sqrt{5}=\sqrt{10}\qquad \therefore\ k=\pm\sqrt{10}\ \cdots\cdots\cdots(\text{答})$$

(2) 直線 l と円 C との交点を P，Q とおくと，図より，△OPQ は，二等辺三角形。線分 PQ の中点を H とおくと，△OPH は∠OHP $=90°$ の直角三角形。PH $=1$，OP $=\sqrt{2}$ より，三平方の定理から，$OH=\sqrt{OP^2-PH^2}=\sqrt{2-1}=1$

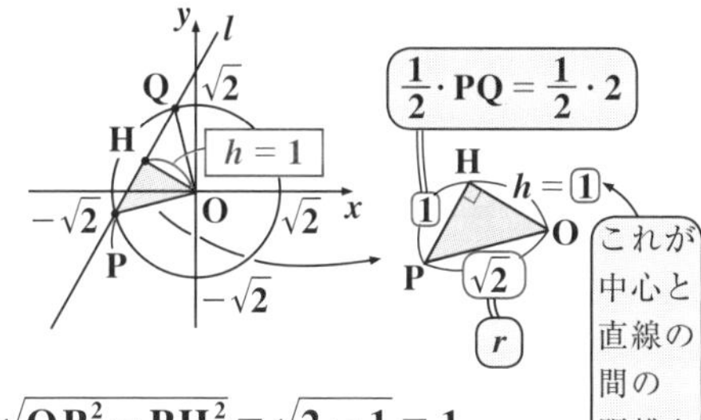

円 C の中心 O と直線 l との距離 $OH=1$ より，$\dfrac{|2\times 0-1\times 0+k|}{\sqrt{2^2+(-1)^2}}=1$

$$|k|=\sqrt{5}\qquad \therefore\ k=\pm\sqrt{5}\ \cdots\cdots\cdots(\text{答})$$

頻出問題にトライ・8 難易度 ★★★ CHECK1 CHECK2 CHECK3

2 つの円 $x^2+y^2=7$ ……①，$(x-a)^2+(y-b)^2=r^2$ …② $(r>0)$ について

(1) ①と②が接するための a，b，r の条件を求めよ。

(2) ①と②が異なる 2 点で交わるための a，b，r の条件を求めよ。

（大阪教育大＊）

解答は P239

4. 不等式により，上・下，左・右，内・外の領域が表せる！

今回は，今までの知識をフルに活かしながら，**軌跡と領域**の問題にチャレンジする。特に**領域**は，最大・最小問題とからめたものが受験の最頻出テーマの**1**つだから，シッカリ勉強しよう！

● 軌跡とは，動点 P の描く図形だ！

まず，**軌跡**から解説するよ。軌跡とは，ある条件をみたしながら動く動点 **P** の描く図形のことなんだ。実をいうと，円の方程式を求めるときに，この考え方を使ったんだ。動点 **P** が中心 **C** との間の距離を一定の値 r に保ちながら動くとき，点 **P** は円形の軌跡を描くんだね。

図 **1**　円の方程式

動点 **P** の条件：中心 **C** からの距離が一定：
$PC = r$
これから，動点 **P** の軌跡
$(x-a)^2+(y-b)^2=r^2$
を導いた。

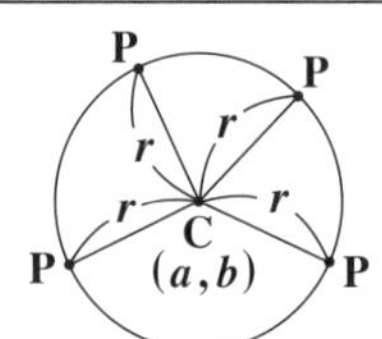

一般に軌跡の方程式を求めるには，動点 **P** を $P(x,\ y)$ とおき，x と y の関係式を導けばいい。

動点 $P(x,\ y)$ の軌跡	$\equiv$	x と y の関係式

と覚えておいてくれ！

● xy 平面で，不等式は領域を表す！

次，**領域**の解説に入る。まず，直線 $y=-x+2$ が与えられたとするよ。これは，傾き -1，y 切片 **2** の直線の方程式だから，図 **2** のようになるんだね。

図 **2**　直線 $y=-x+2$

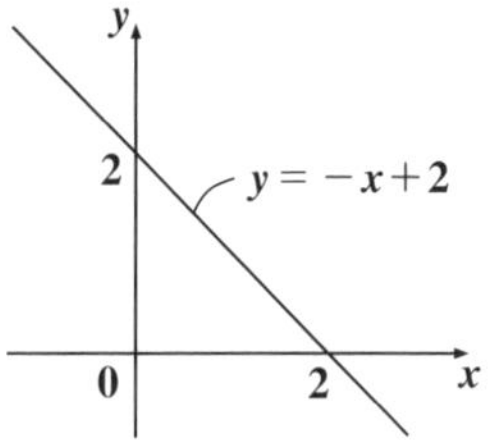

ここで，不等式 $y>-x+2$ が与えられた場合，y は $-x+2$ より大と言っているわけだから，結局，図 **3** のように，直線 $y=-x+2$ より上側の領域を表す。この不等式に等号は入っていないので，境界線は含まない。よって，この境界線は破線で示した。

図 **3**　$y>-x+2$ の表す領域

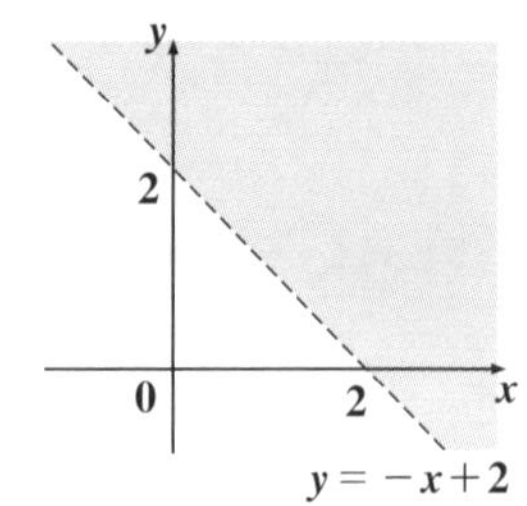

今度は，不等式 $y \leqq -x+2$ の領域を描こう。これは，$y=-x+2$ の下側の領域で，不等式には等号が入ってるから，境界線も含む。(図4)

このように，不等式には，ある境界線(曲線や直線)を境にして，平面全体を上下に分ける働きがある。この他にも，左側と右側，そして，内側と外側に分けたりもする。つまり，

> **不等式は，xy 平面を，(Ⅰ)上・下 (Ⅱ)左・右，(Ⅲ)内・外に分ける！**

それでは，これを具体的に下に示すよ。また，それぞれに対応したグラフ(領域)も，図5，図6，図7に示しておくから，式と図のイメージをシッカリ頭に入れておこう。

(Ⅰ) 平面を上側・下側に分ける不等式

(ⅰ) $y > f(x)$ のとき
　　$y=f(x)$ の上側の領域

(ⅱ) $y < f(x)$ のとき
　　$y=f(x)$ の下側の領域

(Ⅱ) 平面を左側・右側に分ける不等式

(ⅰ) $x<k$ のとき，$x=k$ の左側の領域

(ⅱ) $x>k$ のとき，$x=k$ の右側の領域

(Ⅲ) 平面を内側・外側に分ける不等式

(ⅰ) $(x-a)^2+(y-b)^2<r^2$ のとき
　　円 $(x-a)^2+(y-b)^2=r^2$ の内側の領域

(ⅱ) $(x-a)^2+(y-b)^2>r^2$ のとき
　　円 $(x-a)^2+(y-b)^2=r^2$ の外側の領域

図4　$y \leqq -x+2$ の表す領域

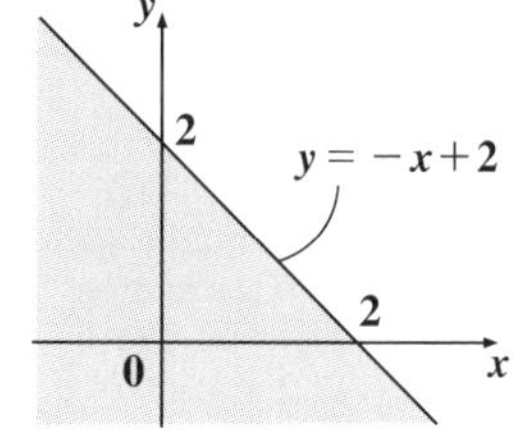

図5　(Ⅰ)上・下に分ける不等式

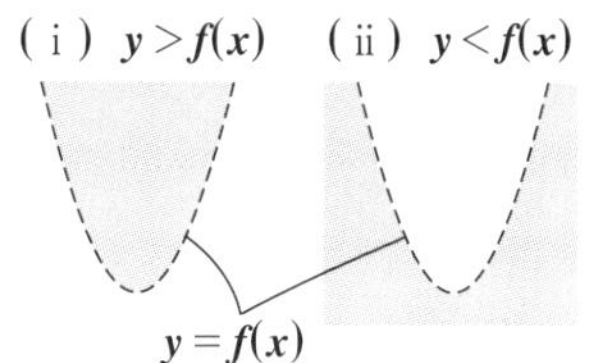

図6　(Ⅱ)左・右に分ける不等式

(ⅰ) $x<k$　(ⅱ) $x>k$

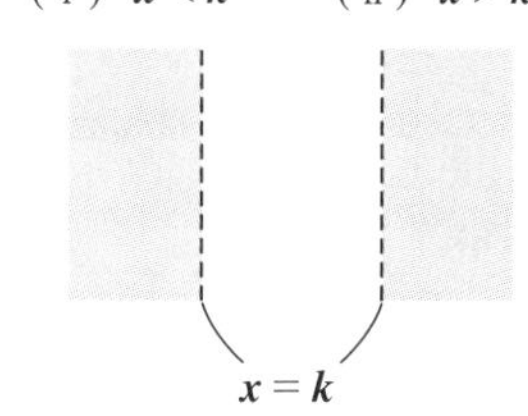

図7　(Ⅲ)内・外に分ける不等式

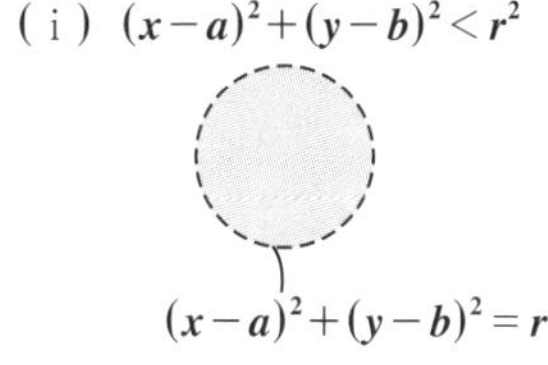

(ⅱ) $(x-a)^2+(y-b)^2>r^2$

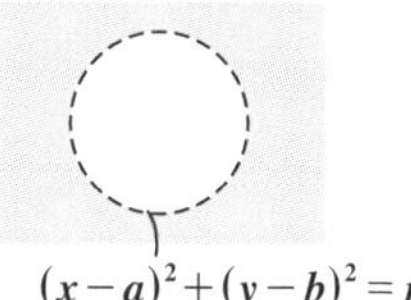

● 連立不等式が表す領域にチャレンジだ！

これから，複数の不等式，すなわち連立不等式で表される領域について教えるよ。これは，最初から例題で解説する。

◆例題 3 ◆

次の不等式の表す領域を xy 座標平面上に図示せよ。

$$\begin{cases} x-y \leqq 0 & \cdots\cdots① \\ x^2+y^2 \leqq 4 & \cdots\cdots② \end{cases}$$

解答 ①，②が表す領域を求める。①から，$y \geqq x$ だね。これは直線 $y=x$ の上側だ。そして，②は中心が原点で半径 2 の円の内側を表す。このように，連立不等式で表された場合は，①かつ②と考えるんだ。すると，直線の上側で，かつ円の内側をみたす領域は，図 8 の網目部分になるね。①，②共に等号がついているから，境界線を含む。

図 8　$y \geqq x$ かつ $x^2+y^2 \leqq 4$ の表す領域

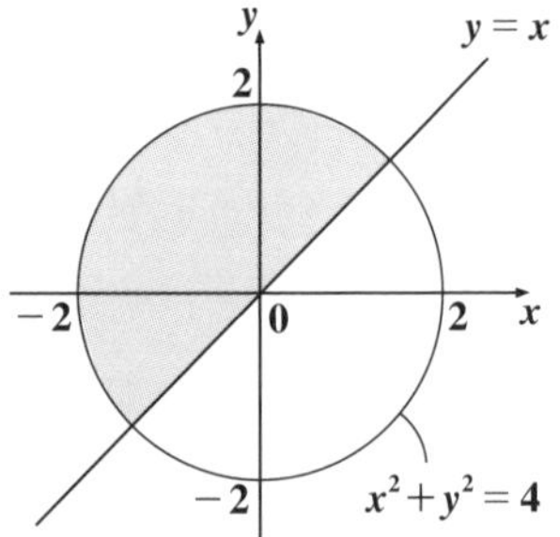

それじゃ，次の例題にチャレンジしよう。

◆例題 4 ◆

次の不等式の表す領域を xy 座標平面上に図示せよ。

$$(x-y)(x^2+y^2-4) \leqq 0 \cdots\cdots③$$

解答 まず，左辺 $=0$ とおいて境界線を求める。すると，$y=x$，$x^2+y^2=4$ と，2 つの境界線が出てきたね。次に，この境界線上にない点，たとえば点 $(1,\ 0)$ をとり，この x 座標 $\underset{\sim}{1}$ と，y 座標 $\underline{\underline{0}}$ を③の左辺に代入してみると，左辺 $=(\underset{\sim}{1}-\underline{\underline{0}})(\underset{\sim}{1}^2+\underline{\underline{0}}^2-4)=-3$ となって，③をみたすよね。よって，点 $(1,\ 0)$ を含む領域に網目を付け，図 9 のように，境界線によって塗り分けたものが，求める領域だ。③に等号がついているから，境界線は含む。

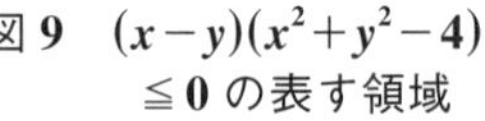
図 9　$(x-y)(x^2+y^2-4) \leqq 0$ の表す領域

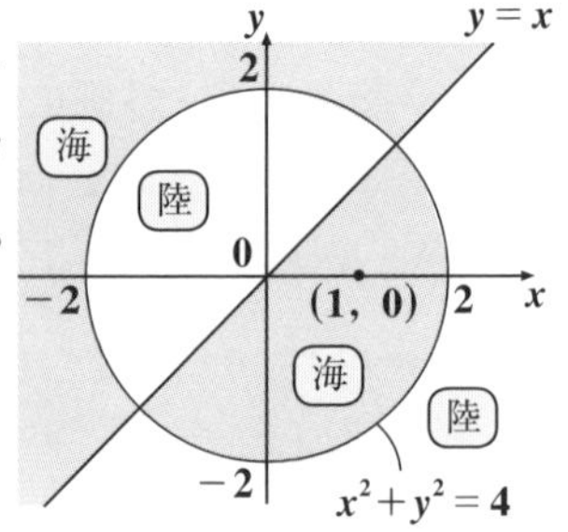

なぜ，これでいいのかって？ いいよ，説明するよ。xy 平面上の任意の点 $(x,\ y)$ を③の左辺に代入すると，左辺の値は正や，0 や，負の値をとるよね。この値が正のときは海抜，また，負のときは水深の値とみると，この不等式によって，地図のように陸と海の部分が塗り分けられるのがわかるだろ？

まず，左辺 $= 0$ とおいて，海抜 0 m，つまり海岸線を調べたんだ。次に，海岸線にのらない点 $(1,\ 0)$ を左辺に代入すると，-3，つまり水深 3m で海の部分だとわかった。③は左辺 $\leqq 0$ だから，海の部分を求めたいんだね。そして，点 $(1,\ 0)$ を含む領域がまず海で，後は海岸線を境に，海から陸，陸から海と塗り分けたんだ。どう？ 結構面白かっただろ？

● 不等式と最大・最小問題も図でクリアだ！

連立不等式などによって，たとえば図 10 のような，$\triangle ABC$ の領域 D が与えられたとする。ここで，この領域 D 内の点 $(x,\ y)$ に対して，$x+y$ の最大値を求めよ，という問題にどう対処する？ 領域 D 内の点 1 つ 1 つについて，$x+y$ の値を求めたんじゃ，一生かかっても解けないね。点は無限にあるからだ。

ここでまず，$x+y=k$ ……① とおいてくれ。すると①は，$y=-x+k$ ……② となって，見かけ上，直線の式となる。なんで見かけ上と言ったかというと，$(x,\ y)$ は領域 D 内でしか定義されていないからだ。したがって②の直線が意味をなすのは，この②が領域 D を通るときのみだ。②は，傾き -1，y 切片 k の直線の形になっているので，k をギリギリまで動かして，領域 D と共有点をもつようにすると，k の最大値 $\mathrm{Max}k$ と最小値 $\mathrm{min}k$ が得られるよね。これから，$x+y$ の最大値，最小値が $\mathrm{Max}k$，$\mathrm{min}k$ と出てくるんだ。考え方はわかった？

図 10　領域 D と最大・最小

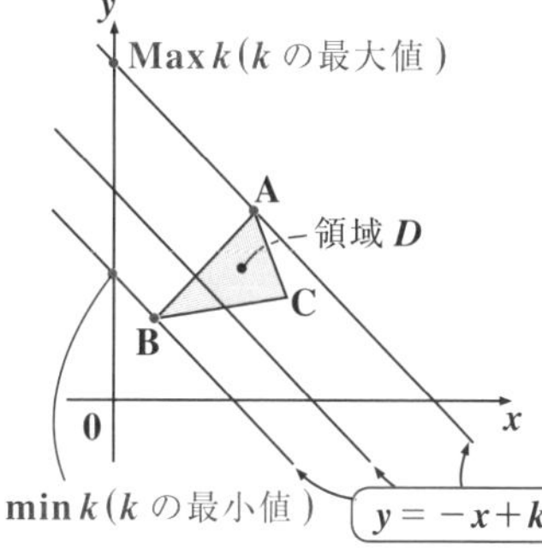

直線と円の軌跡

絶対暗記問題 36	難易度 ★	CHECK1	CHECK2	CHECK3

2 定点 $A(-2,\ -1)$, $B(4,\ 2)$ と，動点 $P(x,\ y)$ がある。次の各条件をみたす動点 P の軌跡を図示し，その方程式を求めよ。

(1) $AP = BP$　　　　(2) $2AP = BP$

ヒント！ (1)(2) は共に，典型的な軌跡の問題だ。動点 $P(x,\ y)$ の軌跡の方程式は，与えられた条件を基に，x と y の関係式を導き出せばいいんだよ。(2) の軌跡は特に "**アポロニウスの円**" という。

解答＆解説

(1) $AP = BP$ より，$AP^2 = BP^2$　　よって，

$(x+2)^2+(y+1)^2 = (x-4)^2+(y-2)^2$

$x^2+4x+4+y^2+2y+1 = x^2-8x+16+y^2-4y+4$

$12x+6y-15=0$ ← この両辺を 3 で割って $4x+2y-5=0$

よって，求める動点 P の軌跡の方程式は

$4x+2y-5=0$ ……………………………(答)

また，この軌跡を右図に示す。

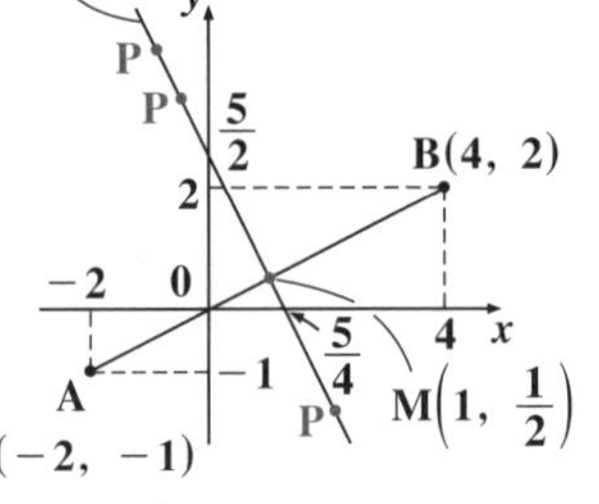

(2) $2AP = BP$ より，$4AP^2 = BP^2$

$4\{(x+2)^2+(y+1)^2\} = (x-4)^2+(y-2)^2$

$4(x^2+4x+4+y^2+2y+1) = x^2-8x+16+y^2-4y+4$

$3x^2+24x+3y^2+12y=0$

両辺を 3 で割ってまとめると，

$(x^2+8x+16)+(y^2+4y+4)=20$

2 で割って 2 乗　2 で割って 2 乗

よって，求める動点 P の軌跡の方程式は

$(x+4)^2+(y+2)^2=20$ …………(答)

これは，中心 $C(-4,\ -2)$，半径 $r=\sqrt{20}=2\sqrt{5}$ の円だ！(これを，**アポロニウスの円**という！)

また，この軌跡を右図に示す。

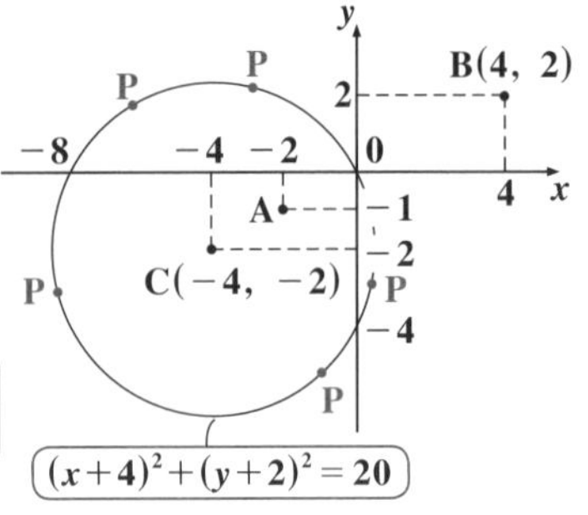

媒介変数表示された動点の軌跡

絶対暗記問題 37 　難易度 ★★ 　CHECK1 　CHECK2 　CHECK3

$x = \dfrac{4}{1+t^2}$, $y = \dfrac{4t}{1+t^2}$ （t：媒介変数）で与えられる動点 $P(x,\ y)$ の描く軌跡の方程式を求め，xy 平面上に図示せよ。

ヒント！ 動点 $P(x,\ y)$ の x，y が，媒介変数 t で表されている問題だ。軌跡の方程式，すなわち，x と y の直接の関係式を求めるのに，この t はジャマだね。よって，"ジャマ者" は消せばいい。

解答＆解説

（x と y が，媒介変数 t で表されてる場合，この t を消去して，x と y の関係式を求めれば，それが動点 $P(x,\ y)$ の軌跡の方程式になる。）

$x = \dfrac{4}{1+t^2}$ ……①　　$y = \dfrac{4t}{1+t^2}$ ……②

$x = \dfrac{4}{1+t^2} > 0$ より，② ÷ ①を求めると，

（t^2：0 以上）（t が大きくなれば，x は 0 に近づくけれど，それでも常に⊕だ。）

$$\frac{y}{x} = \frac{\frac{4t}{1+t^2}}{\frac{4}{1+t^2}} = t \qquad \therefore\ t = \frac{y}{x} \ \cdots\cdots③$$

（これを①に代入すれば，"ジャマ者の t" が消せる！）

①より，$x(1+t^2) = 4$ ……①′　　③を①′に代入して

$x\left\{1 + \left(\dfrac{y}{x}\right)^2\right\} = 4$　　この両辺に x をかけて，$x^2\left(1 + \dfrac{y^2}{x^2}\right) = 4x$

$x^2 + y^2 - 4x = 0$　　$(x^2 - 4x + 4) + y^2 = 4$

（2 で割って 2 乗）

$(x-2)^2 + y^2 = 4$　（ただし，$x > 0$）

これは中心 $(2,\ 0)$，半径 2 の円で，$x > 0$ の条件より，原点 $(0,\ 0)$ を除く。

以上より，求める動点 $P(x,\ y)$ の軌跡の方程式は，

$(x-2)^2 + y^2 = 4$　$(x > 0)$ ……………………………………（答）

また，この軌跡を右図に示す。

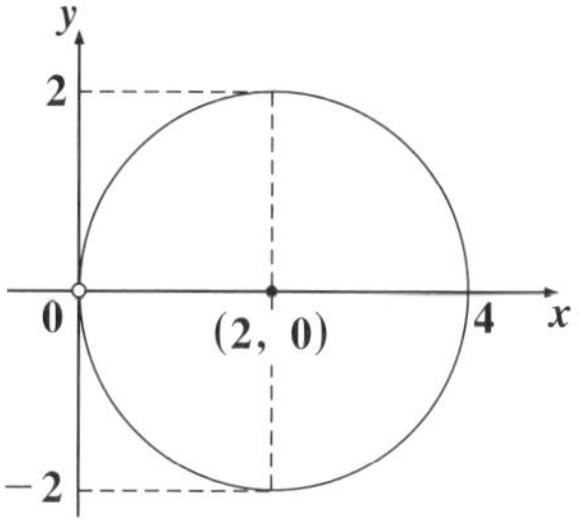

不等式と最大・最小問題の応用

絶対暗記問題 38　難易度 ★★★　CHECK1　CHECK2　CHECK3

$|x|+|y| \leqq 1$ が表す領域を D とする。

(1) xy 平面上に，領域 D を図示せよ。

(2) 点 $P(x, y)$ が，この領域 D 上の点のとき，

(ⅰ) $2x+y$ の最大値，および最小値を求めよ。

(ⅱ) $2x^2+y$ の最大値，および最小値を求めよ。

ヒント！ (1)では，2つの絶対値があるので，$x \geqq 0$，$x \leqq 0$，また，$y \geqq 0$，$y \leqq 0$ の計4通りの場合分けが必要となるんだね。(2)の(ⅰ)では，$2x+y=k$ とおき，見かけ上の直線 $y=-2x+k$ が領域 D と共有点をもつような k の範囲を調べて，最大・最小を求める。(ⅱ)では，$2x^2+y=p$ とおいて，見かけ上の放物線を使うといいよ。

解答＆解説

領域 D：$|x|+|y| \leqq 1$ について，

絶対暗記問題28(P68)を参考にしてくれ！

(1) (ⅰ) $x \geqq 0$ かつ $y \geqq 0$ のとき，$x+y \leqq 1$ より $y \leqq -x+1$

(ⅱ) $x \geqq 0$ かつ $y \leqq 0$ のとき，$x-y \leqq 1$ より $y \geqq x-1$

(ⅲ) $x \leqq 0$ かつ $y \geqq 0$ のとき，$-x+y \leqq 1$ より $y \leqq x+1$

(ⅳ) $x \leqq 0$ かつ $y \leqq 0$ のとき，$-x-y \leqq 1$ より $y \geqq -x-1$

以上(ⅰ)～(ⅳ)より，求める領域 D を網目部で下に示す。(境界線を含む。)

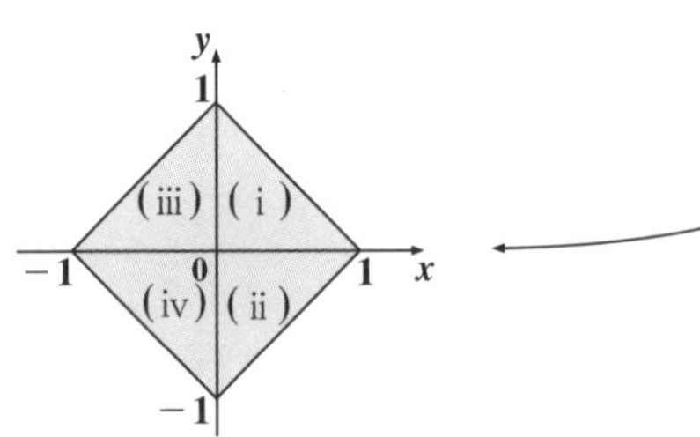

(ⅰ) $x \geqq 0$, $y \geqq 0$ のとき，$y \leqq -x+1$ より，下の領域(ⅰ)が出る。

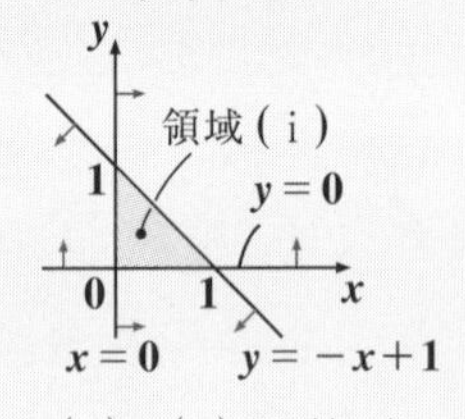

他の(ⅱ)～(ⅳ)も同様に求める！

(2) 領域 D 上の点 $P(x, y)$ について，

(ⅰ) $2x+y=k$ とおくと，

$y=-2x+k$

これが領域 D と共有点をもつとき，
右図より，k のとり得る値の範囲は，

$-2 \leqq k \leqq 2$

である。以上より，

(ア)　$(x,\ y)=(1,\ 0)$ のとき，k，
　すなわち $2x+y$ は，最大値 2 をとる。
(イ)　$(x,\ y)=(-1,\ 0)$ のとき，k，
　すなわち $2x+y$ は，最小値 -2 をとる。

………(答)

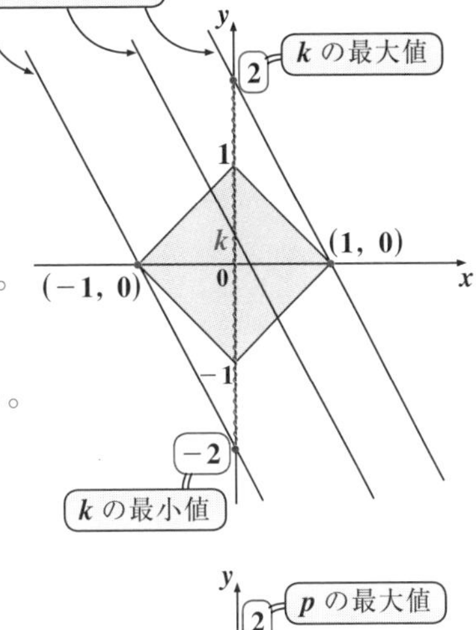

(ii) $2x^2+y=p$ とおくと，

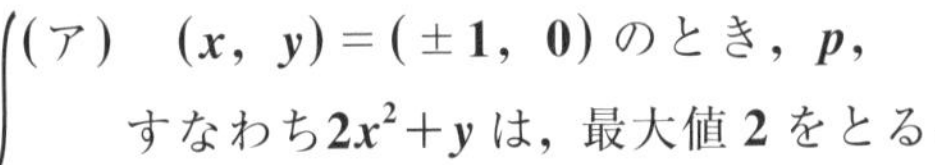

この頂点 $(0,\ p)$ の上に凸の放物線が
領域 D と共有点をもつとき，右図より，
p のとり得る値の範囲は，

$-1 \leqq p \leqq 2$　である。

以上より，

(ア)　$(x,\ y)=(\pm 1,\ 0)$ のとき，p，
　すなわち $2x^2+y$ は，最大値 2 をとる。
(イ)　$(x,\ y)=(0,\ -1)$ のとき，p，
　すなわち $2x^2+y$ は，最小値 -1 をとる。

………………………………(答)

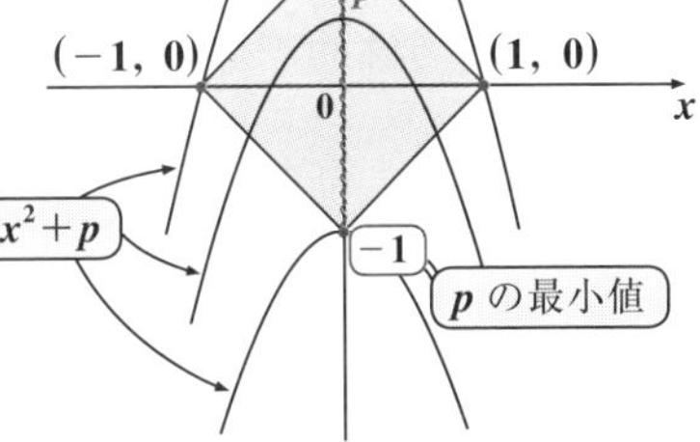

頻出問題にトライ・9

難易度 ★★★　CHECK 1　CHECK 2　CHECK 3

$|x+1|+|y-1| \leqq 1$ が表す領域を D とする。

(1) xy 平面上に，領域 D を図示せよ。

(2) 点 $P(x,\ y)$ が，この領域 D 上の点であるとき，x^2+y^2 のとり得る値の範囲を求めよ。

解答は P239

講義 2 ● 図形と方程式　公式エッセンス

1.　2 点 A$(x_1,\ y_1)$，B$(x_2,\ y_2)$ 間の距離

$$AB = \sqrt{(x_1 - x_2)^2 + (y_1 - y_2)^2}$$

2.　内分点・外分点の公式

2 点 A$(x_1,\ y_1)$，B$(x_2,\ y_2)$ を結ぶ線分 AB を

(ⅰ) 点 P が $m:n$ に内分するとき，$P\left(\dfrac{nx_1 + mx_2}{m+n},\ \dfrac{ny_1 + my_2}{m+n}\right)$

(ⅱ) 点 Q が $m:n$ に外分するとき，$Q\left(\dfrac{-nx_1 + mx_2}{m-n},\ \dfrac{-ny_1 + my_2}{m-n}\right)$

3.　点 A$(x_1,\ y_1)$ を通る傾き m の直線の方程式

$$y = m(x - x_1) + y_1$$

2 点 A$(x_1,\ y_1)$，B$(x_2,\ y_2)$ を通る場合は，傾き $m = \dfrac{y_1 - y_2}{x_1 - x_2}$ だ。(ただし，$x_1 \neq x_2$)

4.　2 直線の平行条件と垂直条件

(1) $m_1 = m_2$ のとき，平行　　(2) $m_1 \cdot m_2 = -1$ のとき，直交

(m_1，m_2 は 2 直線の傾き)

5.　点と直線の距離

点 P$(x_1,\ y_1)$ と直線 $ax + by + c = 0$

との間の距離 h は

$$h = \frac{|ax_1 + by_1 + c|}{\sqrt{a^2 + b^2}}$$

6.　円の方程式

$$(x-a)^2 + (y-b)^2 = r^2 \quad (r > 0)$$

(中心 C$(a,\ b)$，半径 r)

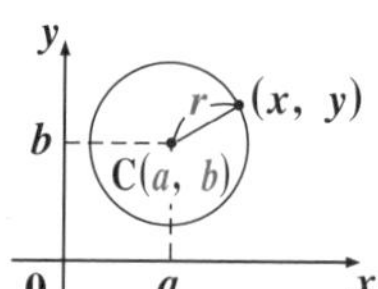

7.　円の接線

円 $x^2 + y^2 = r^2$ 上の点 $(x_1,\ y_1)$ における円の接線の方程式は

$$x_1x + y_1y = r^2$$

8.　動点 P$(x,\ y)$ の軌跡の方程式

動点 P$(x,\ y)$ の軌跡 $\equiv$ x と y の関係式

9.　領域と最大・最小

見かけ上の直線 (または曲線) を利用して解く。

講義
Lecture

3 三角関数

- 一般角と三角関数、弧度法
- $\sin(\theta+\pi)$ などの変形とグラフ
- 加法定理と三角関数の合成
- 三角方程式・不等式、積⇄和の変形

講義3 三角関数

1. 一般角で角度を自由に表現できる！

さァ，これから“三角関数（さんかくかんすう）”について，勉強しよう！ この三角関数は，数学Ⅰで習った三角比をさらに発展させたものなんだ。だからまず，三角比の復習から始めることにしよう。

● 三角比の復習からスタートだ！

3 つの三角比 $\sin\theta$，$\cos\theta$，$\tan\theta$ の定義として，次の **3** つがあったね。

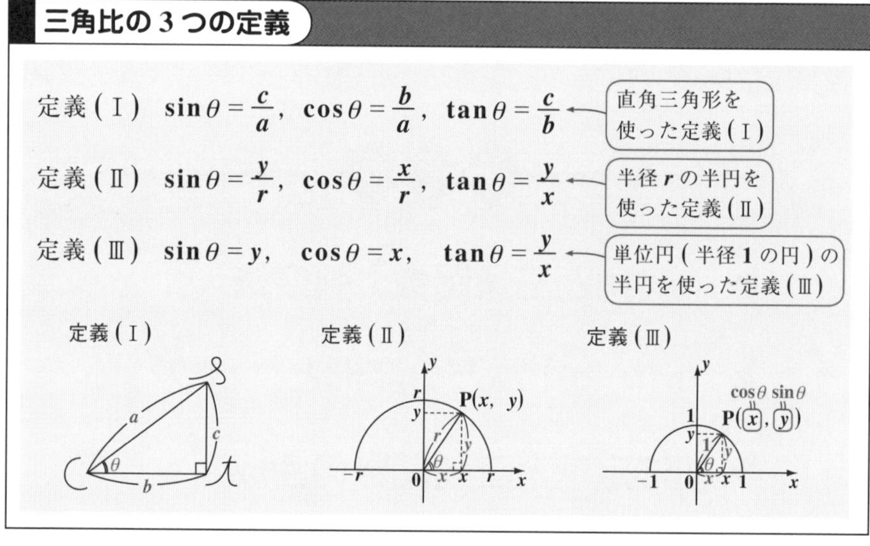

三角比の3つの定義

定義（Ⅰ） $\sin\theta=\dfrac{c}{a}$，$\cos\theta=\dfrac{b}{a}$，$\tan\theta=\dfrac{c}{b}$ ← 直角三角形を使った定義（Ⅰ）

定義（Ⅱ） $\sin\theta=\dfrac{y}{r}$，$\cos\theta=\dfrac{x}{r}$，$\tan\theta=\dfrac{y}{x}$ ← 半径 r の半円を使った定義（Ⅱ）

定義（Ⅲ） $\sin\theta=y$，$\cos\theta=x$，$\tan\theta=\dfrac{y}{x}$ ← 単位円（半径 **1** の円）の半円を使った定義（Ⅲ）

定義（Ⅰ）では，直角三角形の直角でない **1** つの角 θ に対してそれぞれの三角比を定義した。だけど，これでは θ が $0^\circ<\theta<90^\circ$ の範囲しか動けないから，さらに，xy 座標平面上の半径 r の半円を使って三角比を定義したのが，定義（Ⅱ）だったんだ。こうすることによって，角 θ は，$0^\circ\leqq\theta\leqq180^\circ$ まで動けるようになるね。つまり，$0^\circ\leqq\theta\leqq180^\circ$ の範囲で三角比が定義できるようになる。

ここで，三角比とはあくまでも比のことだ。だから，角 θ を変えないまま半円の半径 r を 2 倍しても，x は $2x$ に，また y は $2y$ になるだけだから，

$$\sin\theta = \frac{2y}{2r} = \frac{y}{r},\quad \cos\theta = \frac{2x}{2r} = \frac{x}{r},\quad \tan\theta = \frac{2y}{2x} = \frac{y}{x}$$

三角比は，大きさ(サイズ)とは無関係だ！

となって，半径 r の大きさと三角比は無関係なんだね。

これを単位円(たんいえん)という。

それならば，$r=1$ とおいてもいいわけで，半径 1 の円を使って三角比を定義したのが，定義(Ⅲ)だったんだね。$r=1$ だから，これは，

$\sin\theta = \frac{y}{1} = y,\ \cos\theta = \frac{x}{1} = x$ と，最も洗練された形の定義式になるんだね。

ここで，三角比の 3 つの基本公式も書いておくから，思い出してくれ。

三角比の 3 つの基本公式

(ⅰ) $\sin^2\theta + \cos^2\theta = 1$ (ⅱ) $\tan\theta = \frac{\sin\theta}{\cos\theta}$

(ⅲ) $1 + \tan^2\theta = \frac{1}{\cos^2\theta}$

これは，$\cos^2\theta + \sin^2\theta = 1$ の両辺を $\cos^2\theta$ で割って(ⅱ)を使えば導ける！

● まず，一般角に慣れよう！

これまで，三角比では角 θ を $0° \leqq \theta \leqq 180°$ の範囲でしか考えなかったけれど，以降は $180°$ 以上の角や，負の向きまで考慮に入れることにするよ。このように拡張された角を**一般角**(いっぱんかく)と呼ぶ。

図 1 一般角

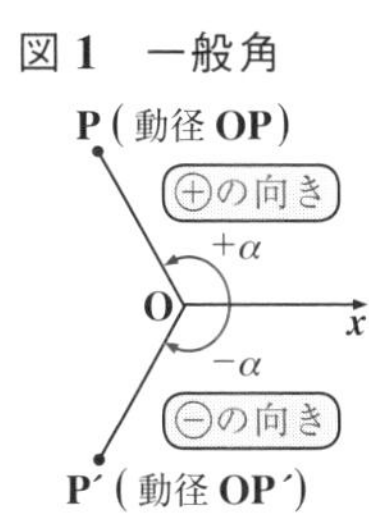

x 軸の正の向きから α だけ回転した半径 OP(これを**動径**(どうけい)と呼ぶ)の回転する向きには 2 通りあって，

(ⅰ) 反時計まわりの回転の向きを正(⊕)
(ⅱ) 時計まわりの回転の向きを負(⊖) とする。

したがって，図 1 のように回転角 α にはこれから⊕や⊖の符号がつくんだよ。

ここで，一例として図 **2**－(ⅰ)(ⅱ) の位置に動径 **OP** があるとき，この回転角 α は，これまではただ **60°** と表したね。だけど，これをさらに **360°**（一周分）正の向きに回転しても，負の向きに回転しても，動径 **OP** は同じ位置にくるんだね。つまり，**60° ± 360° ＝ 420°，－300°** 回転しても動径 **OP** は同じ位置にくるんだ。

図 **2**(ⅰ)　　(ⅱ)

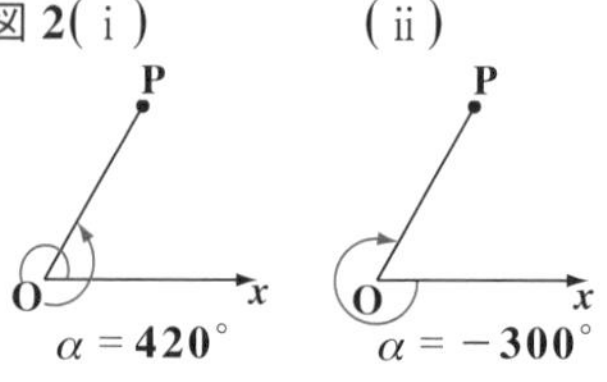

これは，±**1** 周だけでなく，±**2** 周，±**3** 周と何回回転させても同じ位置にくるので，このときの角 α は，$\alpha = 60° + 360° \times n$ ($n = 0$, ±1, ±2, ……) と表される。これを**一般角**と呼ぶよ。

一般に，一般角は，$\boxed{\theta + 360° \times n\ (n: \text{整数})}$ と表す。どう？ 角度が自由に表現できるようになっただろう。

最後に，*xy* 座標平面を図 **3** のように，*x* 軸と *y* 軸によって **4** 分割し，それぞれ第 **1** 象限から第 **4** 象限と名前をつけるよ。たとえば，**45°** は第 **1** 象限の角，**－135°** は第 **3** 象限の角と呼ぶ。これも覚えよう。

図 **3**　角度と象限

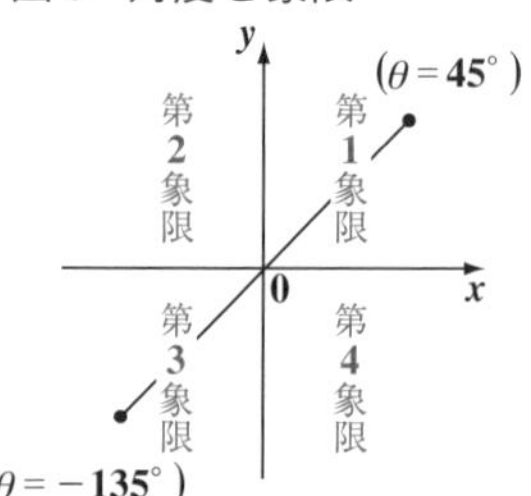

三角関数の定義では，一般角を使おう！

実をいうと，角 θ に $0° \leqq \theta \leqq 180°$ の制約をつけて定義したのが三角比で，この角 θ を一般角として自由に動かせる状態にして定義したのが，**三角関数**なんだ。だから，三角比の定義(Ⅱ)，(Ⅲ)はそのまま三角関数の定義としても使えるんだよ。

図 **4**　定義(Ⅲ)

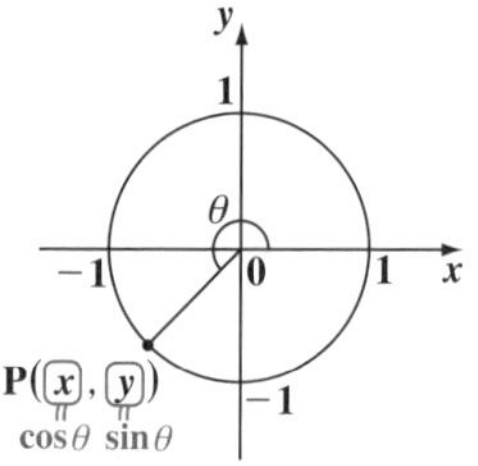

ここで，定義(Ⅲ)の単位円（半径 **1** の円）を使って三角関数を定義しても同様に，

定義(Ⅲ)　$\sin\theta = y,\ \cos\theta = x,\ \tan\theta = \dfrac{y}{x}$ となる。

これから，$\sin\theta$，$\cos\theta$，$\tan\theta$ を *s*，*c*，*t* と略記すると，図 **5** のように，各象限毎の三角関数の符号 (⊕，⊖) が決まってしまう。

図 **5**　三角関数の符号

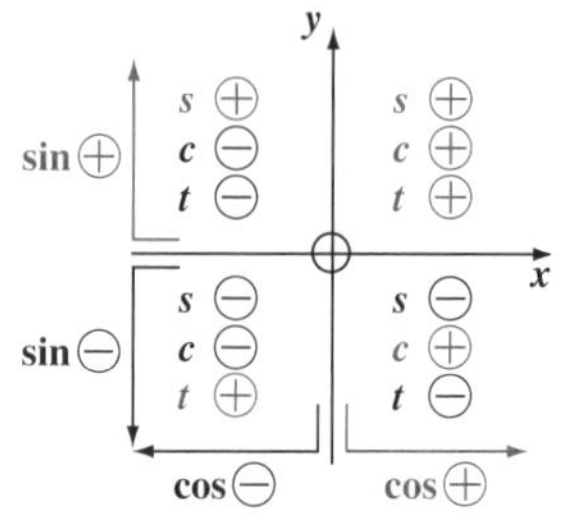

● 必要な三角関数の値は絶対暗記だ！

$0^\circ \leqq \theta \leqq 360^\circ$ の範囲で必要な三角関数の値は，是非全部覚えてくれ。

まず，$\theta = 0^\circ$，90°，180°，270° のとき，単位円周上の点の x 座標が $\cos$，y 座標が $\sin$ だから，図 6 のようになる。

図 6

また，$\theta = 90^\circ$，270° のとき $\cos\theta = 0$ となって $\tan\theta = \dfrac{\sin\theta}{\cos\theta}$ の分母が 0 となるので，$\tan 90^\circ$，$\tan 270^\circ$ は存在しない。

次に，$\theta = 30^\circ$，150°，210°，330° のとき，半径 $r = 2$ の円で考えるよ。図 7 より，正負を無視すれば，みんな，$\sin\theta = \dfrac{1}{2}$，$\cos\theta = \dfrac{\sqrt{3}}{2}$，$\tan\theta = \dfrac{1}{\sqrt{3}}$ となるのはわかるから，各角度が第何象限に入るかを確認の上，図 5 で調べて符号をつければいいんだ。

図 7

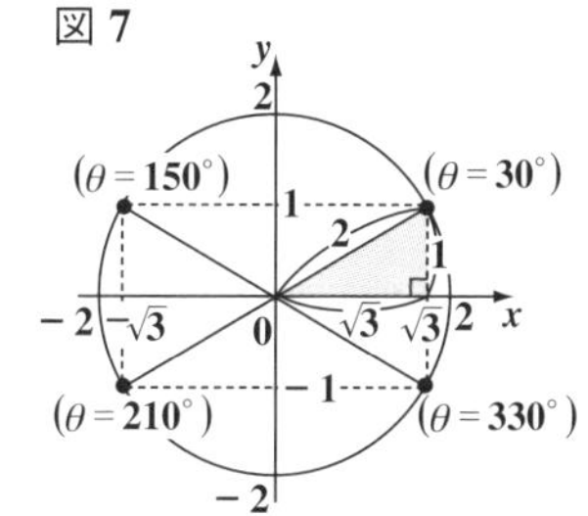

同様に，$\theta = 45^\circ$，135°，225°，315° を 1 つのグループに，また，$\theta = 60^\circ$，120°，240°，300° をもう 1 つのグループとみて，三角関数の絶対値と符号を確認すれば，それぞれの値が求まるんだよ。

下に，必要な三角関数の値を表にして示すから，全部覚えてくれ。符号が変わるだけで似た値が次々と出てくるだけだから，覚えやすいと思う。

三角関数の値 (Ⅰ) ($0^\circ \leqq \theta \leqq 180^\circ$)

θ	0°	30°	45°	60°	90°	120°	135°	150°	180°
sin	0	$\frac{1}{2}$	$\frac{1}{\sqrt{2}}$	$\frac{\sqrt{3}}{2}$	1	$\frac{\sqrt{3}}{2}$	$\frac{1}{\sqrt{2}}$	$\frac{1}{2}$	0
cos	1	$\frac{\sqrt{3}}{2}$	$\frac{1}{\sqrt{2}}$	$\frac{1}{2}$	0	$-\frac{1}{2}$	$-\frac{1}{\sqrt{2}}$	$-\frac{\sqrt{3}}{2}$	-1
tan	0	$\frac{1}{\sqrt{3}}$	1	$\sqrt{3}$	／	$-\sqrt{3}$	-1	$-\frac{1}{\sqrt{3}}$	0

第 1 象限 (30°〜90°)
$s \oplus c \oplus t \oplus$

第 2 象限 (120°〜150°)
$s \oplus c \ominus t \ominus$

三角関数の値 (Ⅱ)($210° \leq \theta \leq 360°$)

θ	210°	225°	240°	270°	300°	315°	330°	360° (0°)
sin	$-\frac{1}{2}$	$-\frac{1}{\sqrt{2}}$	$-\frac{\sqrt{3}}{2}$	-1	$-\frac{\sqrt{3}}{2}$	$-\frac{1}{\sqrt{2}}$	$-\frac{1}{2}$	0
cos	$-\frac{\sqrt{3}}{2}$	$-\frac{1}{\sqrt{2}}$	$-\frac{1}{2}$	0	$\frac{1}{2}$	$\frac{1}{\sqrt{2}}$	$\frac{\sqrt{3}}{2}$	1
tan	$\frac{1}{\sqrt{3}}$	1	$\sqrt{3}$	／	$-\sqrt{3}$	-1	$-\frac{1}{\sqrt{3}}$	0

第 3 象限 (210°〜270°)　s⊖ c⊖ t⊕

第 4 象限 (300°〜360°)　s⊖ c⊕ t⊖

ここで，角 $(-\theta)$ の三角関数についての重要公式も下に示す。

$(-\theta)$ の三角関数

$$\sin(-\theta) = -\sin\theta \qquad \cos(-\theta) = \cos\theta$$
$$\tan(-\theta) = -\tan\theta$$

図 8　$(-\theta)$ の三角関数

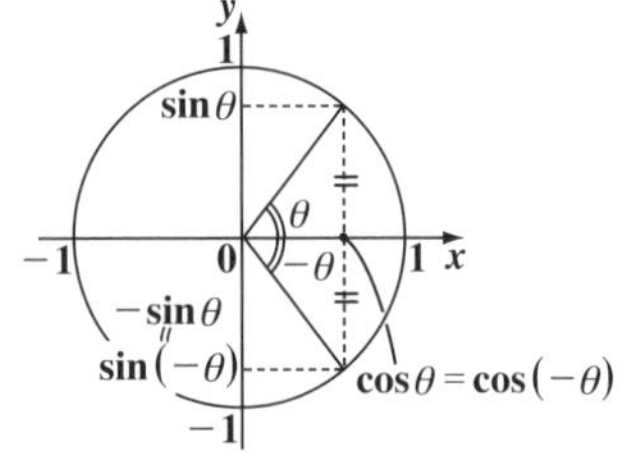

図 8 より，$\sin(-\theta) = -\sin\theta$，$\cos(-\theta) = \cos\theta$ が成り立つのはわかるね。

これから，$\tan(-\theta) = \frac{\sin(-\theta)}{\cos(-\theta)} = \frac{-\sin\theta}{\cos\theta} = -\frac{\sin\theta}{\cos\theta} = -\tan\theta$ も導ける。

だから，$\sin(-60°) = -\sin 60° = -\frac{\sqrt{3}}{2}$ のように計算すればいいんだね。

それでは，いくつか例題をやって，練習してみよう。

◆例題 5 ◆

(1) $\theta = -840°$ のとき，これを表す動径 OP を示し，また $\sin\theta$，$\cos\theta$，$\tan\theta$ の値を求めよ。

(2) $\cos\theta = -\frac{\sqrt{3}}{2}$ のとき，一般角 θ を求めよ。

解答

(1) $\theta = -840° = -120° + 360° \times (-2)$ ← 一般角の表し方 $\theta = \alpha° + 360° \times n$ を使った！

よって，動径 OP を右上図に示す。

これより，各三角関数の値は，

$\sin\theta = \sin(-120^\circ) = -\sin 120^\circ = -\dfrac{\sqrt{3}}{2}$ $[=\sin 240^\circ]$

$\cos\theta = \cos(-120^\circ) = \cos 120^\circ = -\dfrac{1}{2}$ $[=\cos 240^\circ]$ …(答)

$\tan\theta = \tan(-120^\circ) = -\tan 120^\circ = \sqrt{3}$ $[=\tan 240^\circ]$

これは 240° と同じ

-120°

第 3 象限の角だから $s\ominus c\ominus t\oplus$ だ。

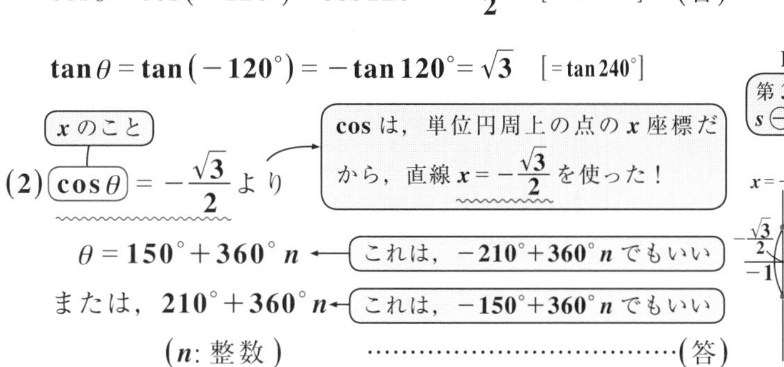

x のこと

(2) $\cos\theta = -\dfrac{\sqrt{3}}{2}$ より

cos は，単位円周上の点の x 座標だから，直線 $x = -\dfrac{\sqrt{3}}{2}$ を使った！

$\theta = 150^\circ + 360^\circ n$ ← これは，$-210^\circ + 360^\circ n$ でもいい

または，$210^\circ + 360^\circ n$ ← これは，$-150^\circ + 360^\circ n$ でもいい

(n: 整数) ……………………………(答)

◆例題 6 ◆

$\sin\theta + \cos\theta = -\sqrt{2}$ のとき，次の式の値を求めよ。

(1) $\sin\theta\cdot\cos\theta$　　(2) $\tan\theta + \dfrac{1}{\tan\theta}$　　(神奈川工科大＊)

解答

$\sin\theta + \cos\theta = -\sqrt{2}$ ……①

$\sin\theta\pm\cos\theta$ の値がわかっているとき，これを 2 乗すれば，$\sin\theta\cdot\cos\theta$ の値を求めることが出来る。

(1) ①の両辺を 2 乗して

$$(\sin\theta+\cos\theta)^2 = (-\sqrt{2})^2 \quad (=2)$$

$$(\sin^2\theta + 2\sin\theta\cdot\cos\theta + \cos^2\theta)$$

$$\sin^2\theta + \cos^2\theta + 2\sin\theta\cdot\cos\theta = 2 \quad (\sin^2\theta+\cos^2\theta=1)$$

$$1 + 2\sin\theta\cdot\cos\theta = 2 \qquad 2\sin\theta\cdot\cos\theta = 1$$

$\therefore \sin\theta\cdot\cos\theta = \dfrac{1}{2}$ ……② ……………………………………(答)

(2) $\tan\theta + \dfrac{1}{\tan\theta} = \dfrac{\sin\theta}{\cos\theta} + \dfrac{\cos\theta}{\sin\theta}$

公式：$\tan\theta = \dfrac{\sin\theta}{\cos\theta}$ より，逆数 $\dfrac{1}{\tan\theta} = \dfrac{\cos\theta}{\sin\theta}$ だ！

$= \dfrac{\sin^2\theta + \cos^2\theta}{\sin\theta\cdot\cos\theta} = \dfrac{1}{\frac{1}{2}} = 2$ …………………(答)

（分子 $=1$ ← 基本公式，分母 $=\dfrac{1}{2}$（②より））

● 弧度法により，角度はラジアンでも表せる！

1mを**100**cmと表してもいいように，これまで角度を**90°**や**180°**など“**度**”で表してきたが，これを別の単位で表すこともできる。ここでは，“**弧度法**”により，角度の単位を**ラジアン**で表すことも覚えよう。

図**9**(i)に示すように，半径rの円について，その半径rと等しい円弧に対する中心角を**1**(ラジアン)と定める。すると，**1**(ラジアン)$=$**57.295**…°になる。図**9**(ii)には，円弧の長さが$2r$，$3r$に対応する中心角**2**(ラジアン)，**3**(ラジアン)についても示しておいた。

図**9** 弧度法

(i) **1**(ラジアン)$=$**57.295**…°

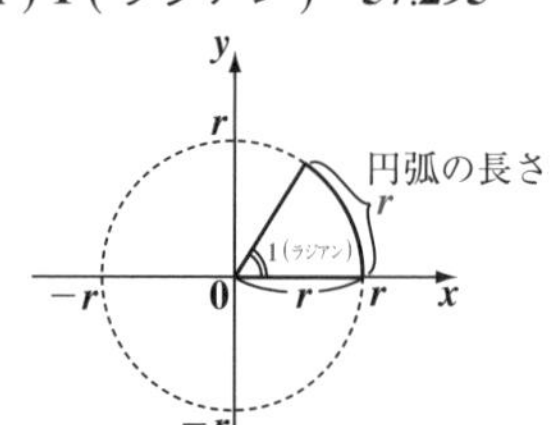

ここで，半円の弧の長さは$3r$よりも少し長くなり，この半径rに対する半円の弧の長さの比を，**円周率**πという。

“えんしゅうりつパイ”と読む

(ii) **2**(ラジアン)，**3**(ラジアン)の角

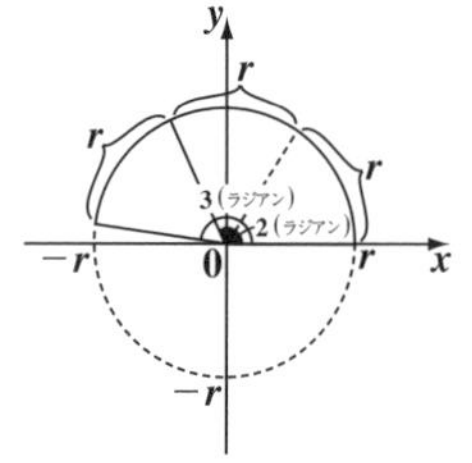

したがって，半円の中心角である**180°**は，π(ラジアン)，すなわち

$$180° = \pi\ (\text{ラジアン})$$

ということになる。このような角の表し方を“**弧度法**”といい，一般に単位“**ラジアン**”を省略して，$180° = \pi$と表す。ここで，この円周率πは，具体的には$\pi = 3.14159\cdots$という無理数(分数では表せない数)であることも知っておくといいよ。これから，

(iii) **180°**$=\pi$(ラジアン)

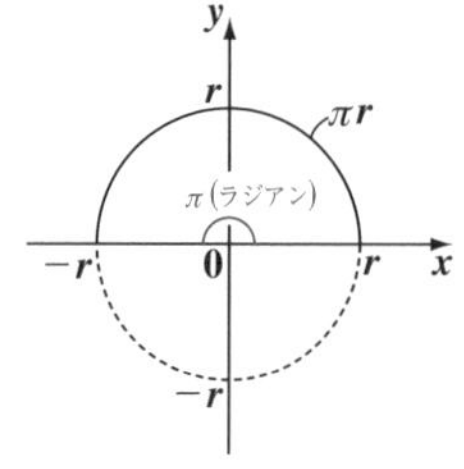

$$0° = 0,\ 30° = \frac{\pi}{6},\ 45° = \frac{\pi}{4},\ 60° = \frac{\pi}{3},\ 90° = \frac{\pi}{2},\ 120° = \frac{2}{3}\pi,\ 135° = \frac{3}{4}\pi,\ \cdots$$

などと表せるんだね。えっ？ メンドウそうだって？ でも，これも慣れが大切だから，何回も練習する内に自然と言えるようになるよ。心配は無用だ。

少し練習しておこう。

(1) $\sin\left(-\dfrac{\pi}{2}\right) = -\sin\dfrac{\pi}{2} = -\sin 90^\circ = -1$ （$\dfrac{\pi}{2}$ ＝ 90°）

(2) $\cos\dfrac{7}{6}\pi = \cos 210^\circ = -\dfrac{\sqrt{3}}{2}$ （$\dfrac{7}{6}\pi = \pi + \dfrac{\pi}{6} = 180^\circ + 30^\circ$）

(3) $\tan\dfrac{3}{4}\pi = \tan 135^\circ = -1$ （$\dfrac{3}{4}\pi = \dfrac{\pi}{2} + \dfrac{\pi}{4} = 90^\circ + 45^\circ$）

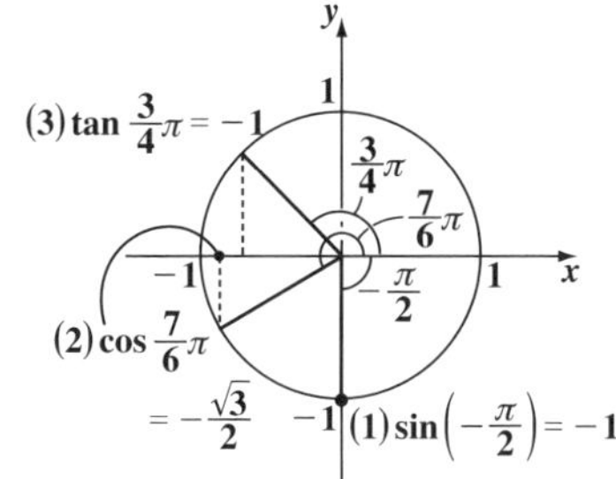

要領は覚えた？

この円周率 π を使うことによって，半径 r の円の

(ⅰ) 円周の長さは $2\pi r$，　(ⅱ) 面積は πr^2 と表せる。

そして，半径が r で中心角が θ (ラジアン) の扇形の円弧の長さと面積は次のように表すことが出来る。これも重要公式だから，覚えよう。

扇形の弧長と面積

半径 r，中心角 θ (ラジアン) の扇形の

(ⅰ) 円弧の長さ $l = r\theta$

(ⅱ) 面積 $S = \dfrac{1}{2}r^2\theta$　となる。

（この公式の角 θ の単位は，ラジアンであることに気を付けよう）

円弧の長さ $l = r\theta$

面積 $S = \dfrac{1}{2}r^2\theta$

図 10 に示すように，半径 r，中心角 θ (ラジアン) の扇形の

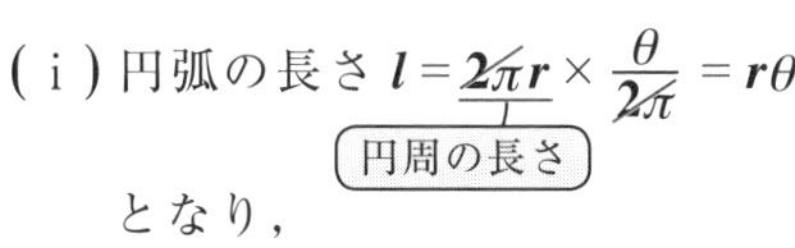

(ⅰ) 円弧の長さ $l = 2\pi r \times \dfrac{\theta}{2\pi} = r\theta$ （$2\pi r$：円周の長さ）

となり，

(ⅱ) 面積 $S = \pi r^2 \times \dfrac{\theta}{2\pi} = \dfrac{1}{2}r^2\theta$ （πr^2：円の面積）

となるからだね。公式の意味もこれでわかっただろう。

図 10　扇形の弧長と面積

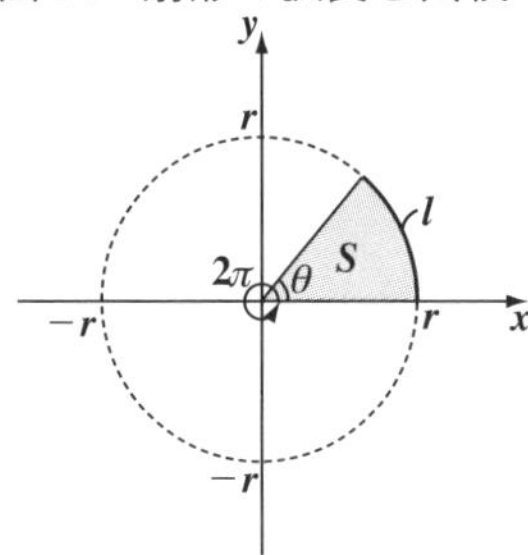

三角関数と 2 次関数の融合

絶対暗記問題 39	難易度 ★	CHECK1	CHECK2	CHECK3

次の関数の最大値，およびそのときの角度 x の値を求めよ。

$y=\cos^2x+\sin x$ $\left(\text{ただし，}-\dfrac{\pi}{6}\leqq x\leqq\dfrac{\pi}{2}\text{ とする。}\right)$

ヒント！ 与式の $\cos^2x$ に $1-\sin^2x$ を代入して，y を $\sin x$ だけの式にするのがポイントだ。後は，この $\sin x$ を t と置換すれば，y は t の 2 次関数だから，t の定義域に注意して最大値を求めればいいね。

解答＆解説

$y=\underline{\cos^2x}+\sin x$ ……①

$\cos^2x = 1-\sin^2x$ ← 公式：$\sin^2x+\cos^2x=1$ を使った！

①に $\cos^2x=1-\sin^2x$ を代入してまとめると，

$$y=1-\sin^2x+\sin x$$

$$=-\sin^2x+\sin x+1 \quad\cdots\cdots②\quad \left(-\frac{\pi}{6}\leqq x\leqq\frac{\pi}{2}\right)$$

（$\sin^2x = t^2$，$\sin x = t$，$-\dfrac{\pi}{6} = -30°$，$\dfrac{\pi}{2} = 90°$）

ここで，$\sin x=t$ とおくと，→ $\sin x$ は，単位円周上の点の Y 座標だ

$$-\frac{1}{2}\leqq t\leqq 1$$

$-\dfrac{\pi}{6}\leqq x\leqq\dfrac{\pi}{2}$ より，下図から $-\dfrac{1}{2}\leqq\sin x=t\leqq 1$ だね。

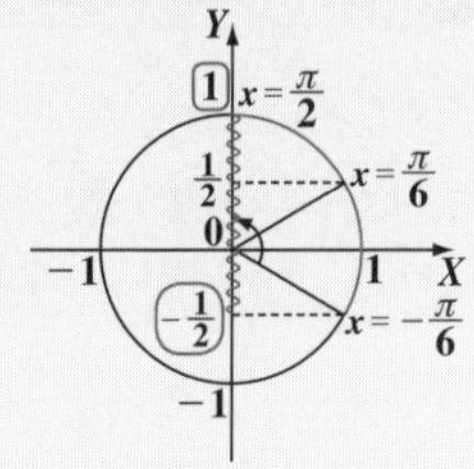

（図：単位円。Y，X，1，$x=\dfrac{\pi}{2}$，$\dfrac{1}{2}$，$x=\dfrac{\pi}{6}$，0，-1，1，$-\dfrac{1}{2}$，$x=-\dfrac{\pi}{6}$，-1）

よって，$y=-t^2+t+1$

$$=-\left(t^2-1\cdot t+\frac{1}{4}\right)+1+\frac{1}{4}$$

（2 で割って 2 乗）

$$=-\left(t-\frac{1}{2}\right)^2+\frac{5}{4}\quad\left(-\frac{1}{2}\leqq t\leqq 1\right)$$

右図のグラフより，

$t=\sin x=\dfrac{1}{2}$，すなわち

$x=\dfrac{\pi}{6}$ のとき，最大値 $y=\dfrac{5}{4}$ ……………(答)

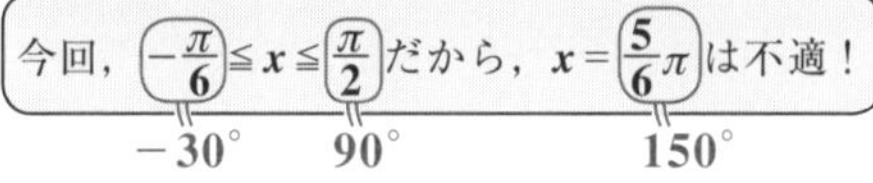

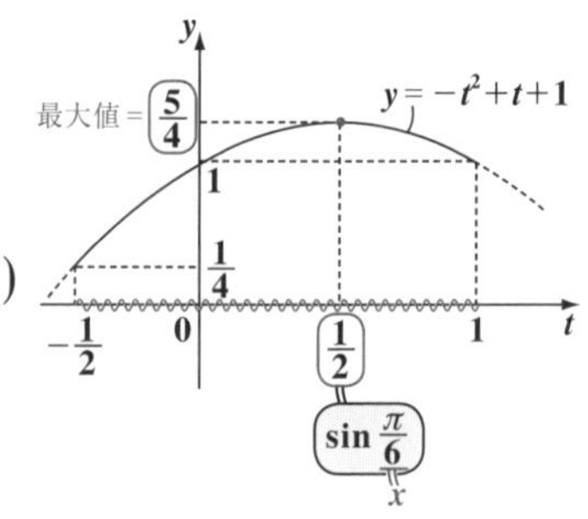

三角関数の基本公式の応用

絶対暗記問題 40 　難易度 ★★　CHECK1　CHECK2　CHECK3

$\sin\theta+\cos\theta=-\frac{1}{2}$ ……①　のとき，次の問いに答えよ。

(1) $\sin\theta\cdot\cos\theta$ の値を求めよ。また，角 θ は第何象限の角か。

(2) $\sin^3\theta+\cos^3\theta$ の値を求めよ。

ヒント！ (1) $\sin\theta+\cos\theta$ の値が与えられたとき，その両辺を 2 乗することで，$\sin\theta\cdot\cos\theta$ の値が求まる。(2) は，$\sin\theta$ を α, $\cos\theta$ を β とおくと，$\alpha^3+\beta^3=(\alpha+\beta)^3-3\alpha\beta\cdot(\alpha+\beta)$ の形にもち込める。

解答＆解説

(1) ①の両辺を 2 乗して，$\underbrace{\sin^2\theta+\cos^2\theta}_{1}+2\sin\theta\cdot\cos\theta=\frac{1}{4}$ ← $\left(-\frac{1}{2}\right)^2$　（1 ← 公式通り）

$2\sin\theta\cdot\cos\theta=-\frac{3}{4}$　　$\therefore\ \sin\theta\cdot\cos\theta=-\frac{3}{8}$ ……②　……………(答)

$\sin\theta$ と $\cos\theta$ の積が負より，$\sin\theta$ と $\cos\theta$ は互いに異符号となる。よって，角 θ は，第 2 象限または第 4 象限の角である。…………(答)

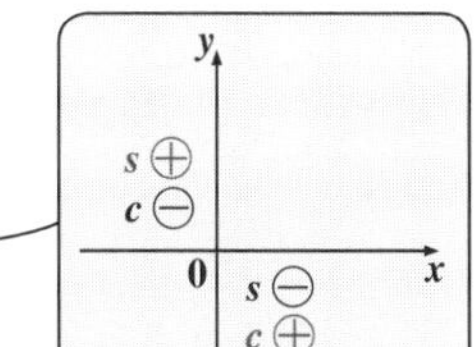

(2) $\sin^3\theta+\cos^3\theta$

$=(\sin\theta+\cos\theta)^3-3\sin\theta\cos\theta(\sin\theta+\cos\theta)$

$=\left(-\frac{1}{2}\right)^3-3\times\left(-\frac{3}{8}\right)\times\left(-\frac{1}{2}\right)$　（①，②より）

$=-\frac{1}{8}-\frac{9}{16}=-\frac{2+9}{16}=-\frac{11}{16}$　……………(答)

対称式
$\alpha^3+\beta^3=(\alpha+\beta)^3-3\alpha\beta(\alpha+\beta)$
基本対称式
この変形を使った！

頻出問題にトライ・10 　難易度 ★★　CHECK1　CHECK2　CHECK3

半径 r，中心角 θ (ラジアン) の扇形がある。この扇形の円弧の長さが 5，面積が 10 のとき，r と θ の値を求めよ。また，$\sin\theta$ と $\sin\frac{\pi}{3}$ の大小関係を調べよ。

解答は P240

2. $\sin(\theta+\pi)$ などの変形のコツをつかもう！

三角関数も，いよいよ本格的な話に入ろう。まずは，$\sin(\theta+\pi)$ などの変形についてだ。これは公式としてではなく，うまいやり方を教えるつもりだ。さらに，三角関数のグラフも勉強しよう。

● $\sin(\theta+\pi)$ などは，2 ステップで変形する！

まず，$\sin\left(\theta+\frac{\pi}{2}\right)=\cos\theta$，$\tan(\pi-\theta)=-\tan\theta$ といった変形の仕方について話すよ。これを公式で覚えようとすると，結構数があるので大変だけれど，この変形は次の 2 つのステップでやればいいんだよ。

(ⅰ) 記号の決定　　(ⅱ) 符号の決定

これはさらに，(Ⅰ) π（$=180^\circ$）に関係したものと，(Ⅱ) $\frac{\pi}{2}$（$=90^\circ$）や $\frac{3}{2}\pi$（$=270^\circ$）に関係したものに分かれるんだ。まず，(Ⅰ) の π に関係したものからいくよ。

$\sin(\theta+\pi)$ 等の変形

(Ⅰ) π に関係したもの

(ⅰ) 記号の決定

- $\sin \rightarrow \sin$
- $\cos \rightarrow \cos$
- $\tan \rightarrow \tan$

(ⅱ) 符号の決定

符号を無視すれば
たとえば，（符号は未定）
$\sin(\theta+\pi)=\bigcirc\sin\theta$
$\cos(\theta-\pi)=\bigcirc\cos\theta$
$\tan(\pi-\theta)=\bigcirc\tan\theta$
と，記号はすぐに決まる！

たとえば，$\sin(\theta+\pi)$ について，π が関係しているので，$\sin\rightarrow\sin$ だから，$\sin(\theta+\pi)=\bigcirc\sin\theta$ と，(ⅰ) 記号はすぐに決定できる。次に，(ⅱ) 符号を決定しよう。ここで，便宜上，$\theta=\frac{\pi}{6}$（30°）と考えて，左辺の $\sin(\theta+\pi)$ の符号を調べるんだ。

実は，θ は鋭角ならばなんでもいいよ。

図 1　$\sin(\theta+\pi)$ の符号の決定

すると，$\overset{\frac{\pi}{6}}{\theta}+\pi=\dfrac{7}{6}\pi$ となって，このときの **sin** は，図 **1** のように⊖だね。よって，$\sin(\theta+\pi)=-\sin\theta$ となる。このように，右辺の⊕，⊖は，左辺の $\sin(\theta+\pi)$ の符号と一致するんだよ。

それでは，次，(Ⅱ) の $\dfrac{\pi}{2}$ や $\dfrac{3}{2}\pi$ に関係したものの解説に入ろう。

$\cos\left(\theta-\dfrac{\pi}{2}\right)$ 等の変形

(Ⅱ) $\dfrac{\pi}{2}$ や $\dfrac{3}{2}\pi$ に関係したもの

(ⅰ) 記号の決定

・**sin** → **cos**

・**cos** → **sin**

・**tan** → $\dfrac{1}{\tan}$

(ⅱ) 符号の決定

符号を無視すれば
たとえば，（符号はまだ未定）

$\sin\left(\dfrac{3}{2}\pi+\theta\right)=◌\cos\theta$

$\cos\left(\theta-\dfrac{\pi}{2}\right)=◌\sin\theta$

$\tan\left(\dfrac{3}{2}\pi-\theta\right)=◌\dfrac{1}{\tan\theta}$

と，記号はすぐに決まる！

この場合も，$\tan\left(\theta-\dfrac{\pi}{2}\right)$ の例で示すよ。まず，$\dfrac{\pi}{2}$ が関係してるから，符号を無視すれば，$\tan\left(\theta-\dfrac{\pi}{2}\right)=◌\dfrac{1}{\tan}$ と記号が決まる。
次に，便宜上，$\theta=\dfrac{\pi}{6}$ と考えると，図 **2** より
$\tan\left(\theta-\dfrac{\pi}{2}\right)=\tan\left(-\dfrac{\pi}{3}\right)$ の符号は⊖だね。
よって，これが右辺の符号となって，
$\tan\left(\theta-\dfrac{\pi}{2}\right)=-\dfrac{1}{\tan\theta}$ となるんだね。

図 2　$\tan\left(\theta-\dfrac{\pi}{2}\right)$ の符号の決定

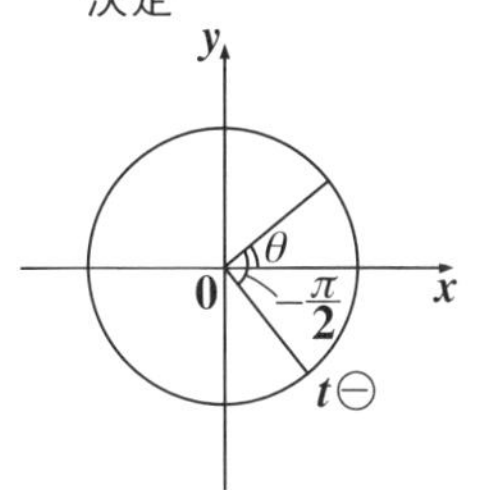

図 **3** を見ながら，下の例題で練習するといい。

(1) $\cos\left(\theta+\dfrac{\pi}{2}\right)=-\sin\theta$

(2) $\sin\left(\theta-\dfrac{\pi}{2}\right)=-\cos\theta$

(3) $\tan(\theta+\pi)=+\tan\theta$

図 3 例題の符号の決定

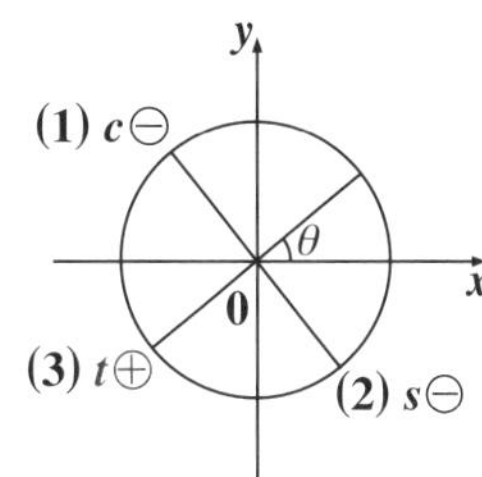

ポイントは，$\theta=\dfrac{\pi}{6}$ と考えて，符号を決定することなんだ。

● まず，グラフの基本形を押さえよう！

三角関数のグラフでは，まず，(ⅰ) $y=\sin x$，(ⅱ) $y=\cos x$，(ⅲ) $y=\tan x$ の **3** つのグラフの形を覚えることが大事だよ。

一例として，$y=\sin x$ のグラフの描き方を言っておこう。この x は角度で，x を 0，$\frac{\pi}{6}$，$\frac{\pi}{4}$，$\frac{\pi}{3}$，… と動かしていったとき，y 座標は，0，$\frac{1}{2}$，$\frac{\sqrt{2}}{2}$，$\frac{\sqrt{3}}{2}$，……となるね。したがって，それぞれの点 $(0,\ 0)$，$\left(\frac{\pi}{6},\ \frac{1}{2}\right)$，$\left(\frac{\pi}{4},\ \frac{\sqrt{2}}{2}\right)$，$\left(\frac{\pi}{3},\ \frac{\sqrt{3}}{2}\right)$，……を xy 平面上にとって，それらを滑らかな曲線で結ぶんだ。

図 4　$y=\sin x$ のグラフ

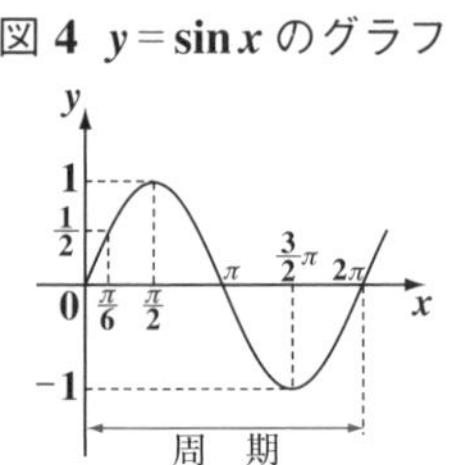

すると，図 **4** のように，$y=\sin x$ のグラフができる。そして，この $y=\sin x$ のグラフには周期性があって，$0\leqq x\leqq 2\pi$ の範囲で描いた曲線と同じ曲線が 2π ごとに次々と出てくるのがわかるだろう。よって，$y=\sin x$ の**周期（基本周期）**は 2π というんだ。

図 5　$y=\cos x$ のグラフ

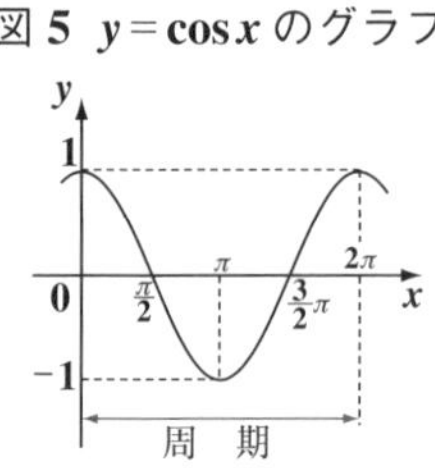

次に，$y=\cos x$ のグラフも同様に描くと図 **5** のようになるね。この曲線の周期も 2π だ。そして，$y=\sin x$，$y=\cos x$ の y 座標は共に，$-1\leqq y\leqq 1$ の範囲で振動しているのもわかるだろう。

図 6　$y=\tan x$ のグラフ

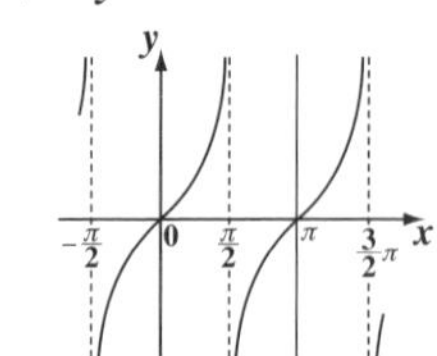

最後に，$y=\tan x$ のグラフを図 **6** に描いておく。$\tan x$ は，$x=-\frac{\pi}{2}$，$\frac{\pi}{2}$，$\frac{3}{2}\pi$，……などでは定義されていないことに注意してくれ。そして，このグラフは，$-\frac{\pi}{2}<x<\frac{\pi}{2}$ の範囲のグラフと同じものが次々とできるわけだから，この周期は π だ。また，図 **4** や図 **5** との違いは，y 座標が $-\infty<y<\infty$ の範囲で動くことだ。（∞ は**無限大**を表す記号）

● グラフでは，平行移動・振幅・周期を押さえよう！

実際に，さまざまな三角関数のグラフを描く場合，前回やったグラフの基本形に，次の **3** つの要素を加えればいいんだよ。

(Ⅰ) 平行移動	(Ⅱ) 振幅	(Ⅲ) 周期

それじゃ，基本形 $y = \sin x$ に，**3** つの要素が加えられた例をそれぞれ具体的に示すよ。

(Ⅰ) 平行移動したもの：$y = \sin\left(x - \dfrac{\pi}{3}\right)$

これは，$y = \sin x$ の x の代わりに，$x - \dfrac{\pi}{3}$ がきてるから，$y = \sin x$（基本形）を，x 軸方向に $\dfrac{\pi}{3}$ だけ平行移動したものだね。図 **7** を見てくれ。

図 7 平行移動したもの

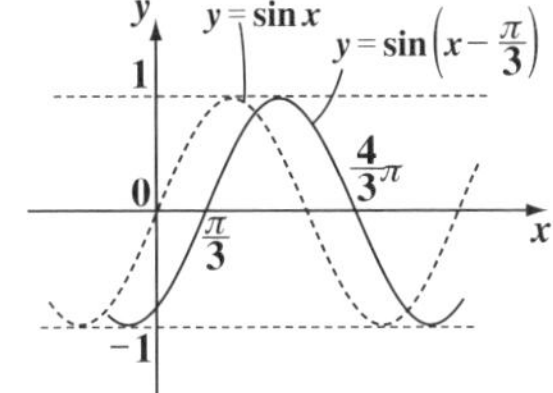

(Ⅱ) 振幅を変えたもの：$y = 2\sin x$

これは，$y = \sin x$ の振幅（y 座標の振れ幅のこと）を **2** 倍したもの。だから，図 **8** のようになるね。

図 8 振幅を変えたもの

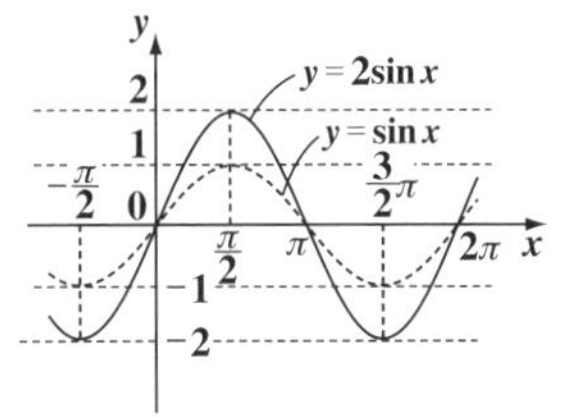

(Ⅲ) 周期を変えたもの：$y = \sin 2x$

これは x の代わりに $2x$ がきているので，周期が変化するはずだ。この場合，$2x$ が 0 から 2π まで変化すると，**1** 周期なわけだから，$0 \leqq 2x \leqq 2\pi$ だ。したがって，$0 \leqq x \leqq \pi$ より，x が 0 から π まで動けば $y = \sin 2x$ は **1** 周期分の変化をするんだ。（図 **9** 参照）　つまり，アコーディオンのようにギュッと横に縮めたグラフになるはずだ。

図 9 周期を変えたもの

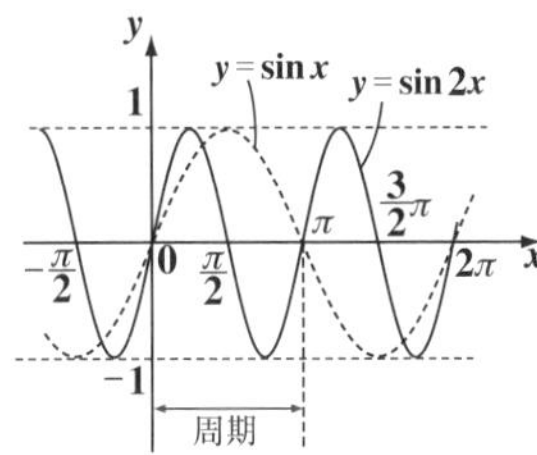

以上，(Ⅰ)(Ⅱ)(Ⅲ) のポイントを押さえれば，どんなグラフでも描けるようになるんだよ。

講義 1 方程式・式と証明
講義 2 図形と方程式
講義 3 三角関数
講義 4 指数関数と対数関数
講義 5 微分法と積分法

$\sin(\theta+180°)$ などの変形

絶対暗記問題 41　難易度 ★　CHECK1　CHECK2　CHECK3

次の式の値を求めよ。

(1) $\sin(\theta+90°)+\sin(90°-\theta)+\cos(\theta+180°)+\cos(180°-\theta)$

(2) $\tan(180°+\theta)\times\tan(270°-\theta)+\cos^2(90°+\theta)+\cos^2(\theta-180°)$

ヒント！ $\sin(\theta+180°)$ などの変形は，(ⅰ)記号と，(ⅱ)符号の決定の2つのステップでやるんだね。記号は，180°系と，90°, 270°系の2つで決まるし，符号は，便宜上 $\theta=30°$ と考えればいいんだね。頑張れ！

解答＆解説

今回は“度”で角度を表してる！

(1) 与式の各項を変形して，

$\theta=30°$ と考える！

(ア) $\sin(\theta+90°)=\cos\theta$ ←（ⅰ) sin → cos （ⅱ) $\sin120°>0$

(イ) $\sin(90°-\theta)=\cos\theta$ ←（ⅰ) sin → cos （ⅱ) $\sin60°>0$

(ウ) $\cos(\theta+180°)=-\cos\theta$ ←（ⅰ) cos → cos （ⅱ) $\cos210°<0$

(エ) $\cos(180°-\theta)=-\cos\theta$ ←（ⅰ) cos → cos （ⅱ) $\cos150°<0$

次の図で符号がわかる

y
(ア) s⊕
(イ) s⊕
(エ) c⊖
θ
x
(ウ) c⊖

以上(ア)～(エ)より，与式を変形して

$\sin(\theta+90°)+\sin(90°-\theta)+\cos(\theta+180°)+\cos(180°-\theta)$

$=\cos\theta+\cos\theta-\cos\theta-\cos\theta=0$ ……………………………(答)

(2) 与式の各項を変形して，

$\theta=30°$ と考える！

(ア) $\tan(180°+\theta)=\tan\theta$ ←（ⅰ) tan → tan （ⅱ) $\tan210°>0$

(イ) $\tan(270°-\theta)=\dfrac{1}{\tan\theta}$ ←（ⅰ) tan → $\dfrac{1}{\tan}$ （ⅱ) $\tan240°>0$

(ウ) $\cos(90°+\theta)=-\sin\theta$ ←（ⅰ) cos → sin （ⅱ) $\cos120°<0$

(エ) $\cos(\theta-180°)=-\cos\theta$ ←（ⅰ) cos → cos （ⅱ) $\cos(-150°)<0$

下図で符号がわかる

y
(ウ) c⊖
θ
x
(ア) t⊕
(エ) c⊖
(イ) t⊕

以上(ア)～(エ)より，与式を変形して

$\tan(180°+\theta)\times\tan(270°-\theta)+\cos^2(90°+\theta)+\cos^2(\theta-180°)$

$=\tan\theta\times\dfrac{1}{\tan\theta}+(-\sin\theta)^2+(-\cos\theta)^2$

$=1+\boxed{\sin^2\theta+\cos^2\theta}$ （$=1$）

$=1+1=2$ ……………………………(答)

三角関数のグラフの概形

絶対暗記問題 42　難易度 ☆☆　CHECK1　CHECK2　CHECK3

関数 $y=2\sin\left(2x-\frac{\pi}{3}\right)+2$ のグラフの概形を描け。

ヒント！ この関数を変形すると，$\underline{y-2}=2\sin 2\left(x-\frac{\pi}{6}\right)$ となるから，これは，$y=2\sin 2x$ を x 軸方向に $\frac{\pi}{6}$，y 軸方向に 2 だけ平行移動したものだってわかるね。後は，周期と振幅のチェックだ。

解答＆解説

$y=2\sin\left(2x-\frac{\pi}{3}\right)+2$ …① を変形して，

$$\underline{y-2}=2\sin 2\left(x-\frac{\pi}{6}\right)$$

よって，①のグラフは，$y=2\sin 2x$ を x 軸方向に $\frac{\pi}{6}$，y 軸方向に 2 だけ平行移動したものである。

∴求める①の関数のグラフを下に示す。

$y=2\cdot\sin 2x$ のグラフは，
$y=\sin x$ のグラフの
(ⅰ)振幅を 2 倍にし，
(ⅱ)周期を $\frac{1}{2}$ 倍の π にしたものだね。

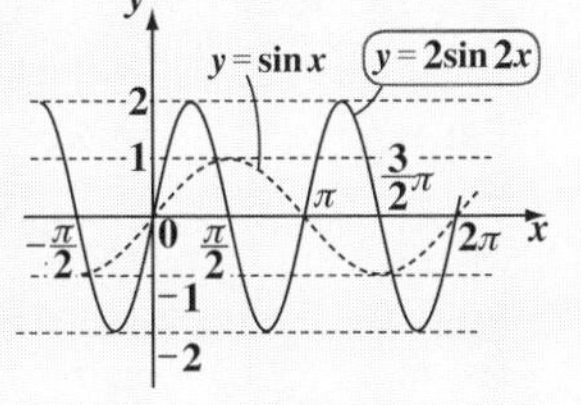

この $y=2\sin 2x$ をさらに，$\left(\frac{\pi}{6},\ 2\right)$ だけ平行移動すれば完成！

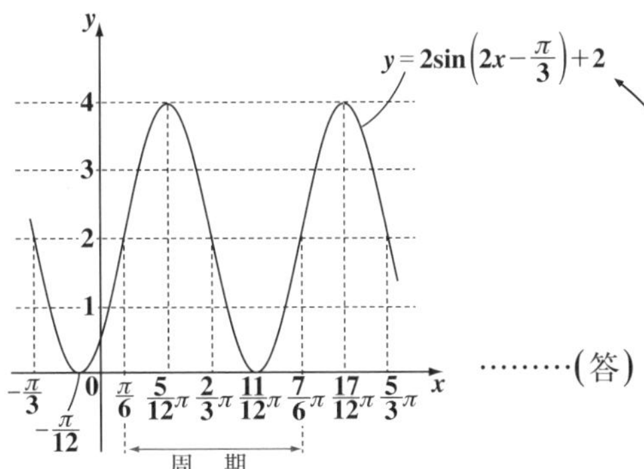

………(答)

頻出問題にトライ・11　難易度 ☆☆　CHECK1　CHECK2　CHECK3

$y=\tan\left(\frac{x}{2}-\frac{\pi}{6}\right)+1$ のグラフについて，次の各問いに答えよ。

(1) これは，曲線 $y=\tan\frac{x}{2}$ をどのように平行移動したものか。

(2) この関数の周期はいくらか。　**(3)** このグラフの概形をかけ。

解答は **P240**

3. 三角関数の合成も，加法定理でマスターできる！

さァ，今回は，三角関数のメインテーマ "**加法定理**" に入るよ。これはこれから出てくるさまざまな公式の基本になるものだから，絶対暗記だ。

● 加法定理はサイタ・コスモス式で覚えよう！

これまで，$\sin\frac{\pi}{6}$ や $\cos\frac{\pi}{4}$ など，必要な三角関数の値は絶対暗記だって言ったよね。ところが，これから話す加法定理をマスターすれば，$\sin\frac{5}{12}\pi$ や $\tan\frac{\pi}{12}$ といった，これまでわからなかった三角関数の値まで，簡単に求めることができるようになる。

これから，この大事な加法定理の公式を **sin**，**cos**，**tan** それぞれについて書いておくから，反復練習して，是非覚えよう！

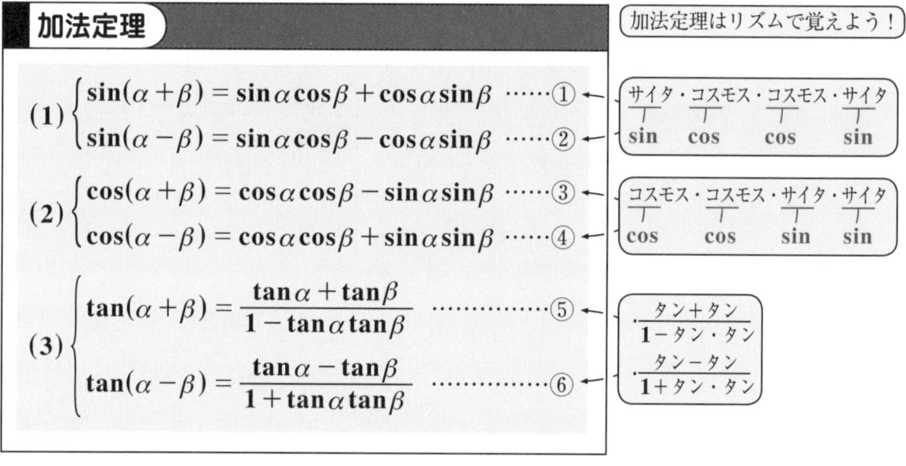

加法定理

(1) $\begin{cases} \sin(\alpha+\beta)=\sin\alpha\cos\beta+\cos\alpha\sin\beta & \cdots\cdots① \\ \sin(\alpha-\beta)=\sin\alpha\cos\beta-\cos\alpha\sin\beta & \cdots\cdots② \end{cases}$

(2) $\begin{cases} \cos(\alpha+\beta)=\cos\alpha\cos\beta-\sin\alpha\sin\beta & \cdots\cdots③ \\ \cos(\alpha-\beta)=\cos\alpha\cos\beta+\sin\alpha\sin\beta & \cdots\cdots④ \end{cases}$

(3) $\begin{cases} \tan(\alpha+\beta)=\dfrac{\tan\alpha+\tan\beta}{1-\tan\alpha\tan\beta} & \cdots\cdots⑤ \\ \tan(\alpha-\beta)=\dfrac{\tan\alpha-\tan\beta}{1+\tan\alpha\tan\beta} & \cdots\cdots⑥ \end{cases}$

どう？ かなり複雑そうに思えるかもしれないけれど，たとえば **sin** の加法定理は「サイタ・コスモス・コスモス・サイタ」と覚えればいいんだ。角度はどれも α，β，α，β の順番で出てくるだけだからね。また，**tan** の場合「**1**・マイナス・タン・タン分の，タン・プラス・タン」などと覚えればいいよ。

それでは，この加法定理の証明もやっておこう。ここでは，まず $\cos(\alpha+\beta)=\cos\alpha\cos\beta-\sin\alpha\sin\beta$ …③ が与えられたとすると，他のすべての公式は，これから導かれることを示そう。

・③の β に $-\beta$ を代入すると，

$$\cos(\alpha-\beta)=\cos\{\alpha+(-\beta)\}=\cos\alpha\underbrace{\cos(-\beta)}_{\cos\beta}-\sin\alpha\underbrace{\sin(-\beta)}_{-\sin\beta}\quad(③より)$$

$$=\cos\alpha\cos\beta+\sin\alpha\sin\beta$$ となって④が導けた。

・次，①に入るよ。

$$\sin(\alpha+\beta)=\cos\left\{\frac{\pi}{2}-(\alpha+\beta)\right\}=\cos\left\{\left(\frac{\pi}{2}-\alpha\right)-\beta\right\}$$

$\cos\left(\frac{\pi}{2}-\theta\right)=\sin\theta$ を使った！

$$=\underbrace{\cos\left(\frac{\pi}{2}-\alpha\right)}_{\sin\alpha}\cdot\cos\beta+\underbrace{\sin\left(\frac{\pi}{2}-\alpha\right)}_{\cos\alpha}\cdot\sin\beta\quad(④より)$$

$$=\sin\alpha\cos\beta+\cos\alpha\sin\beta$$ となって，①も導けた。

・①の β に $-\beta$ を代入すると，

$$\sin(\alpha-\beta)=\sin\{\alpha+(-\beta)\}=\sin\alpha\underbrace{\cos(-\beta)}_{\cos\beta}+\cos\alpha\underbrace{\sin(-\beta)}_{-\sin\beta}\quad(①より)$$

$$=\sin\alpha\cos\beta-\cos\alpha\sin\beta$$ となって②も導けた。

・③から，①，②，④がすべて導けたので，⑤，⑥はこれらを使えばすぐに導ける。

$$\tan(\alpha+\beta)=\frac{\sin(\alpha+\beta)}{\cos(\alpha+\beta)}=\frac{\sin\alpha\cos\beta+\cos\alpha\sin\beta}{\cos\alpha\cos\beta-\sin\alpha\sin\beta}\quad(①,③より)$$

$$=\frac{\underbrace{\frac{\sin\alpha}{\cos\alpha}}_{\tan\alpha}+\underbrace{\frac{\sin\beta}{\cos\beta}}_{\tan\beta}}{1-\underbrace{\frac{\sin\alpha}{\cos\alpha}}_{\tan\alpha}\cdot\underbrace{\frac{\sin\beta}{\cos\beta}}_{\tan\beta}}=\frac{\tan\alpha+\tan\beta}{1-\tan\alpha\tan\beta}\quad\cdots⑤$$

分子・分母を $\cos\alpha\cos\beta$ で割った

$$\tan(\alpha-\beta)=\frac{\sin(\alpha-\beta)}{\cos(\alpha-\beta)}=\frac{\sin\alpha\cos\beta-\cos\alpha\sin\beta}{\cos\alpha\cos\beta+\sin\alpha\sin\beta}$$

$$=\frac{\frac{\sin\alpha}{\cos\alpha}-\frac{\sin\beta}{\cos\beta}}{1+\frac{\sin\alpha}{\cos\alpha}\cdot\frac{\sin\beta}{\cos\beta}}=\frac{\tan\alpha-\tan\beta}{1+\tan\alpha\tan\beta}\quad\cdots⑥$$ も導ける。

フ～，疲れたって？ でも，まだ肝心の③を証明してないね。もう一頑張りだ！ これは例題でやっておこう。

◆例題7◆

原点を中心とする半径 **1** の円周上に **4** 点 $\mathbf{A(1,\ 0)}$，$\mathbf{B(\cos(\alpha+\beta),\ \sin(\alpha+\beta))}$，$\mathbf{A'(\cos(-\beta),\ \sin(-\beta))}$，$\mathbf{B'(\cos\alpha,\ \sin\alpha)}$ をとる。ここで，$\mathbf{AB^2 = A'B'^2}$ となることを利用して

$\cos(\alpha+\beta) = \cos\alpha\cos\beta - \sin\alpha\sin\beta$ ……③ が成り立つことを示せ。

解答

(i)

B(cos(α+β), sin(α+β))　1　−1　O　α+β　A(1, 0)　x　y　1　−1

(Ⅰ) 図 (i) より，**2** 点 $\mathbf{A(1,\ 0)}$ と $\mathbf{B(\cos(\alpha+\beta),\ \sin(\alpha+\beta))}$ との間の距離の **2** 乗は，

$$AB^2 = \{1-\cos(\alpha+\beta)\}^2 + \sin^2(\alpha+\beta)$$
$$= 1 - 2\cos(\alpha+\beta) + \underbrace{\cos^2(\alpha+\beta)+\sin^2(\alpha+\beta)}_{1}$$
$$\therefore\ AB^2 = 2 - 2\cos(\alpha+\beta)\ \cdots\cdots㋐$$

(ii)

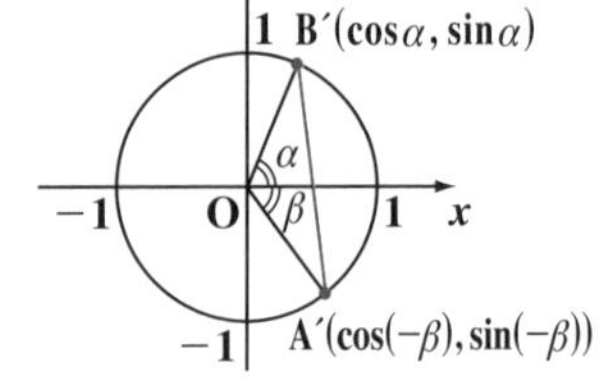

(Ⅱ) 図 (ii) より，**2** 点 $\mathbf{A'(\cos\beta,\ -\sin\beta)}$ と （$\cos\beta = \cos(-\beta)$，$-\sin\beta = \sin(-\beta)$）

$\mathbf{B'(\cos\alpha,\ \sin\alpha)}$ との間の距離の **2** 乗は，

$$A'B'^2 = (\cos\alpha - \cos\beta)^2 + (\sin\alpha + \sin\beta)^2$$
$$= \cos^2\alpha - 2\cos\alpha\cos\beta + \cos^2\beta + \sin^2\alpha + 2\sin\alpha\sin\beta + \sin^2\beta$$

（$\cos^2\alpha + \sin^2\alpha = 1$，$\cos^2\beta + \sin^2\beta = 1$）

$$\therefore\ A'B'^2 = 2 - 2(\cos\alpha\cos\beta - \sin\alpha\sin\beta)\ \cdots\cdots㋑$$

ここで，$\triangle\mathbf{OAB}$ を $-\beta$（時計まわりに β）だけ回転したものが $\triangle\mathbf{OA'B'}$ より

$\triangle\mathbf{OAB} \equiv \triangle\mathbf{OA'B'}$（合同）　　よって，$\mathbf{AB^2 = A'B'^2}$ となる。

よって，㋐ ㋑より，　$2 - 2\cos(\alpha+\beta) = 2 - 2(\cos\alpha\cos\beta - \sin\alpha\sin\beta)$

これから，$\cos(\alpha+\beta) = \cos\alpha\cos\beta - \sin\alpha\sin\beta$ …③は成り立つ。…(終)

ようやく，加法定理の証明も終わった。証明というのは結構大変で，この加法定理の証明は東大の **2** 次試験でも問われた位なんだよ。でも，公式はまず証明よりも使って慣れることが一番だ。早速使ってみよう！

◆例題8◆

$\sin\frac{5}{12}\pi$ と，$\tan\frac{\pi}{12}$ の値を，加法定理を用いて求めよ。

解答

公式：$\sin(\alpha+\beta)=\sin\alpha\cos\beta+\cos\alpha\sin\beta$ を使った！

$\cdot\sin\frac{5}{12}\pi$（75°）$=\sin\left(\frac{\pi}{4}+\frac{\pi}{6}\right)=\sin\frac{\pi}{4}\cdot\cos\frac{\pi}{6}+\cos\frac{\pi}{4}\cdot\sin\frac{\pi}{6}$

$=\frac{\sqrt{2}}{2}\times\frac{\sqrt{3}}{2}+\frac{\sqrt{2}}{2}\times\frac{1}{2}=\frac{\sqrt{6}+\sqrt{2}}{4}$ ……………………………(答)

$\cdot\tan\frac{\pi}{12}$（15°）$=\tan\left(\frac{\pi}{3}-\frac{\pi}{4}\right)=\dfrac{\tan\frac{\pi}{3}-\tan\frac{\pi}{4}}{1+\tan\frac{\pi}{3}\cdot\tan\frac{\pi}{4}}$

公式：$\tan(\alpha-\beta)=\dfrac{\tan\alpha-\tan\beta}{1+\tan\alpha\tan\beta}$ を使った！

$=\frac{\sqrt{3}-1}{\sqrt{3}+1}=\frac{(\sqrt{3}-1)^2}{(\sqrt{3}+1)(\sqrt{3}-1)}=\frac{4-2\sqrt{3}}{2}=2-\sqrt{3}$ …………(答)

（$(\sqrt{3}-1)^2=3-2\sqrt{3}+1$，$(\sqrt{3}+1)(\sqrt{3}-1)=3-1$）

● 2倍角の公式も加法定理から生まれる！

次に，**2倍角の公式**に入るよ。これは，加法定理の①，③のβをαにおきかえれば出てくる。まず①は，

$\sin2\alpha=\sin\alpha\cos\alpha+\cos\alpha\sin\alpha=2\sin\alpha\cos\alpha$ となるね。同様に③も，

$\cos2\alpha=\cos\alpha\cos\alpha-\sin\alpha\sin\alpha=\cos^2\alpha-\sin^2\alpha$

（$2\alpha=\alpha+\alpha$，$\cos^2\alpha=1-\sin^2\alpha$，$\sin^2\alpha=1-\cos^2\alpha$）

ここで，(ｉ) $\cos^2\alpha=1-\sin^2\alpha$ とおくと，

$\cos2\alpha=(1-\sin^2\alpha)-\sin^2\alpha=1-2\sin^2\alpha$

(ii) $\sin^2\alpha=1-\cos^2\alpha$ とおくと，

$\cos2\alpha=\cos^2\alpha-(1-\cos^2\alpha)=2\cos^2\alpha-1$

以上より，2倍角の公式が導けた。

2倍角の公式

(1) $\sin2\alpha=2\sin\alpha\cos\alpha$

(2) $\cos2\alpha=\cos^2\alpha-\sin^2\alpha$
$=1-2\sin^2\alpha$
$=2\cos^2\alpha-1$

$\sin2\alpha$ は1通りだけど，$\cos2\alpha$ は3通りに変形できるんだ。

● 半角の公式は 2 倍角の公式から導ける！

連鎖反応的に公式が出てくるから，その流れを理解すれば，公式を正確に覚える手助けになるよ。

(ⅰ) 2 倍角の公式：$\cos 2\alpha = 1 - 2\sin^2\alpha$ を変形して，

$2\sin^2\alpha = 1 - \cos 2\alpha$　　$\therefore$ $\boxed{\sin^2\alpha = \dfrac{1-\cos 2\alpha}{2}}$ となる。

これが，**半角の公式**だ。同様に，もう 1 つの公式も導ける。

(ⅱ) 2 倍角の公式：$\cos 2\alpha = 2\cos^2\alpha - 1$ を変形して

$2\cos^2\alpha = 1 + \cos 2\alpha$　　$\therefore$ $\boxed{\cos^2\alpha = \dfrac{1+\cos 2\alpha}{2}}$

以上より，半角の公式をまとめて下に示す。

(1) $\sin^2\alpha = \dfrac{1-\cos 2\alpha}{2}$

(2) $\cos^2\alpha = \dfrac{1+\cos 2\alpha}{2}$

$\alpha = \dfrac{\theta}{2}$ とおいて，

(1) $\sin^2\dfrac{\theta}{2} = \dfrac{1-\cos\theta}{2}$

(2) $\cos^2\dfrac{\theta}{2} = \dfrac{1+\cos\theta}{2}$

の形で表してもいい。

● 2 つの三角関数は，1 つに合成しよう！

ここに，$\sin\theta + \sqrt{3}\cos\theta$ $(0 \leqq \theta \leqq 2\pi)$ が与えられていて，この式の値の最大値，最小値を求めよって言われたら，どうする？ $\sin\theta$ と $\cos\theta$ が θ の値に対してそれぞれ別々の値をとるので，この式全体の値がどうなるか，よくわからないだろう。そこで登場するのが，**三角関数の合成**なんだ。

この式を，$1\cdot\sin\theta + \sqrt{3}\cdot\cos\theta$ とおき，それぞれの係数 1 と $\sqrt{3}$ を使って，図 1 のような直角三角形を作るよ。すると，その斜辺の長さが②となるので，この②をくくり出して，変形すると，次のように 1 つの sin だけで表すことが出来る。この変形を，**三角関数の合成**という。

図 1　この直角三角形を使って合成する

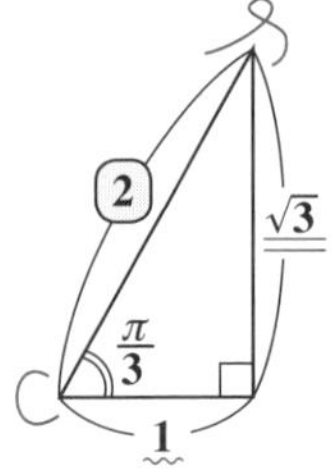

$$1\cdot\sin\theta+\sqrt{3}\cdot\cos\theta=\boxed{2}\cdot\left(\boxed{\frac{1}{2}}\sin\theta+\boxed{\frac{\sqrt{3}}{2}}\cos\theta\right)$$

（斜辺の長さ：2、$\frac{1}{2}=\cos\frac{\pi}{3}$、$\frac{\sqrt{3}}{2}=\sin\frac{\pi}{3}$）

$$=2\left(\sin\theta\cdot\cos\frac{\pi}{3}+\cos\theta\cdot\sin\frac{\pi}{3}\right)$$

$$=2\sin\left(\theta+\frac{\pi}{3}\right)$$

ここで，加法定理：
$\sin(\alpha+\beta)$
$=\sin\alpha\cos\beta+\cos\alpha\sin\beta$
を使った！

どう？ 1つの三角関数にまとまっただろう。ここで，$0\leqq\theta\leqq2\pi$ より，$\frac{\pi}{3}\leqq\theta+\frac{\pi}{3}\leqq\frac{7}{3}\pi$ となって，角 $\theta+\frac{\pi}{3}$ は図2のように1周まわるから，当然，$-1\leqq\sin\left(\theta+\frac{\pi}{3}\right)\leqq1$ だね。よって，これを2倍したものが，$\sin\theta+\sqrt{3}\cos\theta$ だから，この最大値は2，最小値は-2となる。ナットクいった？

図2　$\sin\left(\theta+\frac{\pi}{3}\right)$ の最大値，最小値

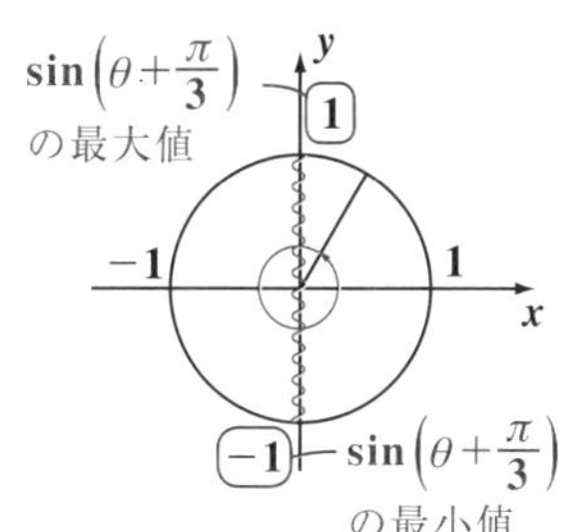

一般に，$a\sin\theta+b\cos\theta$ の形をしたものは，三角関数の合成を使って，次のようにまとめられる。

三角関数の合成

$$a\sin\theta+b\cos\theta=\sqrt{a^2+b^2}\sin(\theta+\alpha)$$

$$\left(\text{ここで，}\cos\alpha=\frac{a}{\sqrt{a^2+b^2}},\ \sin\alpha=\frac{b}{\sqrt{a^2+b^2}}\right)$$

ここで，$a>0$，$b>0$ として，$a\sin\theta+b\cos\theta$ の a と b の係数を使って，直角三角形を作る。図3からその斜辺は $\sqrt{a^2+b^2}$ となるので，これをくくり出して変形すると，

図3　三角関数の合成

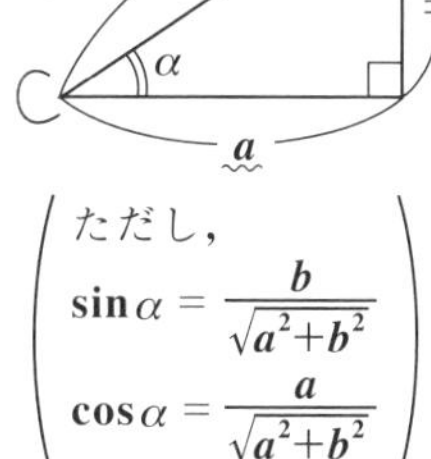

$\left(\text{ただし，}\sin\alpha=\frac{b}{\sqrt{a^2+b^2}},\ \cos\alpha=\frac{a}{\sqrt{a^2+b^2}}\right)$

$$a\sin\theta+b\cos\theta=\sqrt{a^2+b^2}\left(\frac{a}{\sqrt{a^2+b^2}}\sin\theta+\frac{b}{\sqrt{a^2+b^2}}\cos\theta\right)$$

（$\frac{a}{\sqrt{a^2+b^2}}=\cos\alpha$、$\frac{b}{\sqrt{a^2+b^2}}=\sin\alpha$）

$$=\sqrt{a^2+b^2}(\sin\theta\cos\alpha+\cos\theta\sin\alpha)$$

$$=\sqrt{a^2+b^2}\sin(\theta+\alpha)$$

となる。a, b が負のときも同様に合成できるよ。

加法定理による数値の計算

絶対暗記問題 43	難易度 ★	CHECK1	CHECK2	CHECK3

$\sin 15° - 2\sin 105° - \sin 165°$ の値を求めよ。（小樽商科大＊）

ヒント！ 加法定理の問題だ。$\sin 15° = \sin(45° - 30°)$，また $\sin 105° = \sin(60° + 45°)$，そして，$\sin 165° = \sin(120° + 45°)$ などと，各項を計算すればいいね。さらに，$\sin(180° - \theta)$ の変形を用いた別解も示す。

解答＆解説

角度を"度"で表している

(i) $\sin 15° = \sin(45° - 30°) = \sin 45° \cdot \cos 30° - \cos 45° \cdot \sin 30°$

（$\sin 45° = \frac{\sqrt{2}}{2}$, $\cos 30° = \frac{\sqrt{3}}{2}$, $\cos 45° = \frac{\sqrt{2}}{2}$, $\sin 30° = \frac{1}{2}$）

$$= \frac{\sqrt{2}}{2} \cdot \frac{\sqrt{3}}{2} - \frac{\sqrt{2}}{2} \cdot \frac{1}{2} = \frac{\sqrt{6} - \sqrt{2}}{4}$$

(ii) $\sin 105° = \sin(60° + 45°) = \sin 60° \cdot \cos 45° + \cos 60° \cdot \sin 45°$

（$\sin 60° = \frac{\sqrt{3}}{2}$, $\cos 45° = \frac{\sqrt{2}}{2}$, $\cos 60° = \frac{1}{2}$, $\sin 45° = \frac{\sqrt{2}}{2}$）

$$= \frac{\sqrt{3}}{2} \cdot \frac{\sqrt{2}}{2} + \frac{1}{2} \cdot \frac{\sqrt{2}}{2} = \frac{\sqrt{6} + \sqrt{2}}{4}$$

(iii) $\sin 165° = \sin(120° + 45°) = \sin 120° \cdot \cos 45° + \cos 120° \cdot \sin 45°$

（$\sin 120° = \frac{\sqrt{3}}{2}$, $\cos 45° = \frac{\sqrt{2}}{2}$, $\cos 120° = -\frac{1}{2}$, $\sin 45° = \frac{\sqrt{2}}{2}$）

$$= \frac{\sqrt{3}}{2} \cdot \frac{\sqrt{2}}{2} - \frac{1}{2} \cdot \frac{\sqrt{2}}{2} = \frac{\sqrt{6} - \sqrt{2}}{4}$$

以上 (i)(ii)(iii) より，

$$\sin 15° - 2 \cdot \sin 105° - \sin 165° = \frac{\sqrt{6} - \sqrt{2}}{4} - 2 \cdot \frac{\sqrt{6} + \sqrt{2}}{4} - \frac{\sqrt{6} - \sqrt{2}}{4}$$

$$= -\frac{\sqrt{6} + \sqrt{2}}{2}$$ ……………………………………（答）

別解

$\sin 165° = \sin(180° - 15°) = \sin 15°$ より，（$15° = \theta$）

$\left(15° = \theta \text{ とおくと，} \sin(180° - \theta) = \sin\theta \text{ となるから！}\right)$

（∵）(i) sin → sin，(ii) $\sin 150° > 0$ ← $\theta = 30°$ と考える

与式 $= \sin 15° - 2 \cdot \sin 105° - \sin 15° = -2 \cdot \sin 105°$

$$= -2 \cdot \frac{\sqrt{6} + \sqrt{2}}{4} = -\frac{\sqrt{6} + \sqrt{2}}{2}$$ ……………………………………（答）

2 直線のなす角と tan の加法定理

絶対暗記問題 44　難易度 ★★　CHECK 1　CHECK 2　CHECK 3

2 直線 $y = 2x - 1$ と $y = \frac{1}{3}x + 1$ のなす角 θ を求めよ。

ただし，$0 < \theta < \frac{\pi}{2}$ とする。　(自治医大＊)

ヒント！ 一般に，2 直線 $y = m_1x + n_1$ と $y = m_2x + n_2$ のなす角を θ とおくと，$\tan\theta$ は次のように求まる。

右図のように，$m_1 = \tan\alpha$，$m_2 = \tan\beta$ とおくと，$\theta = \alpha - \beta$ ……㋐

㋐の両辺の tan をとると，

$\tan\theta = \tan(\alpha - \beta)$ ← 加法定理

$$= \frac{\tan\alpha - \tan\beta}{1 + \tan\alpha \cdot \tan\beta} = \frac{m_1 - m_2}{1 + m_1 \cdot m_2}$$

となる。

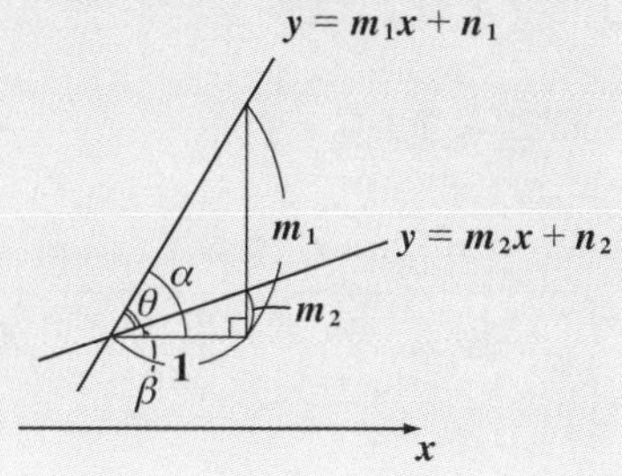

解答＆解説

2 直線 $y = \overset{m_1}{2}x - 1$ と $y = \overset{m_2}{\frac{1}{3}}x + 1$ のなす角を θ とおく。

また 2 つの角 α，β を右図のようにおくと，

$$\begin{cases} \tan\alpha = 2,\ \tan\beta = \dfrac{1}{3} \\ \theta = \alpha - \beta \ \cdots\cdots ① \end{cases}$$ となる。

①より，$\tan\theta = \tan(\alpha - \beta) = \dfrac{\tan\alpha - \tan\beta}{1 + \tan\alpha \cdot \tan\beta} = \dfrac{6 - 1}{3 + 2} = 1$ （分子・分母に 3 をかけた）

∴ $\tan\theta = 1$ より，$\theta = \frac{\pi}{4}$ $\left(\because 0 < \theta < \frac{\pi}{2}\right)$ ……………………(答)

参考

2 直線が直交するとき，1 つの直線の傾きを $m_1 = \tan\theta$ とおくと，もう 1 つの直線の傾き m_2 は，$m_2 = \tan\left(\theta + \frac{\pi}{2}\right) = -\frac{1}{\tan\theta}$ より，$m_1 \times m_2 = -1$ が導けるんだね。納得いった？

2 倍角の公式と 2 次関数の最大・最小

絶対暗記問題 45	難易度 ★	CHECK1	CHECK2	CHECK3

関数 $y = \cos 2x + \sin x \quad (0 \leqq x < 2\pi)$ の最大値および最小値を求めよ。

（福岡大＊）

ヒント！ 2 倍角の公式 $\cos 2x = 1 - 2\sin^2 x$ を使い，$\sin x = t$ とでも置換すれば，y は t の 2 次関数となる。後は $-1 \leqq t \leqq 1$ の範囲における y の最大値と最小値を求めればいい。

解答＆解説

$y = \cos 2x + \sin x \ (0 \leqq x < 2\pi)$ を変形して，

$\cos 2x$:
- $\cos^2 x - \sin^2 x$
- $1 - 2\sin^2 x$
- $2\cos^2 x - 1$

この 3 つのメニューのうち，$\sin x$ で統一するため，これを選んだ！

$y = 1 - 2\sin^2 x + \sin x = -2\sin^2 x + \sin x + 1$

ここで，$\sin x = t$ とおくと，

$0 \leqq x < 2\pi$ より，$-1 \leqq t \leqq 1$ 　　$-1 \leqq \sin x \leqq 1$

さらに，$y = f(t)$ とおくと，

$y = f(t) = -2t^2 + t + 1$

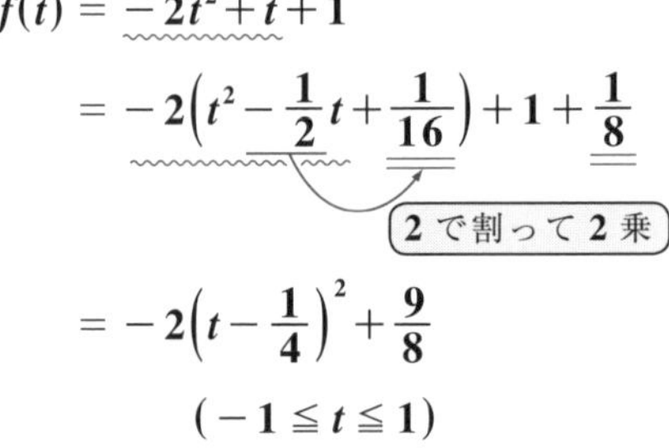

$$= -2\left(t^2 - \frac{1}{2}t + \frac{1}{16}\right) + 1 + \frac{1}{8}$$

$$= -2\left(t - \frac{1}{4}\right)^2 + \frac{9}{8}$$

$(-1 \leqq t \leqq 1)$

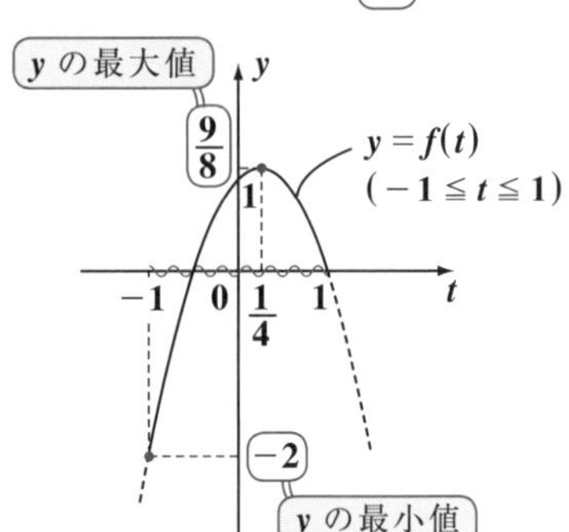

以上より，求める最大値と最小値は，

$$\begin{cases} (\text{i})\ \sin x = \dfrac{1}{4} \text{ のとき，最大値 } \dfrac{9}{8} \\ (\text{ii})\ \sin x = -1 \left(x = \dfrac{3}{2}\pi\right) \text{ のとき，最小値 } -2 \end{cases}$$

……………………………（答）

2 倍角の公式と三角関数の合成の応用

絶対暗記問題 46　難易度 ★★　CHECK 1　CHECK 2　CHECK 3

関数 $y=\sin^2\theta+2\sin\theta\cdot\cos\theta-\cos^2\theta\ \left(0\leqq\theta\leqq\frac{\pi}{2}\right)$ のとり得る値の範囲を求めよ。

ヒント！ 2倍角の公式と三角関数の合成を使って解く。

解答＆解説

$$y=\underbrace{2\sin\theta\cdot\cos\theta}_{\sin 2\theta}-(\underbrace{\cos^2\theta-\sin^2\theta}_{\cos 2\theta})$$

$$=1\cdot\sin 2\theta-1\cdot\cos 2\theta=\sqrt{2}\left(\frac{1}{\sqrt{2}}\sin 2\theta-\frac{1}{\sqrt{2}}\cos 2\theta\right)$$

（$\frac{1}{\sqrt{2}}=\cos\frac{\pi}{4}$，$\frac{1}{\sqrt{2}}=\sin\frac{\pi}{4}$）

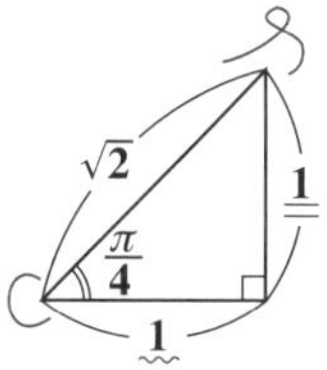

$$=\sqrt{2}\left(\sin 2\theta\cdot\cos\frac{\pi}{4}-\cos 2\theta\cdot\sin\frac{\pi}{4}\right)=\sqrt{2}\sin\left(2\theta-\frac{\pi}{4}\right)$$

ここで，$0\leqq\theta\leqq\frac{\pi}{2}$ より，$0\leqq 2\theta\leqq\pi$

$$-\frac{\pi}{4}\leqq 2\theta-\frac{\pi}{4}\leqq\frac{3}{4}\pi$$

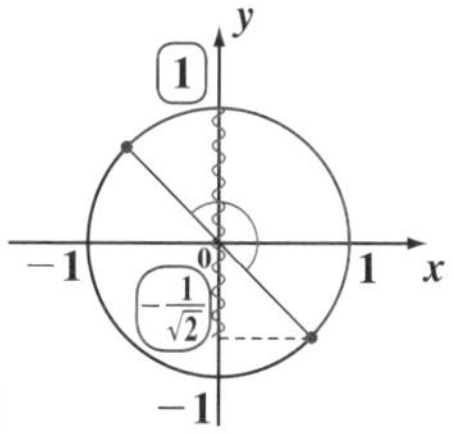

よって，$-\frac{1}{\sqrt{2}}\leqq\sin\left(2\theta-\frac{\pi}{4}\right)\leqq 1$ より

$$-1\leqq\underbrace{\sqrt{2}\sin\left(2\theta-\frac{\pi}{4}\right)}_{y}\leqq\sqrt{2}$$

各辺を $\sqrt{2}$ 倍した！

∴求める y のとり得る値の範囲は，$-1\leqq y\leqq\sqrt{2}$ ……………………………(答)

頻出問題にトライ・12　難易度 ★★　CHECK 1　CHECK 2　CHECK 3

関数 $y=\sin\theta+\cos\theta+\sin 2\theta$ について，次の各問いに答えよ。
ただし，$0\leqq\theta\leqq\pi$ とする。

(1) $\sin\theta+\cos\theta=t$ とおく。y を t の式で表せ。

(2) t のとり得る値の範囲を求めよ。

(3) y の最大値と最小値，およびそのときの t の値を求めよ。

解答は P241

4. 三角方程式・不等式では単位円が有効だ！

これまで，加法定理をはじめ，さまざまな公式を勉強したね。今回は，これらの公式を利用して，**三角方程式**や**三角不等式**を解いてみよう。さらに，ここでは，**3 倍角の公式**や，**積→和，和→積の公式**も教えよう。

● 三角方程式は一種のナゾナゾだ！

三角方程式というのは，文字通り三角関数の入った方程式で，ナゾナゾのように，「この方程式をみたす角度 x の値はナァ〜ニ？」と聞いてるんだね。そして，この三角方程式を解くのにさまざまな公式を使うけれど，最終的には，k を定数として，$\sin x = k$ や $\cos x = k$ の形にもち込むことが多い。だから，次のことを肝に銘じておくと，単位円 (半径 **1** の円) で楽に解けるんだよ。

(ⅰ) $\cos x$ は単位円周上の点の X 座標

(ⅱ) $\sin x$ は単位円周上の点の Y 座標

例として，三角方程式 $\underset{X}{\boxed{\cos x}} = -\frac{1}{2}$ $(0 \leqq x < 2\pi)$ をみたす角度 x を求めたいとき，$\cos x$ は単位円周上の点の X 座標なので，図 **1** のように，直線 $X = -\frac{1}{2}$ と単位円との交点をとって，解は $x = \frac{2}{3}\pi$，$\frac{4}{3}\pi$ と求まるね。同様に，$\underset{Y}{\boxed{\sin x}} = -\frac{1}{2}$ $(0 \leqq x < 2\pi)$ のとき，$\sin x$ は単位円上の点の Y 座標より，$Y = -\frac{1}{2}$ とみて，図 **2** のように，$x = \frac{7}{6}\pi$，$\frac{11}{6}\pi$ の解が求められるだろう。ナットクいった？

図 **1**　三角方程式の例 (Ⅰ)

$\cos x = -\frac{1}{2}$

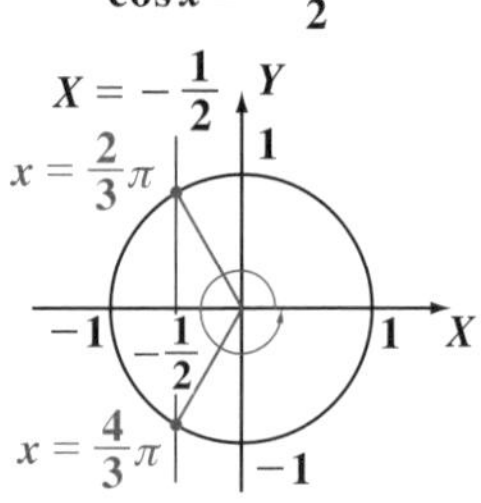

(角度の x と区別するため XY 平面を使った。)

図 **2**　三角方程式の例 (Ⅱ)

$\sin x = -\frac{1}{2}$

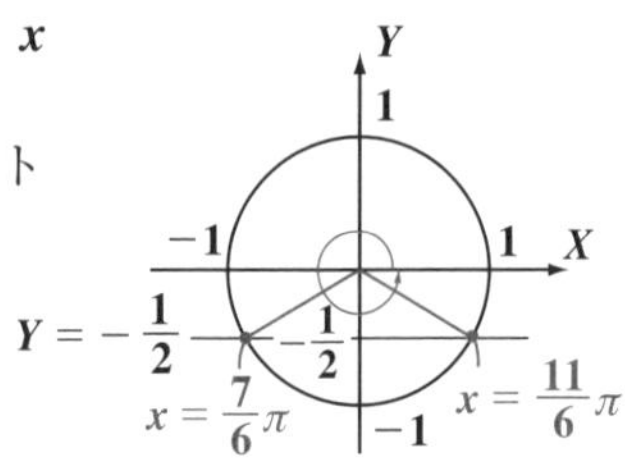

● 三角不等式では，値の範囲がわかる！

不等号の入った**三角不等式**では，方程式とは違って，一般に**値の範囲**が出てくるんだ。三角不等式の場合も，最終的には，$\sin x \geqq k$ や $\cos x < k$ などの形になるものがほとんどなので，単位円周上の点の X 座標，Y 座標で考えるのは，方程式のときと同じだ。

図 3　三角不等式の例

$\sin x \leqq -\frac{1}{2}$

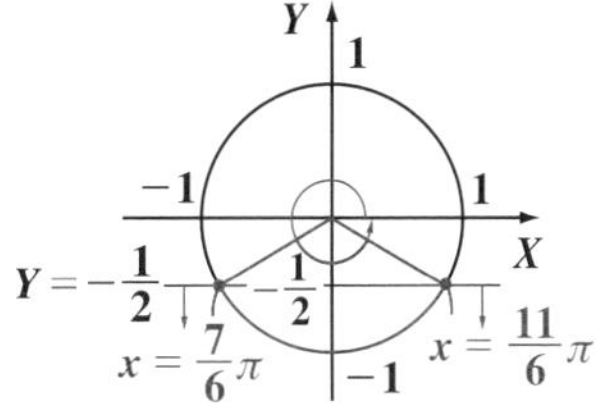

一例として，$\sin x \leqq -\frac{1}{2}\ (0 \leqq x < 2\pi)$ を解くよ。

これは，$Y \leqq -\frac{1}{2}$ とみて，図 3 より，これをみたす角度 x の範囲は，$\frac{7}{6}\pi \leqq x \leqq \frac{11}{6}\pi$ となる。

◆例題9◆

三角不等式 $\cos 2x + 7\cos x - 3 \leqq 0\ (0 \leqq x < 2\pi)$ を解け。（大阪歯科大＊）

解答

$\cos 2x + 7\cos x - 3 \leqq 0$

$\cos 2x$ は
- $\cdot\ \cos^2 x - \sin^2 x$
- $\cdot\ 1 - 2\sin^2 x$
- $\cdot\ 2\cos^2 x - 1$

3つのメニューのうち，$\cos x$ で統一するため，これを選ぶ！

$2\cos^2 x - 1 + 7\cos x - 3 \leqq 0$

$2\cos^2 x + 7\cos x - 4 \leqq 0$

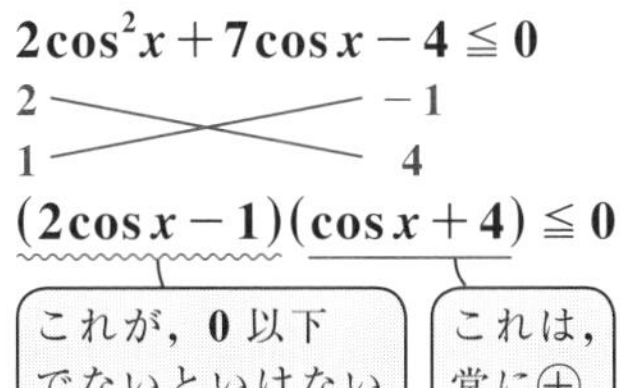

$(2\cos x - 1)(\cos x + 4) \leqq 0$

これが，0 以下でないといけない

これは，常に⊕

$\cos x \geqq -1$ より，両辺に 4 をたして $\cos x + 4 \geqq 3$

ここで，$\cos x + 4 > 0$ より，

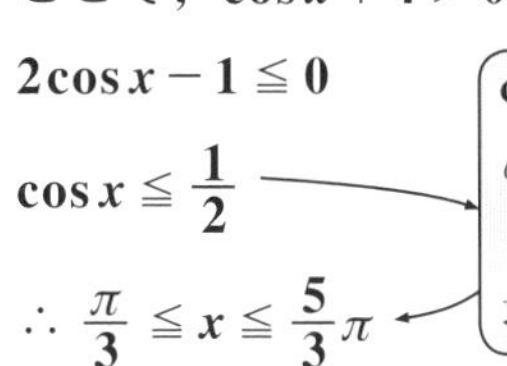

$2\cos x - 1 \leqq 0$

$\cos x \leqq \frac{1}{2}$

$\therefore\ \frac{\pi}{3} \leqq x \leqq \frac{5}{3}\pi$ …(答)

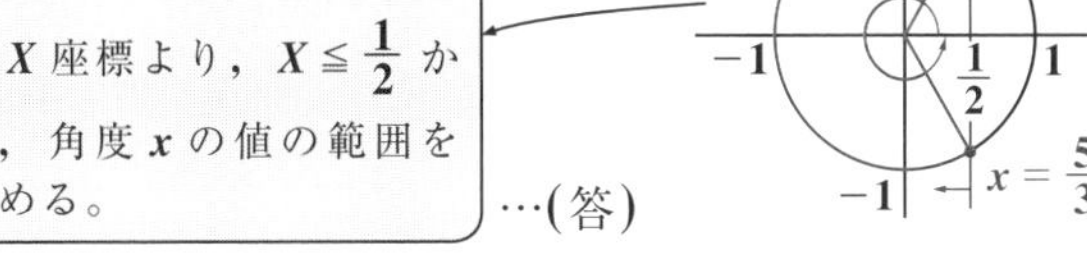

$\cos x$ は，単位円周上の点の X 座標より，$X \leqq \frac{1}{2}$ から，角度 x の値の範囲を求める。

● 3 倍角の公式にチャレンジだ！

受験でもチョクチョク登場する**3倍角の公式**について解説する。まず，**sin** と **cos** の **3** 倍角の公式を書いておこう。

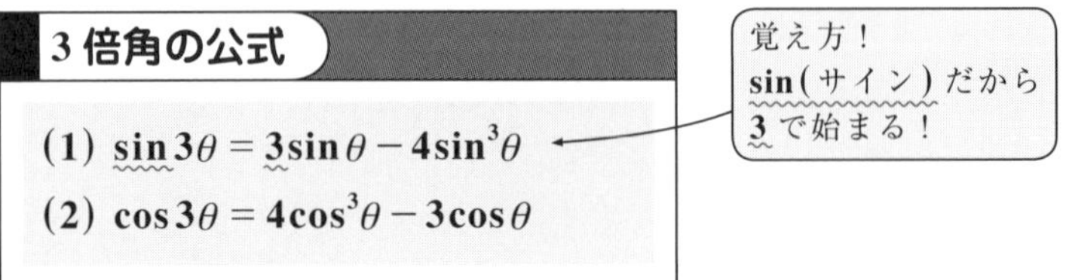

3 倍角の公式

(1) $\sin 3\theta = 3\sin\theta - 4\sin^3\theta$

(2) $\cos 3\theta = 4\cos^3\theta - 3\cos\theta$

この **3** 倍角の公式のウマイ覚え方を教えておくよ。**3** 倍角の公式は **(1)**, **(2)** ともに，いずれもその右辺が $3\times\fbox{}$ と $4\times\fbox{}^3$ の引き算の形をしているだろう。したがって公式は，**3** で始まるのか，**4** で始まるのかだけを覚えておけばいいんだね。

ここで，ダジャレを **1** つ。「sin(サイン)だから 3(サン)で始まる」と覚えればいい。すると，$\cos 3\theta$ の方は **4** で始まるしかないからね。

よって，$\underset{(サイン)}{\sin} 3\theta = \underset{(サン)}{3}\sin\theta - 4\sin^3\theta$

$\cos 3\theta = 4\cos^3\theta - 3\cos\theta$ となる。どう？ 忘れないだろう。

後は，覚えて，問題を解くときに，どんどん使ってくれたらいいんだよ。エッ？ どのようにして，この公式が導かれたかって？ 良い質問だ。実は，この公式の証明そのものが，受験問題として出題されることもあるので，例題でやっておこう。

◆例題 10◆

加法定理を使って，等式 $\sin 3\theta = 3\sin\theta - 4\sin^3\theta$ が成り立つことを示せ。

(高知大＊)

解答

加法定理：$\sin(\alpha+\beta) = \sin\alpha\cdot\cos\beta + \cos\alpha\cdot\sin\beta$ を使った！

$\sin 3\theta = \sin(2\theta+\theta) = \underline{\sin 2\theta}\cdot\cos\theta + \underline{\cos 2\theta}\cdot\sin\theta$

$\sin 2\theta = 2\sin\theta\cdot\cos\theta$，$\cos 2\theta = 1-2\sin^2\theta$ ← 2 倍角の公式

$= 2\sin\theta\cdot\underline{\cos^2\theta} + (1-2\sin^2\theta)\cdot\sin\theta$

$\cos^2\theta = 1-\sin^2\theta$ ← 基本公式：$\cos^2\theta + \sin^2\theta = 1$ を使った！

$= 2\sin\theta(1-\sin^2\theta)+(1-2\sin^2\theta)\cdot\sin\theta$

$= 2\sin\theta - 2\sin^3\theta + \sin\theta - 2\sin^3\theta$

$= 3\sin\theta - 4\sin^3\theta$ ……………………………………………(終)

どう？ 加法定理や，**2** 倍角の公式の連続技を使ったんだよ。それじゃ，$\cos 3\theta$ の公式も導いておく。

$\cos 3\theta = \cos(2\theta+\theta) = \cos 2\theta\cdot\cos\theta - \sin 2\theta\cdot\sin\theta$ ←(加法定理)

$= (2\cos^2\theta - 1)\cdot\cos\theta - 2\sin\theta\cdot\cos\theta\cdot\sin\theta$ ←(2倍角の公式)

$= 2\cos^3\theta - \cos\theta - 2\cos\theta\cdot\sin^2\theta$

$= 2\cos^3\theta - \cos\theta - 2\cos\theta\cdot(1-\cos^2\theta)$ ←(基本公式)

$= 4\cos^3\theta - 3\cos\theta$ となって証明出来たね。

(これを，「ヨーコさん，サイコー」と覚えてもいいよ！)

● 積→和（差）の変形パターンを押さえよう！

2 つの三角関数同士の積は，三角関数の和や差に変形することができる。次の変形は大丈夫？

$\sin 2x\cdot\cos x = \frac{1}{2}(\sin 3x + \sin x)$ ……①

（積：$2x = \alpha$，$x = \beta$　和：$3x = (\alpha+\beta)$，$x = (\alpha-\beta)$）

エッ，大丈夫じゃない？ いいよ，これから解説するから。

①の左辺の $\sin 2x\cdot\cos x$ を $\sin\alpha\cdot\cos\beta$ とみると，三角関数の加法定理でこれが出てくるのは，$\sin(\alpha+\beta)$ と $\sin(\alpha-\beta)$ だったので，この **2** つの公式を並べるよ。

$$\begin{cases}\sin(\alpha+\beta) = \sin\alpha\cdot\cos\beta + \cos\alpha\cdot\sin\beta & \cdots\cdots②\\ \sin(\alpha-\beta) = \sin\alpha\cdot\cos\beta - \cos\alpha\cdot\sin\beta & \cdots\cdots③\end{cases}$$

ここで，$\sin\alpha\cdot\cos\beta$ を残すために，②＋③を求めると

$\sin(\alpha+\beta)+\sin(\alpha-\beta) = 2\sin\alpha\cdot\cos\beta$ ……④ →(両辺を **2** で割って)

$\therefore$ $\boxed{\sin\alpha\cdot\cos\beta = \frac{1}{2}\{\sin(\alpha+\beta)+\sin(\alpha-\beta)\}}$ となる。

これから，①の左辺は，右辺のように変形できたんだ。

この積→和(差)の公式は，公式として覚えるよりも，その導き方をマスターすることを勧める。つまり，自分の頭の中で，これらの変形が出来るようになるまで練習してくれ。それでは，さらに(ⅰ) $\underline{\underline{\cos\alpha\cdot\cos\beta}}$ や(ⅱ) $\underline{\sin\alpha\cdot\sin\beta}$ の積を和(差)に変形するやり方も下に示す。これに関係するのは，$\cos(\alpha+\beta)$ と $\cos(\alpha-\beta)$ の加法定理だね。

$$\begin{cases}\cos(\alpha+\beta)=\underline{\underline{\cos\alpha\cdot\cos\beta}}-\underline{\sin\alpha\cdot\sin\beta} & \cdots\cdots⑤\\ \cos(\alpha-\beta)=\underline{\underline{\cos\alpha\cdot\cos\beta}}+\underline{\sin\alpha\cdot\sin\beta} & \cdots\cdots⑥\end{cases}$$

(ⅰ) $\underline{\underline{\cos\alpha\cdot\cos\beta}}$ を残すために，⑤＋⑥を行うと

$$\cos(\alpha+\beta)+\cos(\alpha-\beta)=2\underline{\underline{\cos\alpha\cdot\cos\beta}} \quad \cdots\cdots⑦$$

両辺を2で割って

$$\boxed{\cos\alpha\cdot\cos\beta=\frac{1}{2}\{\cos(\alpha+\beta)+\cos(\alpha-\beta)\}}$$

(ⅱ) $\underline{\sin\alpha\cdot\sin\beta}$ を残すために，⑤－⑥を実行するよ。

$$\cos(\alpha+\beta)-\cos(\alpha-\beta)=-2\underline{\sin\alpha\cdot\sin\beta} \quad \cdots\cdots⑧$$

両辺を－2で割って

$$\boxed{\sin\alpha\cdot\sin\beta=-\frac{1}{2}\{\cos(\alpha+\beta)-\cos(\alpha-\beta)\}}$$

(ⅰ) 以上から，$\cos\underset{\alpha}{\boxed{4x}}\cdot\cos\underset{\beta}{\boxed{2x}}$ (積)を変形したかったら，

「$\cos\alpha\cdot\cos\beta$ が関係している $\cos(\alpha+\beta)$ と $\cos(\alpha-\beta)$ をたすと，$2\cos\alpha\cdot\cos\beta$ となるので，これを2で割ればいい。」

と考えて，$\cos\underset{\alpha}{\boxed{4x}}\cdot\cos\underset{\beta}{\boxed{2x}}=\frac{1}{2}(\cos\underset{(\alpha+\beta)}{\boxed{6x}}+\cos\underset{(\alpha-\beta)}{\boxed{2x}})$ と変形すればいいんだね。

意外と簡単でしょう。

(ⅱ) $\sin\underset{\alpha}{\boxed{4x}}\cdot\sin\underset{\beta}{\boxed{x}}$ (積)が与えられたら，

「$\sin\alpha\cdot\sin\beta$ が関係している $\cos(\alpha+\beta)$ から $\cos(\alpha-\beta)$ を引けば，$-2\sin\alpha\cdot\sin\beta$ となるから，これを－2で割ればいい。」

と考えて，$\sin\underset{\alpha}{\boxed{4x}}\cdot\sin\underset{\beta}{\boxed{x}}=-\frac{1}{2}(\cos\underset{(\alpha+\beta)}{\boxed{5x}}-\cos\underset{(\alpha-\beta)}{\boxed{3x}})$ とするんだ。

エッ，積→和(差)の変形に自信がついたって？ いいね，その調子だ！

● 和(差)→積の変形も，楽にこなせる！

和(差)→積への公式は，前にやった④，⑦，⑧式のことなんだよ。

まず，$\sin(\alpha+\beta)+\sin(\alpha-\beta)=2\sin\alpha\cdot\cos\beta$ ……④ が

（和 → 積；$\alpha+\beta = \mathbf{A}$，$\alpha-\beta=\mathbf{B}$，$\alpha=\frac{\mathbf{A}+\mathbf{B}}{2}$，$\beta=\frac{\mathbf{A}-\mathbf{B}}{2}$）

和→積の公式になっているんだよ。

ここで，$\begin{cases}\alpha+\beta=\mathbf{A} & \cdots\cdots⑨\\ \alpha-\beta=\mathbf{B} & \cdots\cdots⑩\end{cases}$ とおくと，

$\frac{⑨+⑩}{2}$ より，$\alpha=\frac{\mathbf{A}+\mathbf{B}}{2}$，$\frac{⑨-⑩}{2}$ より，$\beta=\frac{\mathbf{A}-\mathbf{B}}{2}$ となるので，

④は，$\boxed{\sin\mathbf{A}+\sin\mathbf{B}=2\sin\frac{\mathbf{A}+\mathbf{B}}{2}\cdot\cos\frac{\mathbf{A}-\mathbf{B}}{2}}$ と，書き替えられる。

$\sin\underset{(\alpha+\beta)}{5x}+\sin\underset{(\alpha-\beta)}{3x}$ (和) を変形したかったら，

「$\sin(\underset{\mathbf{A}}{\alpha+\beta})+\sin(\underset{\mathbf{B}}{\alpha-\beta})=2\sin\underset{\frac{\mathbf{A}+\mathbf{B}}{2}}{\alpha}\cos\underset{\frac{\mathbf{A}-\mathbf{B}}{2}}{\beta}$ なので，$\alpha+\beta=5x$，$\alpha-\beta=3x$

より，$\alpha=\frac{5x+3x}{2}=4x$，$\beta=\frac{5x-3x}{2}=x$ となる。」

と考えて，$\sin\underset{(\alpha+\beta)}{5x}+\sin\underset{(\alpha-\beta)}{3x}=2\cdot\sin\underset{\alpha}{4x}\cdot\cos\underset{\beta}{x}$ と，変形するんだ。

同様に， $\boxed{\cos(\alpha+\beta)+\cos(\alpha-\beta)=2\cos\alpha\cdot\cos\beta}$ ……⑦

$\boxed{\cos(\alpha+\beta)-\cos(\alpha-\beta)=-2\sin\alpha\cdot\sin\beta}$ ……⑧ より

たとえば，(i) $\cos 4x+\cos 2x$ や (ii) $\cos 7x-\cos x$ は，次のように変形できる。

(i) $\cos\underset{(\alpha+\beta)}{4x}+\cos\underset{(\alpha-\beta)}{2x}=2\cos\underset{\alpha}{3x}\cdot\cos\underset{\beta}{x}$ ［和→積］

$\left(3x=\frac{4x+2x}{2},\ x=\frac{4x-2x}{2}\right)$

(ii) $\cos\underset{(\alpha+\beta)}{7x}-\cos\underset{(\alpha-\beta)}{x}=-2\sin\underset{\alpha}{4x}\cdot\sin\underset{\beta}{3x}$ ［差→積］

$\left(4x=\frac{7x+x}{2},\ 3x=\frac{7x-x}{2}\right)$

どう？ 和(差)→積の変形も，これで大丈夫？

三角方程式の基本問題

絶対暗記問題 47	難易度 ★	CHECK1	CHECK2	CHECK3

次の三角方程式を解け。

(1) $\sin 2x = \cos x \quad (0 \leqq x < 2\pi)$

(2) $\sin x - \sqrt{3}\cos x = \sqrt{2} \quad (0 \leqq x \leqq \pi)$ (日本歯科大)

ヒント！ (1) は2倍角の公式。(2) は三角関数の合成を利用する。

解答＆解説

(1) $\underline{\sin 2x} = \cos x \quad (0 \leqq x < 2\pi)$ 　　$\underline{2\sin x \cdot \cos x} - \cos x = 0$

$\sin 2x = 2\sin x \cdot \cos x$ ← 2倍角の公式

$\cos x \cdot (2\sin x - 1) = 0$

$\therefore \cos x = 0$ または，$\sin x = \dfrac{1}{2}$

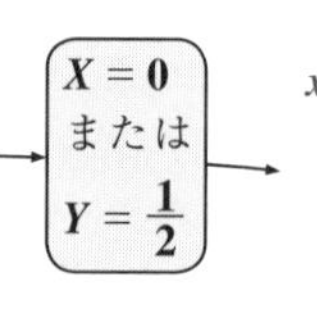

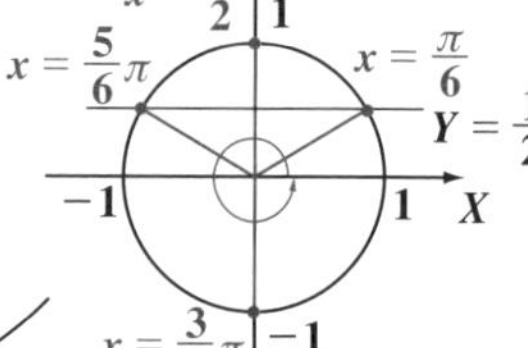

ここで，$0 \leqq x < 2\pi$ より

(ⅰ) $\cos x = 0$ から，$x = \dfrac{\pi}{2},\ \dfrac{3}{2}\pi$

(ⅱ) $\sin x = \dfrac{1}{2}$ から，$x = \dfrac{\pi}{6},\ \dfrac{5}{6}\pi$

以上より，$x = \dfrac{\pi}{6},\ \dfrac{\pi}{2},\ \dfrac{5}{6}\pi,\ \dfrac{3}{2}\pi$ ……(答)

(2) $1 \cdot \sin x - \sqrt{3} \cdot \cos x = \sqrt{2}$

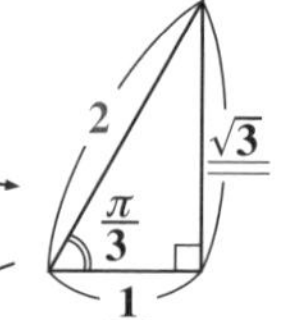

三角関数の合成を使って，

$2\left(\dfrac{1}{2}\sin x - \dfrac{\sqrt{3}}{2}\cos x\right) = \sqrt{2},\quad 2\left(\sin x \cdot \cos\dfrac{\pi}{3} - \cos x \cdot \sin\dfrac{\pi}{3}\right) = \sqrt{2}$

$2 \cdot \sin\left(x - \dfrac{\pi}{3}\right) = \sqrt{2}$

$\sin\left(x - \dfrac{\pi}{3}\right) = \dfrac{\sqrt{2}}{2}$ → $Y = \dfrac{\sqrt{2}}{2}$

ここで，$0 \leqq x \leqq \pi$ より

$-\dfrac{\pi}{3} \leqq x - \dfrac{\pi}{3} \leqq \dfrac{2}{3}\pi$

$\therefore x - \dfrac{\pi}{3} = \dfrac{\pi}{4}$ より，$x = \dfrac{7}{12}\pi$ ……(答)

三角不等式

絶対暗記問題 48	難易度 ★★	CHECK 1	CHECK 2	CHECK 3

$0 \leqq x < 2\pi$ のとき，次の三角不等式を解け。

(1) $\cos 2x + 3\sin x + 1 \geqq 0$　　(2) $\sqrt{3}\sin x - \cos x > \sqrt{3}$

ヒント！ (1) は 2 倍角の公式，(2) は三角関数の合成を使って解く。

解答＆解説

(1) $\cos 2x + 3\sin x + 1 \geqq 0$，$1 - 2\sin^2 x + 3\sin x + 1 \geqq 0$

$\cos 2x = 1 - 2\sin^2 x$ ← 2 倍角の公式

$-2\sin^2 x + 3\sin x + 2 \geqq 0$，　$2\sin^2 x - 3\sin x - 2 \leqq 0$　（両辺に -1 をかけた！）

$$(2\sin x + 1)(\sin x - 2) \leqq 0$$

（$2\sin x + 1$：0 以上，$\sin x - 2$：常に⊖）

ここで，$\sin x - 2 < 0$ より，

$2\sin x + 1 \geqq 0$　$\therefore \sin x \geqq -\dfrac{1}{2}$　→ $Y \geqq -\dfrac{1}{2}$

よって，$0 \leqq x < 2\pi$ の中で，これをみたす

x の範囲は，$0 \leqq x \leqq \dfrac{7}{6}\pi$，$\dfrac{11}{6}\pi \leqq x < 2\pi$ ……………………………(答)

(2) $\sqrt{3}\cdot\sin x - 1\cdot\cos x > \sqrt{3}$　　三角関数の合成を使って

$$2\left(\frac{\sqrt{3}}{2}\cdot\sin x - \frac{1}{2}\cdot\cos x\right) > \sqrt{3}$$

$$2\left(\sin x\cdot\cos\frac{\pi}{6} - \cos x\cdot\sin\frac{\pi}{6}\right) > \sqrt{3}$$

$$\sin\left(x - \frac{\pi}{6}\right) > \frac{\sqrt{3}}{2} \quad \cdots\cdots ①$$　→ $Y > \dfrac{\sqrt{3}}{2}$

ここで，$0 \leqq x < 2\pi$ より，$-\dfrac{\pi}{6} \leqq x - \dfrac{\pi}{6} < \dfrac{11}{6}\pi$

この範囲で，①をみたす $x - \dfrac{\pi}{6}$ のとり得る値の

範囲は，$\dfrac{\pi}{3} < x - \dfrac{\pi}{6} < \dfrac{2}{3}\pi$

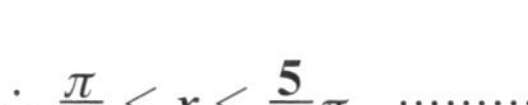

$\therefore \dfrac{\pi}{2} < x < \dfrac{5}{6}\pi$ ……………………………(答)

三角方程式の応用問題

絶対暗記問題 49　難易度 ★★★　CHECK1　CHECK2　CHECK3

三角方程式 $\sin x + \sin 2x + \sin 3x = 0$　$(0 \leqq x < 2\pi)$ がある。

(1) 3 倍角の公式を使って解け。

(2) 和→積の公式を使って解け。

ヒント！ (1) では，3 倍角の公式：$\sin 3x = 3\sin x - 4\sin^3 x$ と，2 倍角の公式：$\sin 2x = 2\sin x \cdot \cos x$ を使って解けばいい。(2) では，和→積の変形を使って，$\sin 3x + \sin x = 2\sin 2x \cdot \cos x$ とすれば，$\sin 2x$ が共通因数となって，くくり出せる。

解答＆解説

(1) $\sin x + \underline{\sin 2x} + \underline{\underline{\sin 3x}} = 0$　……①　$(0 \leqq x < 2\pi)$

$\sin 2x = 2\sin x \cdot \cos x$（2 倍角の公式）　$\sin 3x = 3\sin x - 4\sin^3 x$（3 倍角の公式）

①を変形して

$$\sin x + 2\sin x\cos x + 3\sin x - 4\sin^3 x = 0$$

$$4\sin x + 2\sin x\cos x - 4\sin^3 x = 0$$

共通因数 $\sin x$ でくくり出す！

$$\sin x(4 + 2\cos x - 4\sin^2 x) = 0$$

$\sin^2 x = (1 - \cos^2 x)$ ← 基本公式

$$\sin x\{4 + 2\cos x - 4(1 - \cos^2 x)\} = 0$$

$$\sin x(4\cos^2 x + 2\cos x) = 0$$

共通因数 $2\cos x$ でくくり出す！

$$2\sin x \cdot \cos x \cdot (2\cos x + 1) = 0$$

$\therefore$ (i) $\sin x = 0$，(ii) $\cos x = 0,\ -\dfrac{1}{2}$　→ $Y = 0$，$X = 0,\ -\dfrac{1}{2}$

ここで，$0 \leqq x < 2\pi$ から

(i) より，$x = 0,\ \pi$

(ii) より，$x = \dfrac{\pi}{2},\ \dfrac{2}{3}\pi,\ \dfrac{4}{3}\pi,\ \dfrac{3}{2}\pi$

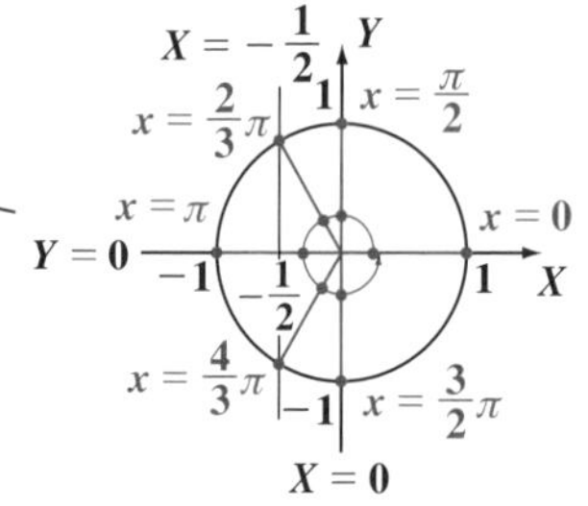

以上 (i)(ii) より，求める解 x は，

$x = 0,\ \dfrac{\pi}{2},\ \dfrac{2}{3}\pi,\ \pi,\ \dfrac{4}{3}\pi,\ \dfrac{3}{2}\pi$　……(答)

$(\alpha+\beta)$　$(\alpha-\beta)$

(2) $\sin 3x + \sin x + \sin 2x = 0$ ……②　$(0 \leqq x < 2\pi)$

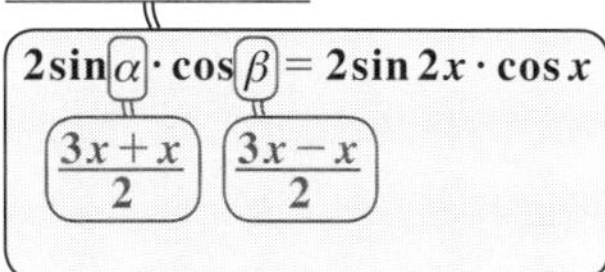

②を変形して

$2\sin 2x \cdot \cos x + \sin 2x = 0$

$\sin 2x(2\cos x + 1) = 0$

（共通因数 $\sin 2x$ でくくり出す！）

$\therefore$ (i) $\sin 2x = 0$　　(ii) $\cos x = -\frac{1}{2}$

(i) $0 \leqq x < 2\pi$ より，$0 \leqq 2x < 4\pi$

よって，$\sin 2x = 0$ から（$Y = 0$）

$2x = 0,\ \pi,\ 2\pi,\ 3\pi$

$\therefore\ x = 0,\ \frac{\pi}{2},\ \pi,\ \frac{3}{2}\pi$

Y, 1, $2x = \pi,\ 3\pi$, $Y = 0$, -1, $2x = 0,\ 2\pi$, 1, X, -1

(ii) より，$x = \frac{2}{3}\pi,\ \frac{4}{3}\pi$ ←（これについては，(1) の図を参照）

以上 (i)(ii) より，求める解 x は

$x = 0,\ \frac{\pi}{2},\ \frac{2}{3}\pi,\ \pi,\ \frac{4}{3}\pi,\ \frac{3}{2}\pi$ ……………………………………(答)

頻出問題にトライ・13　難易度 ★★★　CHECK 1　CHECK 2　CHECK 3

三角方程式 $\sin 3\theta - \sin\theta - \cos 2\theta = 0\ (-\pi \leqq \theta < \pi)$ がある。

(1) **3** 倍角の公式を使って解け。

(2) 差→積の公式を使って解け。

解答は **P241**

講義3● 三角関数　公式エッセンス

1．三角関数の3つの基本公式

(1) $\sin^2\theta+\cos^2\theta=1$　(2) $\tan\theta=\dfrac{\sin\theta}{\cos\theta}$　(3) $1+\tan^2\theta=\dfrac{1}{\cos^2\theta}$

2．扇形の弧長と面積

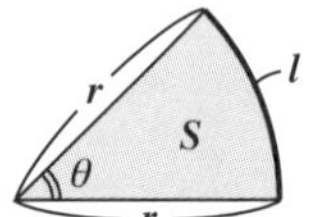

(ⅰ) 円弧の長さ $l=r\theta$

(ⅱ) 面積 $S=\dfrac{1}{2}r^2\theta$　（角 θ の単位はラジアン）

3．加法定理

(1) $\begin{cases}\sin(\alpha+\beta)=\sin\alpha\cos\beta+\cos\alpha\sin\beta\\ \sin(\alpha-\beta)=\sin\alpha\cos\beta-\cos\alpha\sin\beta\end{cases}$　(2) $\begin{cases}\cos(\alpha+\beta)=\cos\alpha\cos\beta-\sin\alpha\sin\beta\\ \cos(\alpha-\beta)=\cos\alpha\cos\beta+\sin\alpha\sin\beta\end{cases}$

(3) $\tan(\alpha+\beta)=\dfrac{\tan\alpha+\tan\beta}{1-\tan\alpha\tan\beta}$，　$\tan(\alpha-\beta)=\dfrac{\tan\alpha-\tan\beta}{1+\tan\alpha\tan\beta}$

4．2倍角の公式

(1) $\sin2\alpha=2\sin\alpha\cos\alpha$

(2) $\cos2\alpha=\cos^2\alpha-\sin^2\alpha=1-2\sin^2\alpha=2\cos^2\alpha-1$

5．半角の公式

(1) $\sin^2\alpha=\dfrac{1-\cos2\alpha}{2}$　(2) $\cos^2\alpha=\dfrac{1+\cos2\alpha}{2}$

6．三角関数の合成

$a\sin\theta+b\cos\theta=\sqrt{a^2+b^2}\sin(\theta+\alpha)$　$\left(\cos\alpha=\dfrac{a}{\sqrt{a^2+b^2}},\ \sin\alpha=\dfrac{b}{\sqrt{a^2+b^2}}\right)$

7．3倍角の公式　（サインだから3で始まる！）（コサインだから4で始まる！）

(1) $\sin3\theta=3\sin\theta-4\sin^3\theta$　(2) $\cos3\theta=4\cos^3\theta-3\cos\theta$

8．積→和（差）の公式（左側），和（差）→積の公式（右側）

(ⅰ) $\sin\alpha\cdot\cos\beta=\dfrac{1}{2}\{\sin(\alpha+\beta)+\sin(\alpha-\beta)\}\rightleftarrows\sin(\alpha+\beta)+\sin(\alpha-\beta)=2\sin\alpha\cdot\cos\beta$

(ⅱ) $\cos\alpha\cdot\sin\beta=\dfrac{1}{2}\{\sin(\alpha+\beta)-\sin(\alpha-\beta)\}\rightleftarrows\sin(\alpha+\beta)-\sin(\alpha-\beta)=2\cos\alpha\cdot\sin\beta$

(ⅲ) $\cos\alpha\cdot\cos\beta=\dfrac{1}{2}\{\cos(\alpha+\beta)+\cos(\alpha-\beta)\}\rightleftarrows\cos(\alpha+\beta)+\cos(\alpha-\beta)=2\cos\alpha\cdot\cos\beta$

(ⅳ) $\sin\alpha\cdot\sin\beta=-\dfrac{1}{2}\{\cos(\alpha+\beta)-\cos(\alpha-\beta)\}\rightleftarrows\cos(\alpha+\beta)-\cos(\alpha-\beta)=-2\sin\alpha\cdot\sin\beta$

講義
Lecture
4

指数関数と対数関数

- 指数法則の有理数への拡張
- 指数関数、指数方程式・不等式
- 対数計算の公式、常用対数と桁数
- 対数関数、対数方程式・不等式

講義4 指数関数と対数関数

1. 指数部は，有理数まで拡張できる！

さァ，これから新しい単元，“**指数・対数関数**”の講義に入ろう。今回は指数関数を勉強する前段階として，**指数法則**を学習する。エッ？ 指数法則は数学 I でもやったって？ そうだね。でも，これから解説する指数法則は，より緻密なものだから，シッカリ解説するつもりだ。

● まず数学 I の指数法則からはじめよう！

正の整数：1, 2, 3, …のこと

数学 I でやった指数法則では，指数部が自然数の場合に限られていた。つまり，a^n の指数部 n は自然数だったんだ。そして，a^n は「a を n 回かける」という意味だから，

$$a^n = \underbrace{a \times a \times a \times \cdots\cdots \times a}_{n\text{ 個の積}}$$

ということだったんだね。これから，数学 I で習った指数法則は，自然数 $m, n\ (m > n)$ を使って，次のように表せた。

(1) $a^m \times a^n = a^{m+n}$　　(2) $(a^m)^n = a^{m \times n}$

(3) $(ab)^n = a^n b^n$　　(4) $\dfrac{a^m}{a^n} = a^{m-n}$

$m = 3,\ n = 2$ として，これらの公式を実際に調べてみると，

(1) $a^{\overset{m}{③}} \times a^{\overset{n}{②}} = a^{\overset{m+n}{\boxed{3+2}}} = a^5$ は，$(a \times a \times a) \times (a \times a) = a^5$ となるから，間違いないね。

(2) は，$(a^3)^2 = a^{3 \times 2} = a^6$ も，$(a \times a \times a)^2 = (a \times a \times a) \times (a \times a \times a)$ となって，a を 6 回かけたものになるのもいいね。

(3) は，$(ab)^2 = a^2 b^2$ だけど，これも，$(ab) \times (ab) = (a \times a) \times (b \times b)$ となるから，当然の結果だ。

(4) $\dfrac{a^3}{a^2} = a^{3-2} = a$ も，$\dfrac{a \times \cancel{a \times a}}{\cancel{a \times a}} = a$ のことなんだね。

どう？ (1)～(4) の指数法則を思い出せただろ？

● 指数法則を整数全体に拡張しよう

それでは, この指数法則を使って, a^0 や a^{-n} について考えてみよう。

(1) の法則から, $\underset{1}{\underline{a^0}} \times a^n = a^{0+n} = a^n$ となるから, $a^0 = 1$ でないといけないね。

また $a^n \times \underset{\frac{1}{a^n}}{\underline{a^{-n}}} = a^{n-n} = a^0 = 1$ だから, $a^{-n} = \dfrac{1}{a^n}$ となるはずだ。

したがって, 新たに次の指数法則も加わる。

(5) $a^0 = 1$　　　　(6) $a^{-n} = \dfrac{1}{a^n}$　(n : 自然数)

(5) より, $5^0 = \left(\dfrac{1}{2}\right)^0 = 1$ だし, (6) より $3^{-2} = \dfrac{1}{3^2} = \dfrac{1}{9}$ と変形できる。

このように, 0 や負の整数 $(-n)$ を新たなメニューに加えることにより, (1)〜(4) の指数法則を, 自然数から整数全体に広げることができるんだよ。それでは, 次に簡単な例を挙げるので, 確認してくれ。

< 例 > (i) $2^2 \times 2^{-3} = 2^{2-3} = 2^{-1} = \dfrac{1}{2}$

(ii) $(2^{-2})^3 = 2^{-2\times3} = 2^{-6} = \dfrac{1}{64}$

(iii) $\dfrac{2^2}{2^{-3}} = 2^{2-(-3)} = 2^{2+3} = 2^5 = 32$

ここで, $2^5 = 32$, $2^{10} = 1024$ は覚えておくといいよ。すると, $2^6 = 2 \times \underset{2^5}{\underline{32}} = 64$ とすぐ計算出来る!

● さらに指数法則を有理数全体に拡張する!

x の方程式 $x^2 = 2$ の解は, $x = \sqrt{2}, -\sqrt{2}$ になるのは知ってるね。それでは, $x^3 = 8$ の解はどうなるかわかる?　これは, 3 回同じ x をかけて 8 になる数だから, $x = 2$ が答えだ。

$x = -2$ は違う。$(-2)^3 = -8$ となって, 8 にならないからね。

一般に, 2 以上の自然数 n に対して $x^n = a$ をみたす x の解を, a の n **乗根** という。そして, この n 乗根は

(i) n が偶数のとき, $\sqrt[n]{a}, -\sqrt[n]{a}$ の 2 つ　$(a > 0)$

(ii) n が奇数のとき, $\sqrt[n]{a}$ の 1 つ　($a < 0$ でもかまわない)

となる。

たとえば, $\sqrt[3]{-8}$ のように, 3 回かけて -8 になる数は, -2 で, 存在するからね。

ここで，$\sqrt[n]{a}$ は $a^{\frac{1}{n}}$ と表せるはずだ。なぜなら，$\sqrt[n]{a}$ は n 回かけて（n 乗して）a となる数だから，(2) の指数法則の m に $\frac{1}{n}$ がきたとして，

$\left(a^{\frac{1}{n}}\right)^n = a^{\frac{1}{n}\times n} = a^1$ となってうまくいくからだ。（$a^{\frac{1}{n}} = \sqrt[n]{a}$）

したがって，これも新メニューとして，指数法則に加えることにしよう。

(7) $a^{\frac{1}{n}} = \sqrt[n]{a}$　　(8) $a^{\frac{m}{n}} = (\sqrt[n]{a})^m = \sqrt[n]{a^m}$　$(a>0)$

ここで，$n = 2$ のときだけは慣例として，$a^{\frac{1}{2}} = \sqrt[2]{a}$ とせず，ただ $\sqrt{a}$ と書くことにしている。これも例を1つやっておこう。

$\sqrt[3]{4} = 4^{\frac{1}{3}} = (2^2)^{\frac{1}{3}} = 2^{2\times\frac{1}{3}} = 2^{\frac{2}{3}}$ と変形できるんだよ。

● これが数学IIの指数法則だ！

以上より，数学IIの指数法則を，すべてまとめて下に示す。

指数法則

(1) $a^0 = 1$　(2) $a^1 = a$　(3) $a^p \times a^q = a^{p+q}$

(4) $(a^p)^q = a^{p\times q}$　(5) $a^{-p} = \frac{1}{a^p}$　(6) $a^{\frac{1}{n}} = \sqrt[n]{a}$

(7) $a^{\frac{m}{n}} = \sqrt[n]{a^m} = (\sqrt[n]{a})^m$　(8) $(ab)^p = a^p b^p$　(9) $\left(\frac{b}{a}\right)^p = \frac{b^p}{a^p}$

（ただし，$a>0$，p, q：有理数，m, n：自然数，$n \geqq 2$）

これだけの公式が使いこなせれば，指数計算のプロということになるんだよ。それじゃ，次の例題で練習してみよう。

◆例題11◆

(1) $\sqrt{3}\times\sqrt[4]{6}\times\frac{1}{\sqrt[4]{540}}\times\sqrt[4]{10}$ と，(2) $9^{-\frac{5}{2}}\times 8^{\frac{1}{3}} \div \sqrt{81^{-3}}$ の値を求めよ。

解答

(1) $\sqrt{3}\times\sqrt[4]{6}\times\frac{1}{\sqrt[4]{540}}\times\sqrt[4]{10}$

（$\frac{1}{4}$ 乗の項でまとめた！）

$= \sqrt{3}\times\sqrt[4]{\frac{6\times 10}{540}} = \sqrt{3}\times\sqrt[4]{\frac{1}{9}} = \sqrt{3}\times\frac{1}{\sqrt{3}} = 1$…………（答）

（$\frac{\sqrt[4]{1}}{\sqrt[4]{9}} = \frac{1}{(3^2)^{\frac{1}{4}}} = \frac{1}{3^{\frac{1}{2}}}$）

(2) $\underset{(3^2)^{-\frac{5}{2}}}{9^{-\frac{5}{2}}} \times \underset{(2^3)^{\frac{1}{3}}}{8^{\frac{1}{3}}} \div \sqrt{\underset{(3^4)^{-3}}{81^{-3}}} = 3^{-5} \times 2^1 \div \underset{(3^{-12})^{\frac{1}{2}}}{\sqrt{3^{-12}}}$

$= 3^{-5} \times 2 \div 3^{-6}$

$= 3^{-5} \times 2 \times 3^6$

$\dfrac{1}{3^{-6}} = \dfrac{3^0}{3^{-6}} = 3^{0-(-6)} = 3^6$ だね。

$= 3^{6-5} \times 2 = 3^1 \times 2 = 6$ ……………………………………………………(答)

● 指数計算問題のキーポイントはこれだ！

最後に，少し実践的な話をしておくよ。実際に受験でよく狙われるポイントを伝授しようというわけだ。

(i) $\sqrt{A^2} = |A|$ だ！

$\sqrt{A^2} = (A^2)^{\frac{1}{2}} = A$ とできるのは，$A \geqq 0$ のときのみだ！

つい，$\sqrt{A^2} = (A^2)^{\frac{1}{2}} = A$ とやりたくなるんだけど，$\sqrt{A^2} = |A|$ と覚えておくんだよ。これは $A = 3$ のとき，$\sqrt{A^2} = \sqrt{3^2} = \sqrt{9} = 3$ となるけれど，$A = -3$ のときでも，$\sqrt{A^2} = \sqrt{(-3)^2} = \sqrt{9} = 3$ となって，$A = \pm 3$ のいずれでも，$\sqrt{A^2} = 3$ となる。よって，これは，$|A|$ と同じなんだね。

(ii) $a^x + a^{-x} = t$ とおくと，$a^{2x} + a^{-2x} = t^2 - 2$ だ！

これも受験では頻出パターンだ。$t = a^x + a^{-x}$ とおくと，この両辺を 2 乗して

$$t^2 = (a^x + a^{-x})^2 = \underset{a^{2x}}{(a^x)^2} + 2 \cdot \underset{a^x \times \frac{1}{a^x} = 1}{a^x \cdot a^{-x}} + \underset{a^{-2x}}{(a^{-x})^2}$$

$$= a^{2x} + a^{-2x} + 2$$

よって，$a^{2x} + a^{-2x} = t^2 - 2$ となるんだね。

これって，三角関数の式と連動させると覚えやすいよ。

(ア) $\sin\theta + \cos\theta = t$ のとき，両辺を 2 乗してまとめると

$\sin\theta \cdot \cos\theta = \dfrac{1}{2}(t^2 - 1)$ となるし，

(イ) $a^x + a^{-x} = t$ のとき，両辺を 2 乗してまとめると

$a^{2x} + a^{-2x} = t^2 - 2$ となるんだね。どちらも，覚えよう！

絶対暗記問題 50 難易度 ★ CHECK1 CHECK2 CHECK3

(1) $a^{\frac{1}{2}}+a^{-\frac{1}{2}}=3$ のとき，$a+a^{-1}$ の値を求めよ。 (明治大)

(2) $b^{2x}=5$ のとき，$\dfrac{b^{3x}-b^{-3x}}{b^{x}-b^{-x}}$ の値を求めよ。(ただし，$b>0$) (茨城大)

ヒント！ (1) ①の両辺を 2 乗したら，$a+a^{-1}$ の値はすぐに求まる。(2) では，分子を因数分解すれば話が見えてくるはずだ。

解答＆解説

(1) $a^{\frac{1}{2}}+a^{-\frac{1}{2}}=3$ …①とおく。

①の両辺を 2 乗して，

（$a^x+a^{-x}=t$ ときたら両辺を 2 乗して解くのと同じだね。）

$$\left(a^{\frac{1}{2}}+a^{-\frac{1}{2}}\right)^2=3^2,\quad \underbrace{\left(a^{\frac{1}{2}}\right)^2}_{a}+2\cdot\underbrace{a^{\frac{1}{2}}\cdot a^{-\frac{1}{2}}}_{\sqrt{a}\times\frac{1}{\sqrt{a}}=1}+\underbrace{\left(a^{-\frac{1}{2}}\right)^2}_{a^{-1}}=9$$

$a+2+a^{-1}=9 \qquad \therefore\ a+a^{-1}=9-2=7$ ……………………(答)

(2) $b^{2x}=5$ …②とおく。ここで，

（公式：$a^3-b^3=(a-b)(a^2+ab+b^2)$ を使った。）

$$b^{3x}-b^{-3x}=(b^x)^3-(b^{-x})^3$$

$$=(b^x-b^{-x})\{(b^x)^2+\underbrace{b^x\cdot b^{-x}}_{1}+(b^{-x})^2\}$$

$$=(b^x-b^{-x})(b^{2x}+b^{-2x}+1)\ \text{……③より，}$$

$$\frac{b^{3x}-b^{-3x}}{b^x-b^{-x}}=\frac{(b^x-b^{-x})(b^{2x}+b^{-2x}+1)}{b^x-b^{-x}}\quad(\text{③より})$$

$$=\underbrace{b^{2x}}_{5}+\underbrace{b^{-2x}}_{\frac{1}{b^{2x}}=\frac{1}{5}\ (\text{②より})}+1$$

$$=5+\frac{1}{5}+1=\frac{31}{5}$$ ……………………(答)

指数法則と式の計算

絶対暗記問題 51 難易度 ★★ CHECK1 CHECK2 CHECK3

$t=\frac{1}{2}(a^x+a^{-x})$ に対して，$y=\sqrt{t^2-1}$ とおく。(a は正の定数)

ここで，$0<a^x<1$ のとき，y を簡単な式で表せ。

ヒント！ $y=\sqrt{t^2-1}$ をまとめると，$y=\sqrt{\frac{1}{4}A^2}$ の形になるよ。よって，$y=\frac{1}{2}|A|$ と変形して，A の ⊕，⊖ を調べる。

解答＆解説

$\frac{1}{4}(a^x+a^{-x})^2=\frac{1}{4}(a^{2x}+2\cdot a^x\cdot a^{-x}+a^{-2x})$　（$a^x\cdot a^{-x}=1$）

$$y=\sqrt{t^2-1}=\sqrt{\left\{\frac{1}{2}(a^x+a^{-x})\right\}^2-1}$$

$$=\sqrt{\frac{1}{4}(a^{2x}+2+a^{-2x})-1}=\sqrt{\frac{1}{4}(a^{2x}+2+a^{-2x}-4)}$$

$$=\sqrt{\frac{1}{4}(a^{2x}-2+a^{-2x})}=\frac{1}{2}\sqrt{(a^{2x}-2a^x\cdot a^{-x}+a^{-2x})}$$

（$-2\cdot a^x\cdot a^{-x}$ とみるといい）

$$=\frac{1}{2}\sqrt{(a^x-a^{-x})^2}=\frac{1}{2}|a^x-a^{-x}|$$

（$\sqrt{A^2}=|A|$ の変形を使った！）

（この中身の ⊕，⊖ をチェックする！）

ここで，$0<a^x<1$ より，$1<a^{-x}$

（$a^x<1$ の両辺を a^x で割って，$1<\frac{1}{a^x}$　∴ $1<a^{-x}$ だ！）

よって，

$$y=\frac{1}{2}|a^x-a^{-x}|=\frac{1}{2}(a^{-x}-a^x)$$ ……………（答）

（絶対値内は ⊖ → ⊕ にした！　a^x：1より小，a^{-x}：1より大，a^{-x}：大，a^x：小）

頻出問題にトライ・14 難易度 ★★ CHECK1 CHECK2 CHECK3

$a^{2x}=2+\sqrt{3}$ とする。(a は正の定数)　このとき次の問いに答えよ。

(1) a^{-2x}, a^x+a^{-x} の値を，それぞれ求めよ。

(2) $\frac{a^{3x}+a^{-3x}}{a^x+a^{-x}}$ の値を求めよ。

解答は P242

2. 指数関数のグラフには, 2つのタイプがある！

前回の解説で, 指数法則を使った計算にもずいぶん慣れたと思う。これから教える内容は指数に関するもっと本格的なものなんだ。まず, **指数関数**とそのグラフの形をシッカリ頭に入れてくれ。その後, **指数方程式・不等式**についても詳しく解説する。

● 指数関数は底の値に注意しよう！

指数関数とは, $y = a^x$ の形をした関数のことだ。a は定数で, **底**(てい)と呼び, この底 a の値によってさまざまなグラフが描ける。まず具体例として, $y = 2^x$ と $y = \left(\frac{1}{2}\right)^x$ のグラフをかいてみよう。

(i) $y = 2^x$ について, $x = -2, -1, 0, 1, 2, \cdots$ と値を動かしていったときの y 座標はすぐ計算できるね。たとえば, $x = -2$ のとき, $y = 2^{-2} = \frac{1}{2^2} = \frac{1}{4}$ だね。この要領で, それぞれ点の座標が $\left(-2, \frac{1}{4}\right)$, $\left(-1, \frac{1}{2}\right)$, $(0, 1)$, $(1, 2)$, $(2, 4)$, …と とれる。これらの点をなめらかな曲線で結んだものが, 図**1**のような指数関数 $y = 2^x$ のグラフなんだ。

図1　$y = 2^x$ のグラフ

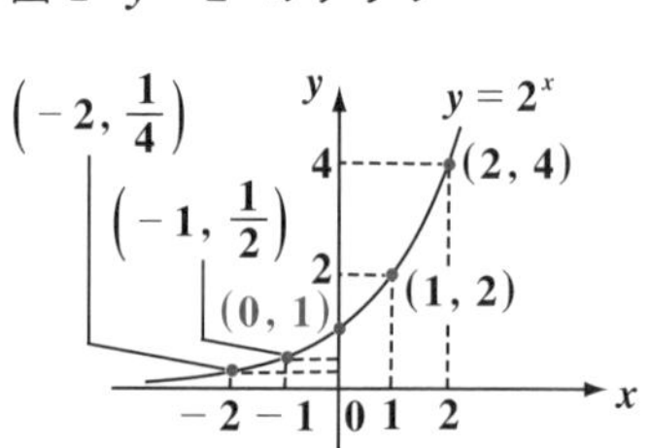

(ii) $y = \left(\frac{1}{2}\right)^x$ は, $y = (2^{-1})^x = 2^{-x}$ とかける。$x = -2, -1, 0, 1, 2$ と値を動かして同様に y 座標を求めると, $(-2, 4)$, $(-1, 2)$, $(0, 1)$, $\left(1, \frac{1}{2}\right)$, $\left(2, \frac{1}{4}\right)$ と点がとれるね。これらの点をなめらかな曲線で結べば, 図**2**のようなグラフもできる。

図2　$y = \left(\frac{1}{2}\right)^x$ のグラフ

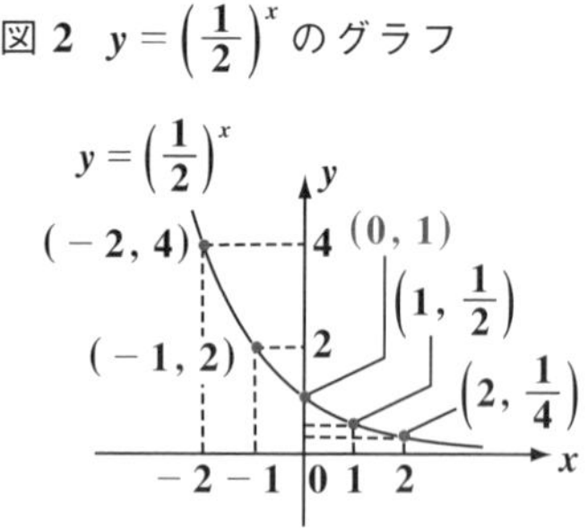

このように，底 a の値によって，まったく形の異なるグラフが描けるだろう。したがって指数関数のグラフとしては，次のように 2 通りのグラフがあることを覚えておいてくれ。

指数関数 $y=a^x$ のグラフには，2 つのタイプがある！
(i) $a>1$ のとき，　単調増加型のグラフ
(ii) $0<a<1$ のとき，単調減少型のグラフ

図 3, 4 にこのグラフの概形をかいておくよ。ここで，底 a が負，たとえば $a=-1$ のとき，変数 x はどんな値でもとれるので，$x=\frac{1}{2}$ のときを考えると，$y=a^x=(-1)^{\frac{1}{2}}=\sqrt{-1}$ となって，実数ではなくなる。また，$a=0$ や 1 のとき，$y=0^x=0$，$y=1^x=1$ となって定数関数となるので，もはや指数関数とは言えないんだね。

図 3　(i) $a>1$ のとき
単調増加型

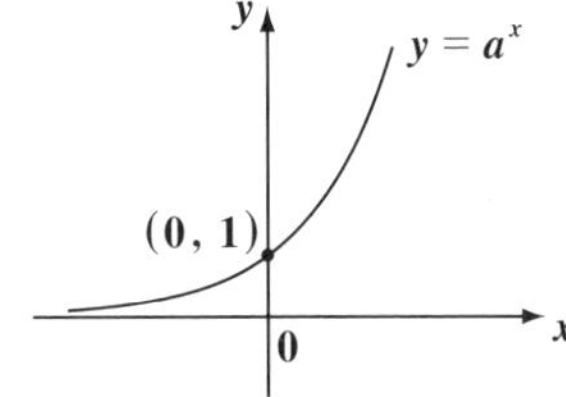

したがって，底 a の条件として，$a>0$ かつ $a\neq 1$ でないといけない。そしてさらに，

(i) $a>1$ のとき，$y=a^x$ のグラフは，図 3 に示すような，単調増加型のグラフになり，
(ii) $0<a<1$ のとき，図 4 に示すような，単調減少型のグラフになる。

図 4　(ii) $0<a<1$ のとき
単調減少型

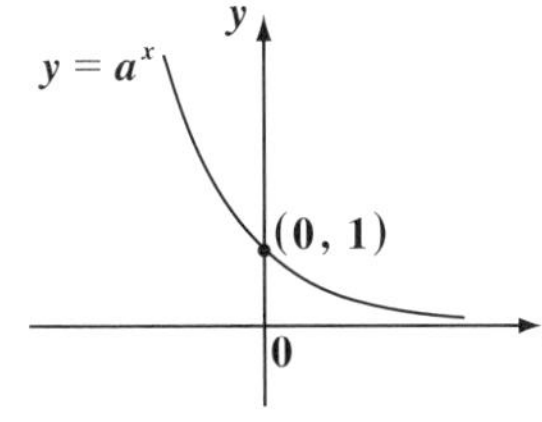

しかし，(i) $a>1$，(ii) $0<a<1$ のいずれにせよ，$y>0$ であり，また，点 (0, 1) を通ることも大事な特徴だ。

$x=0$ のとき，$y=a^0=1$ となるからね。

● 指数方程式にチャレンジしよう！

指数方程式というのは，文字通り指数関数の入った方程式で，大きく次の **2** つに分けられる。

(ⅰ) 見比べ型：$a^{\boxed{x_1}} = a^{\boxed{x_2}}$ ならば，$x_1 = x_2$ (ⅱ) 置換型　：$a^x = t$ と置換する。$(t > 0)$

(ⅰ) の見比べ型は，$a^{\boxed{x_1}} = a^{\boxed{x_2}}$ の形のもので，当然，その指数部同士を，$x_1 = x_2$ と見比べて解けばいい。

例としては，$2^{2x-1} = 8$ を解いてみよう。これを変形して，

$2^{\boxed{2x-1}} = 2^{\boxed{3}}$　　よって，指数部 $2x - 1$ と 3 を見比べて，

$2x - 1 = 3,\quad 2x = 4\quad \therefore x = 2$ と，簡単に答えが求まる。

(ⅱ) 置換型は，次の例で解説するよ。

図 5　$t = 2^x$ のグラフ
(t は，x の指数関数)

t，$t = 2^x$，1，0，x

グラフより，$t > 0$ だ！

$4^x - 3 \cdot 2^x - 4 = 0$　　これを変形して，

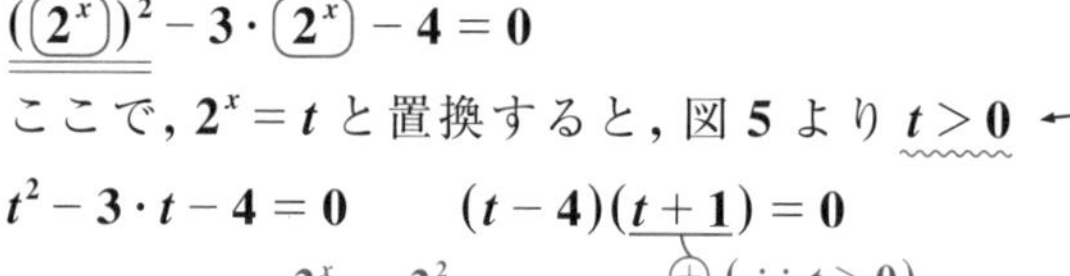

$(\boxed{2^x})^2 - 3 \cdot \boxed{2^x} - 4 = 0$（$2^x$ は t）

ここで，$2^x = t$ と置換すると，図 5 より $t > 0$ ←

$t^2 - 3 \cdot t - 4 = 0$　　$(t - 4)(t + 1) = 0$
$t+1$ は ⊕ $(\because t > 0)$

$t > 0$ より，$\boxed{t} = \boxed{4}$（t は 2^x，4 は 2^2）

$\therefore 2^{\boxed{x}} = 2^{\boxed{2}}$ より，$x = 2$ が答えだ。← 最後は，指数部の見比べだ！

◆例題 12 ◆

関数 $y = 4^x - 2^{x+1}$ の最小値と，そのときの x の値を求めよ。(日本歯科大)

解答　$y = (\boxed{2^x})^2 - 2 \cdot \boxed{2^x}$（$2^x$ は t）← コレ，置換！

ここで，$t = 2^x$ とおくと，$t > 0$ ←

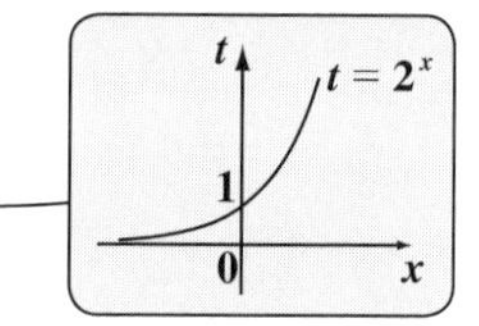

さらに，$y = f(t)$ とおくと，

$y = f(t) = t^2 - 2 \cdot t$

$= (t^2 - 2 \cdot t + 1) - 1$

2 で割って 2 乗

$\therefore y = f(t) = (t - 1)^2 - 1\quad (t > 0)$

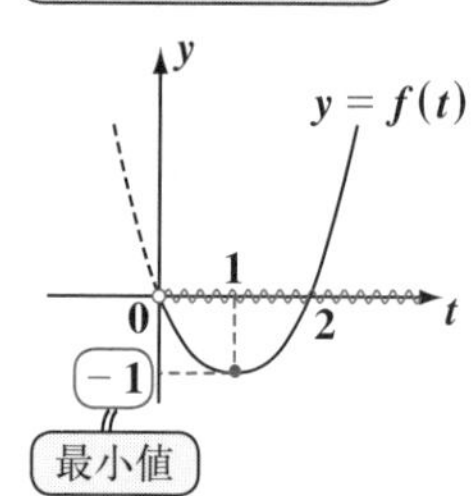

以上より，$t=1$，すなわち $2^{\boxed{x}}=2^{\boxed{0}}$，←（コレ，見比べ型の方程式！）
∴ $x=0$ のとき，y は最小値 -1 をとる。……………………………(答)

● 指数不等式の決め手は底 a の値だ！

指数不等式の場合も，方程式と同様に，(i) 見比べ型と (ii) 置換型の 2 つがある。ただし，この指数不等式の見比べ型では，底 a の値が，(ア) $a>1$ か，(イ) $0<a<1$ かによって「不等号の向きが逆転する」ので，注意が必要だ。

(ア) $a>1$ のとき，　$a^{\boxed{x_1}}>a^{\boxed{x_2}} \rightleftarrows x_1>x_2$ ←（不等号の向きはそのまま！）
(イ) $0<a<1$ のとき，$a^{\boxed{x_1}}>a^{\boxed{x_2}} \rightleftarrows x_1<x_2$ ←（不等号の向きが逆転する！）

なんでこうなるのか？ いいよ，グラフで説明しよう。(ア) $a>1$ のとき，$y=a^x$ のグラフは図 6 のようになるよね。ここで，$a^{x_1}>a^{x_2}$ ならばそれぞれの y 座標に対応する x 座標 x_1, x_2 も $x_1>x_2$ となるだろう。逆に，$x_1>x_2$ ならば $a^{x_1}>a^{x_2}$ とも言える。

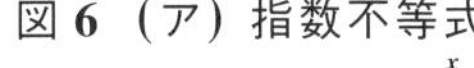
図 6 (ア) 指数不等式

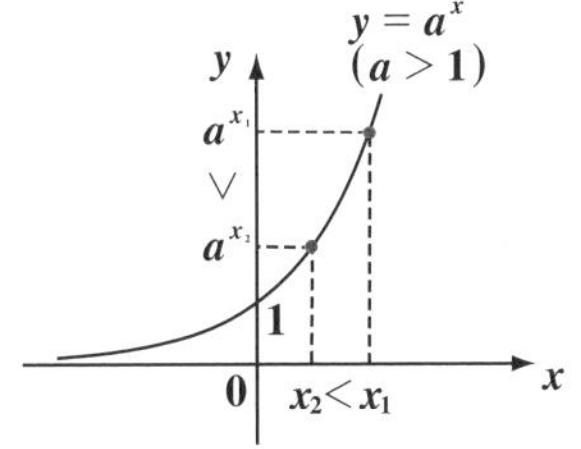

次に，(イ) $0<a<1$ のとき，$y=a^x$ のグラフは，図 7 のように単調減少のグラフになるから，y 座標が $a^{x_1}>a^{x_2}$ ならば，x 座標の x_1 と x_2 は $x_1<x_2$ となって，不等号が逆転してしまうね。大丈夫？

図 7 (イ) 指数不等式

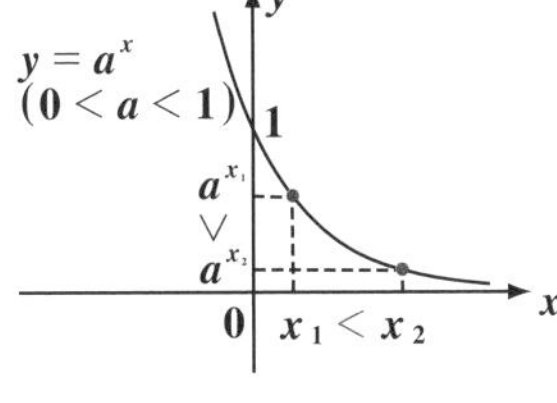

それじゃ，(ア)，(イ) の例を示すよ。

(ア) $2^{2x-1} \geqq 8$ のとき，$2^{\boxed{2x-1}} \geqq 2^{\boxed{3}}$

　∴ $2x-1 \geqq 3$ より，$x \geqq 2$ となる。←（底 2 より，不等号の向きはそのまま！）

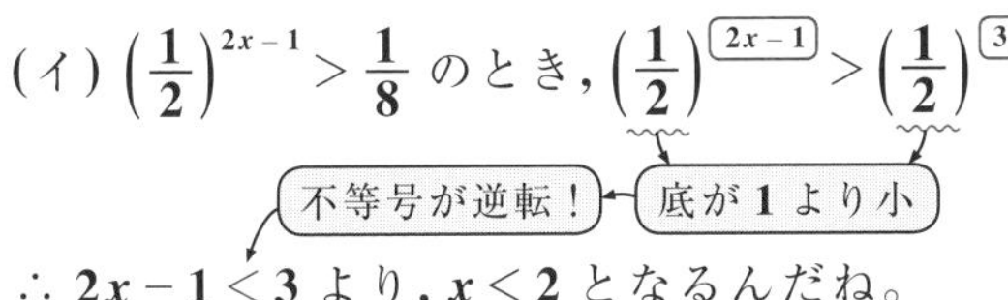
(イ) $\left(\frac{1}{2}\right)^{2x-1} > \frac{1}{8}$ のとき，$\left(\frac{1}{2}\right)^{\boxed{2x-1}} > \left(\frac{1}{2}\right)^{\boxed{3}}$

（不等号が逆転！）←（底が 1 より小）

∴ $2x-1<3$ より，$x<2$ となるんだね。

置換型の不等式については，絶対暗記問題 53 で解説するよ。

指数方程式

絶対暗記問題 52 難易度 ★ CHECK 1 CHECK 2 CHECK 3

次の指数方程式を解け。

(1) $2^{x+1}+2^{2-x}=9$ （広島工大）　　(2) $8^{x+2}-2^{x+4}+2^{-x}=0$ （立教大）

ヒント！ (1)(2) 共に $2^x=t$ と置換すると，(1) は t の 2 次方程式に，(2) は t の 4 次方程式になる。(2) ではさらに $t^2=X$ とおく。

解答＆解説

(1) $2^{x+1}+2^{2-x}=9$ より，　$2\cdot2^x+\dfrac{4}{2^x}=9$

（$2^{x+1}=2\cdot2^x$，$2^{2-x}=2^2\cdot2^{-x}=4\cdot2^{-x}$）

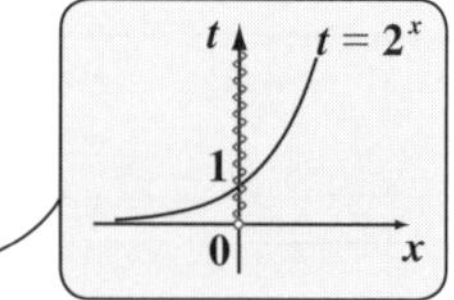

ここで，$t=2^x$ と置換すると，$t>0$

$2t+\dfrac{4}{t}=9$　両辺に t をかけてまとめると，$2t^2-9t+4=0$

$(2t-1)(t-4)=0$　　$\therefore t=\dfrac{1}{2}$，　4

（たすきがけ：2，−1／1，−4）

これらは $t>0$ をみたす。

（見比べ！）

$\therefore t=2^{x}=2^{-1}$ または 2^{2} より，　$x=-1$ または 2 ……………………(答)

(2) $8^{x+2}-2^{x+4}+2^{-x}=0$ より，　$64\cdot(2^x)^3-16\cdot2^x+\dfrac{1}{2^x}=0$

（$8^{x+2}=8^2\cdot8^x=64\cdot(2^3)^x=64\cdot(2^x)^3$，$2^{x+4}=2^4\cdot2^x=16\cdot2^x$，$2^{-x}=\dfrac{1}{2^x}$，$2^x=t$）

ここで，$t=2^x$ とおくと，$t>0$ ←（置換！）

$64t^3-16t+\dfrac{1}{t}=0$　　　$64t^4-16t^2+1=0$　（$t^4=X^2$，$t^2=X$）

（これは，t の 4 次方程式だけど，$t^2=X$ とおくと，X の 2 次方程式になる。）

（置換！）

$t^2=X$ とおくと，$64X^2-16X+1=0$　　$(8X-1)^2=0$

$\therefore X=\dfrac{1}{8}$（重解）より，　$2^{2x}=2^{-3}$ ←（見比べ！）

（$X=t^2=(2^x)^2=2^{2x}$，$\dfrac{1}{8}=2^{-3}$）

$2x=-3$　　よって，$x=-\dfrac{3}{2}$ ……………………………………(答)

指数不等式

絶対暗記問題 53	難易度 ★★	CHECK1	CHECK2	CHECK3

次の指数不等式を解け。

(1) $8 \cdot 4^x + 15 \cdot 2^x - 2 \geqq 0$　　（東京水産大＊）

(2) $a^{2x+1} - a^{x+2} - a^x + a < 0$　（ただし，$a > 1$）　　（広島工大）

ヒント！ (1) では，$2^x = t$，(2) では，$a^x = t$ と置換すれば，(1)(2) は共に t の 2 次不等式に帰着する。$t > 0$ も重要な条件だ。

解答＆解説

(1) $8 \cdot 4^x + 15 \cdot 2^x - 2 \geqq 0$ より，$8 \cdot (2^x)^2 + 15 \cdot 2^x - 2 \geqq 0$

（$4^x = (2^2)^x = (2^x)^2$，$2^x = t$）

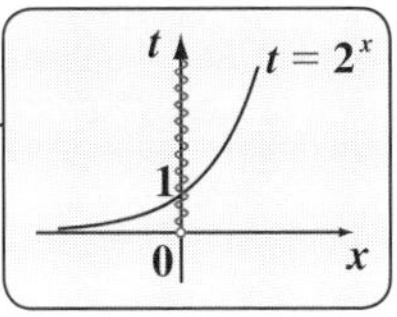

ここで，$t = 2^x$ とおくと，$t > 0$

$8t^2 + 15t - 2 \geqq 0$　　$(8t - 1)(t + 2) \geqq 0$

$\begin{matrix} 8 & & -1 \\ & \times & \\ 1 & & 2 \end{matrix}$

（$8t-1$：これが，0 以上でないといけない。）（$t+2$：これは，常に⊕）

ここで，$t + 2 > 0$ より，$8t - 1 \geqq 0$　　よって，$t \geqq \dfrac{1}{8}$　（$t = 2^x$，$\dfrac{1}{8} = 2^{-3}$）

$2^x \geqq 2^{-3}$　（底 2 は 1 より大）　$\therefore x \geqq -3$ ……………………………(答)

(2) $a^{2x+1} - a^{x+2} - a^x + a < 0$ より，$a(a^x)^2 - (a^2 + 1) \cdot a^x + a < 0$

（$a^{2x+1} = a \cdot (a^x)^2$，$a^{x+2} = a^2 \cdot a^x$，$a^x = t$）

ここで，$t = a^x$　$(a > 1)$ とおくと，$t > 0$

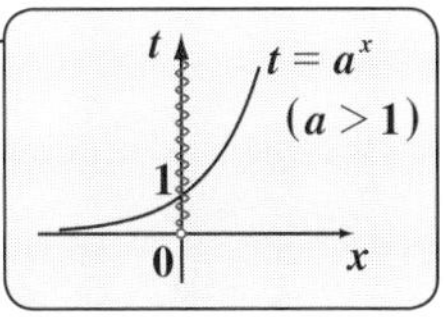

$at^2 - (a^2 + 1)t + a < 0$

$\begin{matrix} a & & -1 \\ & \times & \\ 1 & & -a \end{matrix}$

$(at - 1)(t - a) < 0$

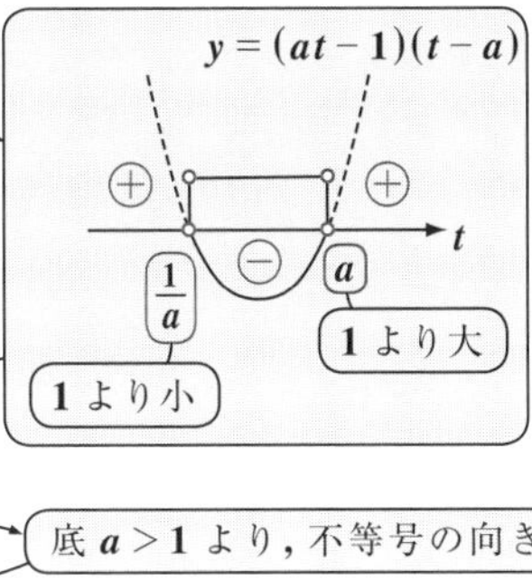

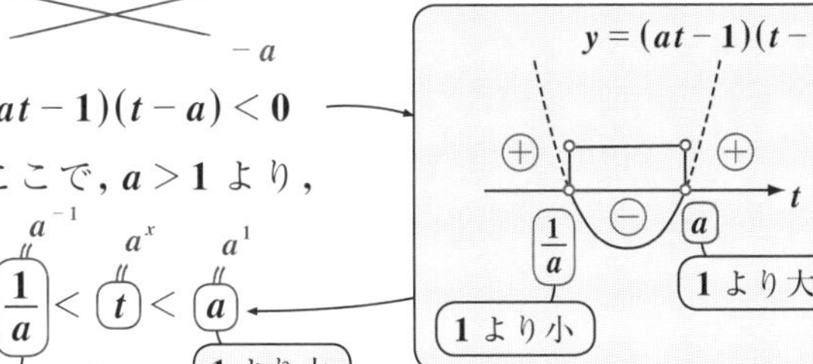

ここで，$a > 1$ より，

$\dfrac{1}{a} < t < a$　（$\dfrac{1}{a} = a^{-1}$：1 より小，$t = a^x$，$a = a^1$：1 より大）

よって，$a^{-1} < a^x < a^1$　（底 $a > 1$ より，不等号の向きはそのまま！）

$\therefore -1 < x < 1$ ……………………………………………………(答)

指数関数の置換と 2 次関数の最小値 (Ⅰ)

絶対暗記問題 54　難易度 ★★　CHECK1　CHECK2　CHECK3

a を 1 以上の定数とする。このとき, $0 \leqq x \leqq 1$ で定義された関数 $y = 9^x - 2a \cdot 3^x + a$ の最小値を求めよ。

ヒント! $3^x = t$ とおくと, y は t の 2 次関数になる。この頂点の t 座標 a の値により, 最小値が変化することに注意しよう!

解答＆解説

$y = 9^x - 2a \cdot 3^x + a$ ……① $(0 \leqq x \leqq 1,\ a$: 1 以上の定数$)$

$9^x = (3^2)^x = (3^x)^2$

ここで, $t = 3^x$ とおくと,

$0 \leqq x \leqq 1$ より, $1 \leqq t \leqq 3$

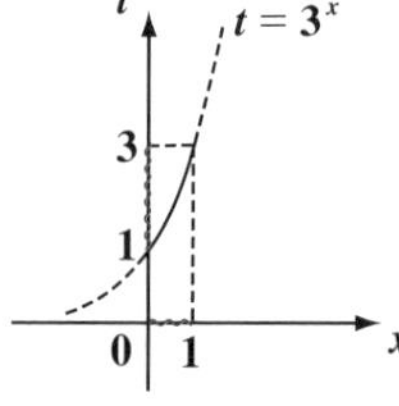

また, ①を $y = g(t)$ とおくと,

$y = g(t) = t^2 - 2at + a = (t^2 - 2at + a^2) + a - a^2$

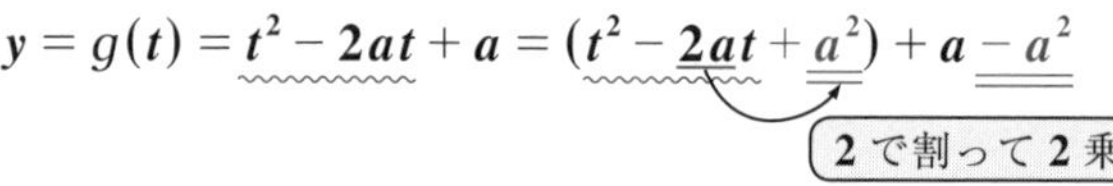

$= (t-a)^2 + a - a^2 \quad (1 \leqq t \leqq 3)$

よって, $y = g(t)$ は頂点 $(a,\ a - a^2)$ の下に凸の放物線で, $1 \leqq a$ より, $y = g(t)$ の最小値は, (ⅰ) $1 \leqq a < 3$ と, (ⅱ) $3 \leqq a$ に場合分けして求める。(下図参照) ← カニ歩き＆場合分けの問題だ!

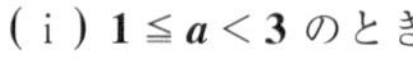

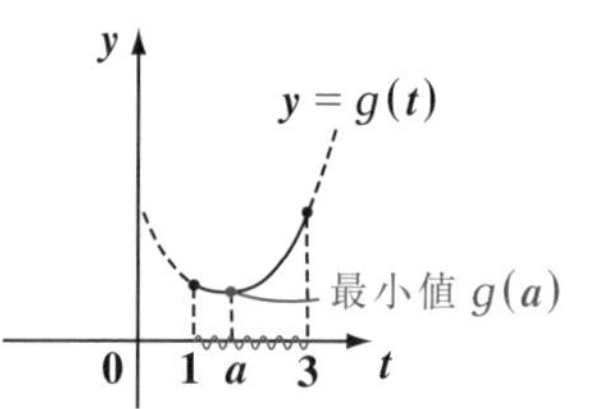

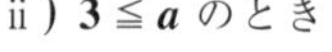

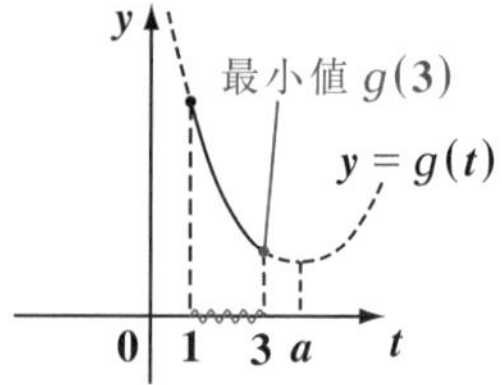

以上より,

$$\begin{cases} \text{(ⅰ) } 1 \leqq a < 3 \text{ のとき,} \\ \quad \text{最小値 } y = g(a) = a - a^2 \\ \text{(ⅱ) } 3 \leqq a \text{ のとき,} \\ \quad \text{最小値 } y = g(3) = 3^2 - 2a \cdot 3 + a = 9 - 5a \end{cases}$$ ……………………(答)

指数関数の置換と 2 次関数の最小値（Ⅱ）

絶対暗記問題 55　難易度 ★★　CHECK1　CHECK2　CHECK3

関数 $y=2^{2x}+2^{-2x}+2(2^x+2^{-x})+3$ ……①　がある。

(1) $2^x+2^{-x}=t$ とおいて，y を t の 2 次式で表わせ。

(2) 関数 y の最小値を求めよ。

ヒント！ (1) $2^{2x}+2^{-2x}=t^2-2$ となるから，y は t の 2 次関数となる。(2) で，t の定義域は，相加・相乗平均の式を使って求める。

解答＆解説

(1) $2^x+2^{-x}=t$ ……②　とおく。②の両辺を 2 乗して，$2^{2x}+2^{-2x}=t^2-2$ ……③

$(2^x+2^{-x})^2=t^2$
$2^{2x}+2\cdot(2^x\cdot2^{-x})+2^{-2x}=t^2$（$2^x\cdot2^{-x}=1$）
$\therefore\ 2^{2x}+2^{-2x}=t^2-2$ だ！

②，③を①に代入して，$y=f(t)$ とおくと，

$y=f(t)=t^2-2+2t+3=t^2+2t+1=(t+1)^2$ ……………………(答)

(2) $2^x>0,\ 2^{-x}>0$ より，②に相加・相乗平均の式を用いて，

$t=2^x+2^{-x}\geqq2\sqrt{2^x\cdot2^{-x}}=2$（$2^x\cdot2^{-x}=1$）
$[a+b\ \geqq2\sqrt{ab}\ ]$

$a>0,\ b>0$ のとき，この相加・相乗平均の式が使える！

（等号成立条件：$2^x=2^{-x}$ $[a=b]$，　$x=-x$ ← 見比べ！
$2x=0$ より，$x=0$）

以上より，

$y=f(t)=(t+1)^2\quad(t\geqq2)$

右のグラフより，

$t=2$，すなわち $x=0$ のとき，

最小値 $y=f(2)=(2+1)^2=9$ …………(答)

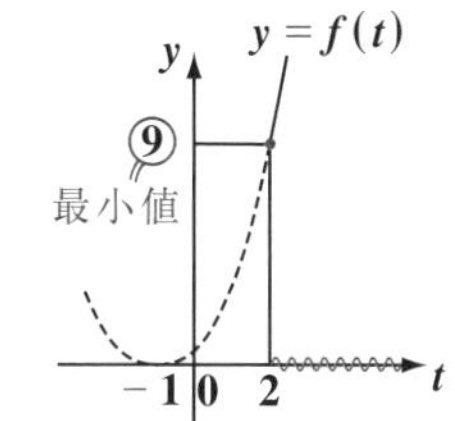

頻出問題にトライ・15　難易度 ★★　CHECK1　CHECK2　CHECK3

$2(4^x+4^{-x})-7(2^x+2^{-x})+9=0$ ……①　について，次の問いに答えよ。

(1) $2^x+2^{-x}=t$ とおくとき，t のとり得る値の範囲を求めよ。

(2) ①を t の方程式として解け。　(3) ①の x の方程式を解け。

解答は P242

3. 対数計算の公式を使いこなそう！

これから，**対数**の話に入ろう。実は，これまで勉強した指数計算が，この対数計算の基礎となっているんだ。数学というのは，最初はやさしいんだけれど，だんだんレベルが上がって難しくなっていくから，やさしいうちに基礎固めをシッカリやっておこう。

● まず対数の計算法に慣れよう！

前回の指数計算から，$2^3=8$ というのは当たり前の式だね。これと同様に，一般に，$a^{ⓑ}=c$ という式が与えられたとき，この式を書き換えて，ⓑ $=\log_a c$ と書くことにする。これが，**対数**の定義なんだ。

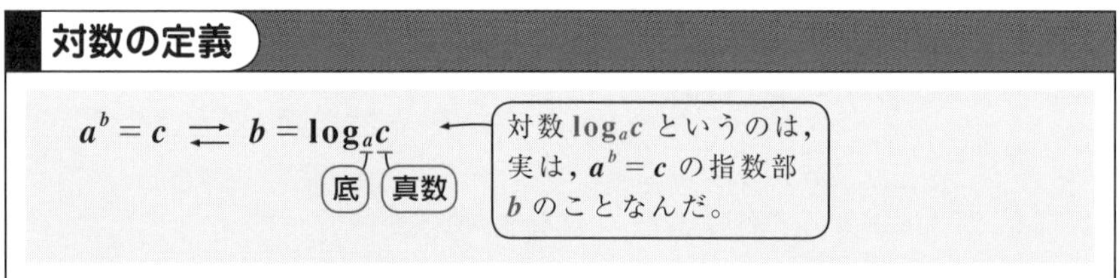

ここで，$\log_a c$ の a を底，c を真数と呼ぶ。また，$\log_a c$ を **a を底とする c の対数**と呼ぶ。つまり $\log_a c$，すなわち b を対数と言ってるんだね。これだけじゃ，ピンとこないって？ 当然だ！ しばらく，この対数の計算練習をやって，慣れることにしよう。

$\log_2 4$ と言われたら，$\log_2 4=x$ とおいて，定義から，$2^x=4$ だから，当然 $x=2$ となる。つまり，$\log_2 4=2$ なんだ。では，次の例題にチャレンジしてごらん。

(1) $\log_2 1$　　(2) $\log_2\sqrt{2}$

(3) $\log_3 3$　　(4) $\log_3\frac{1}{9}$

(1) は，$2^0=1$ だから答は 0 だ。(2) は，$2^{\frac{1}{2}}=\sqrt{2}$ だから $\frac{1}{2}$。(3) は 1。$3^1=3$ だから 1 だ。(4) は -2。$3^{-2}=\frac{1}{9}$ だからだ。

それでは，調子が出てきたところで，$\log_2 3$ の値は何になるかわかる？ ン，できない？　当然できなくていいよ。これはわかりっこないからだ。$\log_2 3 = x$ とおくと，$2^x = 3$ をみたす，何かある x の値があるのはわかるけれど，この値はこれまでのようにハッキリとは言えないね。

これと同様に，$\log_{10} 2$ など，キレイな数値で答えられないものもある。このような場合，$\log_{10} 2$ は，$\log_{10} 2$ と表わせばいいんだよ。

● 対数計算の公式は絶対暗記だ！

それでは，少しレベルを上げよう。次の 6 つの対数計算の公式をまず覚えてくれ。

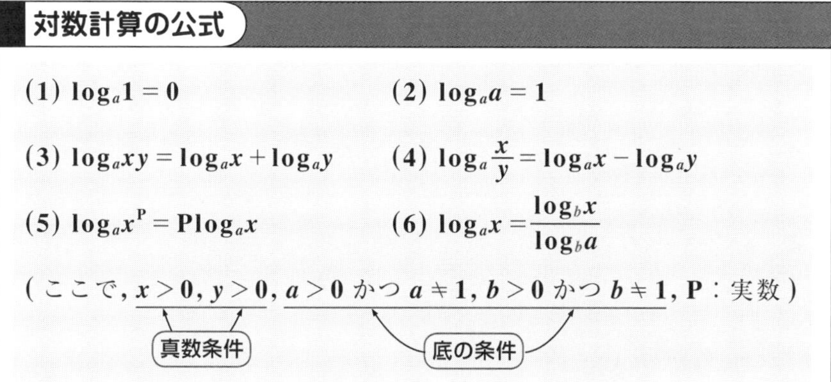

対数計算の公式

(1) $\log_a 1 = 0$　　(2) $\log_a a = 1$

(3) $\log_a xy = \log_a x + \log_a y$　　(4) $\log_a \dfrac{x}{y} = \log_a x - \log_a y$

(5) $\log_a x^P = P\log_a x$　　(6) $\log_a x = \dfrac{\log_b x}{\log_b a}$

（ここで，$x > 0,\ y > 0$，$a > 0$ かつ $a \neq 1$，$b > 0$ かつ $b \neq 1$，P：実数）

(1)，(2) の公式は定義から明らかだね。$a^0 = 1$ だから $\log_a 1 = 0$ となり，$a^1 = a$ だから，$\log_a a = 1$ となる。よって，(3) ～ (6) が本格的な対数計算の公式となる。

まず，(3)，(4) の公式を証明しておこう。

$a^\alpha = x,\ a^\beta = y\ (a > 0,\ a \neq 1,\ x > 0,\ y > 0)$ とおくと，定義から

$\log_a x = \alpha$ ……㋐，　$\log_a y = \beta$ ……㋑　となる。

(3) ここで，$xy = a^\alpha \cdot a^\beta = a^{\alpha+\beta}$ より，$a^{\alpha+\beta} = xy$

よって，対数の定義から，$\log_a xy = \alpha + \beta$ ……㋒

㋒に㋐，㋑を代入して

$\log_a xy = \log_a x + \log_a y$　が成り立つ。……………………………(終)

(4) $\frac{x}{y} = \frac{a^{\alpha}}{a^{\beta}} = a^{\alpha-\beta}$ より，$a^{\alpha-\beta} = \frac{x}{y}$

よって，対数の定義から，$\log_a \frac{x}{y} = \alpha - \beta$ ……㊁

㊁に㋐,㋑を代入して，

$\log_a \frac{x}{y} = \log_a x - \log_a y$ も成り立つ。……………………………………(終)

(5), (6) の証明については，次の例題でやっておこう。

◆例題13◆

(1) $a^{\alpha} = x$ $(a > 0,\ a \neq 1,\ x > 0)$ の両辺を P 乗することにより，

公式 (5) $\log_a x^{P} = P\log_a x$ が成り立つことを示せ。

(2) $a^{\alpha} = x$ $(a > 0,\ a \neq 1,\ x > 0)$ の両辺の b $(b > 0,\ b \neq 1)$ を底とする対数をとることにより，

公式 (6) $\log_a x = \frac{\log_b x}{\log_b a}$ が成り立つことを示せ。

解答

(1) $a^{\alpha} = x$ ……① $(a > 0,\ a \neq 1,\ x > 0)$ より，

対数の定義から，$\log_a x = \alpha$ ………②

①の両辺を P 乗して，

$a^{P\alpha} = x^{P}$

対数の定義から，$\log_a x^{P} = P\alpha$ ……③

②を③に代入して，

公式 (5) $\log_a x^{P} = P\log_a x$ は成り立つ。……………………………………(終)

(2) $a^{\alpha} = x$ ……① $(a > 0,\ a \neq 1,\ x > 0)$ より，

対数の定義から，$\log_a x = \alpha$ ………②

①の両辺の b $(b > 0,\ b \neq 1)$ を底とする対数をとると，

$\log_b a^{\alpha} = \log_b x$

公式 (5) より，$\alpha \cdot \log_b a = \log_b x$

$\log_b a \neq 0$ $(\because a \neq 1)$

この両辺を $\log_b a$ $(\neq 0)$ で割り，α に②を代入すると，

公式 (6) $\log_a x = \dfrac{\log_b x}{\log_b a}$ は成り立つ。……………………………(終)

フ～，疲れた～！ って？わかるよ。公式の証明は大変なんだね。だから，今ピンとこない人は，そのまま放っておいて，まず，公式を使うことに専念してくれていいんだよ。公式は，問題を解いていく上で重要な道具だから，使いこなすことが大切だ。次の例題で練習してごらん。その内，これまでの証明も納得いくようになるはずだ。

(1) $\log_2 6 = \log_2(2\times 3) = \underbrace{\log_2 2}_{1} + \log_2 3 = 1 + \log_2 3$

公式：$\log_a xy = \log_a x + \log_a y$ を使った！

$\log_3 2^3 = 3\cdot\log_3 2$ ← 公式：$\log_a x^P = P\log_a x$ を使った！

(2) $\log_3 \dfrac{8}{3} = \log_3 8 - \underbrace{\log_3 3}_{1} = 3\cdot\log_3 2 - 1$

公式：$\log_a \dfrac{x}{y} = \log_a x - \log_a y$ を使った！

(3) $\log_{\sqrt{2}} 8 = \dfrac{\log_2 8}{\log_2 \sqrt{2}} = \dfrac{3}{\frac{1}{2}} = 6$

公式：$\log_a x = \dfrac{\log_b x}{\log_b a}$ を使った！

さらに，公式として $\boxed{\log_a b = \dfrac{1}{\log_b a} \quad (a>0,\ a\neq 1,\ b>0,\ b\neq 1)}$

も覚えておこう。$\log_a b$ を公式 (6) により，底 b の対数に書き換えると，

$\log_a b = \dfrac{\log_b b}{\log_b a} = \dfrac{1}{\log_b a}$ となるからだ。

● 常用対数とケタ数の関係を押さえよう！

対数 $\log_a b$ の底 a が 10 のとき，すなわち，$\log_{10} b$ を特に，**常用対数**と呼ぶ。この常用対数は，b がある大きな値のとき，そのケタ数を求めるのに有効なんだ。このことをこれから詳しく話そう。

まず, $\log_{10}1=0$, $\log_{10}10=1$, $\log_{10}100=2$, $\log_{10}1000=3$, $\log_{10}10000=4$, $\log_{10}100000=5$, …と続くのはわかるだろう。これらを順に書き並べてみるよ。

- $\log_{10}1=0$
  - $<$ $\log_{10}3=0.\cdots$
- $\log_{10}10=1$
  - $<$ $\log_{10}\boxed{55}=1.\cdots$ （55 が b）
- $\log_{10}100=2$
  - $<$ $\log_{10}567=2.\cdots$
- $\log_{10}1000=3$
  - $<$ $\log_{10}3285=3.\cdots$
- $\log_{10}10000=4$
  - $<$ $\log_{10}42140=4.\cdots$
- $\log_{10}100000=5$

………………………………………

ここで, たとえば, $\log_{10}b$ の b が 55 のとき, $10<b<100$ より,

$\underbrace{\log_{10}10}_{1}<\log_{10}55<\underbrace{\log_{10}100}_{2}$ となって $\log_{10}55=1.\cdots$ となるんだね。この他にも, b の値を $b=3, 567, 3285, 42140, \cdots$ と適当にとって, その常用対数を示しておいた。たとえば,

$\log_{10}3285=3.\cdots$, $\log_{10}42140=4.\cdots$ となる。

（3285：4 桁の数）（42140：5 桁の数）

ここで常用対数が $3.\cdots\cdots$ となる数 3285 は 4 桁の数だし, また, 常用対数が $4.\cdots\cdots$ となる数 42140 は 5 桁の数だね。これから, 次の法則性が導かれるのがわかるだろう。

常用対数と桁数

b の常用対数が, $\log_{10}b=\underline{\underline{n}}.\cdots\cdots\cdots$ のとき,
b は $\underline{\underline{n+1}}$ ケタの数である。

したがって, $\log_{10}b=\underline{\underline{14}}.231$ ならば, b は $\underline{\underline{15}}$ 桁の数だし, また $\log_{10}X=5.6254$ ならば, X は 6 桁の数となるのがわかる。

● 小さな数にも常用対数が有効だ！

常用対数は，大きな数の桁数を求めるだけでなく，小さな数に対しても有効なんだよ。先程と同様に，$\log_{10}0.1$，$\log_{10}0.01$，… を並べて書くと，

・$\log_{10}0.1 = -1$
　　　　　$\log_{10}0.023 = -1.\cdots$
・$\log_{10}0.01 = -2$
　　　　　$\log_{10}0.0051 = -2.\cdots$
・$\log_{10}0.001 = -3$
　　　　　$\log_{10}0.000622 = -3.\cdots$
・$\log_{10}0.0001 = -4$

………………………

となる。

ここで，$\log_{10}0.023 = \underline{\underline{-1}}.\cdots$，　$\log_{10}0.0051 = \underline{\underline{-2}}.\cdots$，

（小数第 2 位に初めて 0 でない数が現われる。）（小数第 3 位に初めて 0 でない数が現われる。）

$\log_{10}0.000622 = \underline{\underline{-3}}.\cdots$ から，次の法則性も導ける。

（小数第 4 位に初めて 0 でない数が現われる。）

常用対数と小数

b の常用対数が，$\log_{10}b = \underline{\underline{-n}}.\cdots$ のとき，
b は小数第 $\underline{\underline{n+1}}$ 位に初めて 0 でない数が現われる。

これから，たとえば，$\log_{10}b = \underline{\underline{-13}}.12$ ならば，b は小数第 $\underline{\underline{14}}$ 位に初めて 0 でない数が現われることになるんだね。

注意

この法則性は，$\log_{10}b = -n.\cdots$ と，右辺の負の数に小数部 (…) が付いていなければならない。これが，$\log_{10}b = -n$ (整数) の特殊な場合では，$\log_{10}0.1 = \underline{\underline{-1}}$，$\log_{10}0.01 = \underline{\underline{-2}}$ などのように，b は小数第 $\underline{\underline{n}}$ 位に初めて 0 でない数が現われる。

（小数第 1 位）（小数第 2 位）

対数計算と対数の定義

絶対暗記問題 56	難易度 ★	CHECK1	CHECK2	CHECK3

(1) $\{\log_4 9+(\log_5 3)(\log_2 25)\}\log_3 2$ の値を求めよ。　(職能開発大)

(2) $\log_a b=3,\ a^2=c$ のとき，$\log_a b^2c^4$ の値を求めよ。　(東亜大)

ヒント！ (1) では，底の値がバラバラなので，まず底を 2 にそろえるといい。(2) では，$a^2=c$ から $\log_a c=2$ となる。

解答＆解説

①の対数の底を，すべて 2 にそろえると，見やすくなる

(1) $\{\log_4 9+(\log_5 3)(\log_2 25)\}\log_3 2$ ……① について，

(i) $\log_4 9=\dfrac{\log_2 9}{\log_2 4}=\dfrac{\log_2 3^2}{2}=\dfrac{2\cdot\log_2 3}{2}=\log_2 3$　($\log_2 4=2$)

(ii) $\log_5 3=\dfrac{\log_2 3}{\log_2 5}$

(iii) $\log_2 25=\log_2 5^2=2\cdot\log_2 5$

(iv) $\log_3 2=\dfrac{1}{\log_2 3}$　← 公式：$\log_a b=\dfrac{1}{\log_b a}$ を使った！

以上 (i) ～ (iv) より，①は

$$①=\left(\log_2 3+\frac{\log_2 3}{\log_2 5}\times 2\cdot\log_2 5\right)\cdot\frac{1}{\log_2 3}$$

$=3\cdot\log_2 3\times\dfrac{1}{\log_2 3}=3$ ……………………(答)

(2) 条件より，$\log_a b=3$ ……②　，$\log_a c=2$ ……③　($a^2=c$)

よって，$\log_a b^2c^4$ の値は，

$\log_a b^2c^4=\log_a b^2+\log_a c^4$　← 公式：$\log_a xy=\log_a x+\log_a y$ を使った！

$=2\cdot\log_a b+4\cdot\log_a c$　← 公式：$\log_a x^P=P\log_a x$ を使った！

　$\log_a b=3$ (②より)，$\log_a c=2$ (③より)

$=2\times 3+4\times 2=14$ ……………………(答)

常用対数と桁数、小数

絶対暗記問題 57　難易度 ★　CHECK1　CHECK2　CHECK3

(1) $\log_5 2 = a$ とおくとき，$\log_{10}40$ を a で表せ。

(2) 2^{50} は何桁の数か。また $\left(\frac{1}{2}\right)^{30}$ は小数第何位にはじめて 0 でない数が現われるか。ただし，$\log_{10}2 = 0.3010$ とする。

ヒント！ (1) $\log_5 2 = a$ より，$\log_{10}40$ の底をまず 5 に変換することからはじめればいい。(2) は，共に常用対数をとって，$n.\cdots$ なら $n+1$ 桁の数，$-n.\cdots$ なら，小数第 $n+1$ 位に 0 以外の数がくる。

解答＆解説

(1) $\log_5 2 = a$ ……①　　このとき，$\log_{10}40$ を変形して，

$$\log_{10}40 = \frac{\log_5 40}{\log_5 10} = \frac{\log_5(2^3 \times 5)}{\log_5(2 \times 5)} = \frac{\log_5 2^3 + \log_5 5}{\log_5 2 + \log_5 5}$$

$$= \frac{3 \cdot \log_5 2 + 1}{\log_5 2 + 1} = \frac{3a+1}{a+1}$$ ……(答)

(2) (ⅰ) 2^{50} の常用対数をとって

$$\log_{10}2^{50} = 50 \cdot \log_{10}2 = 50 \times 0.3010 = 15.05$$

$\therefore\ 2^{50}$ は，16 桁の数である。……(答)

(ⅱ) $\left(\frac{1}{2}\right)^{30} = (2^{-1})^{30} = 2^{-30}$ の常用対数をとって，

$$\log_{10}2^{-30} = -30 \times \log_{10}2 = -30 \times 0.3010 = -9.03$$

$\therefore\ 2^{-30}$ は，小数第 10 位に初めて 0 でない数が現われる。…(答)

頻出問題にトライ・16　難易度 ★★　CHECK1　CHECK2　CHECK3

$\log_2 3 = A$, $\log_{72}6 = B$, $\log_{144}12 = C$ とおく。次の問いに答えよ。

(1) C の値を求めよ。

(2) B を A を用いて表せ。

(3) B と C の大小関係を調べよ。

解答は P243

4. 対数方程式・不等式では、まず真数条件を押さえよう！

さァ，これから**対数関数**の話に入るよ。対数関数は前に習った指数関数と兄弟のような関数だから，指数関数と同様に，(ｉ) 単調増加型と (ⅱ) 単調減少型の 2 通りの場合が出てくる。さらに，**対数方程式・不等式**の解法もマスターしよう！

● まず、対数関数のグラフの概形を覚えよう！

対数関数というのは，$y = \log_a x$ で表わされる関数だ。すると定義から，

対数関数 $y = \log_a x \rightleftarrows x = a^y$

だね。この $x = a^y$ が $y = \log_a x$ と同じものなんだけど，これは，指数関数 $y = a^x$ の x と y を入れかえたものだ。このように，x と y が 1 対 1 に対応する場合，x と y を入れかえた関数を**逆関数**と言うことも覚えておいてくれ。つまり，対数関数 $y = \log_a x$ は，指数関数 $y = a^x$ の逆関数と言えるし，逆に，$y = a^x$ は，$y = \log_a x$ の逆関数とも言える。そして，逆関数の場合，互いに直線 $y = x$ に関して線対称なグラフになることも重要なポイントだ。

したがって，指数関数 $y = a^x$ が，(ｉ) $a > 1$，(ⅱ) $0 < a < 1$ のときの 2 通りに分かれたように，対数関数にも 2 通りあることがわかるだろう。

まず，(ｉ) $a > 1$ のとき，図 1 に $y = a^x$ のグラフをかくよ。これを直線 $y = x$ に関して線対称移動したものが，$a > 1$ のときの対数関数 $y = \log_a x$ なんだ。$y = a^x$ のグラフの上にインクをつけ，直線 $y = x$ を折り目として，ペタンと折ると，曲線が紙上に写されるだろ。その曲線が，$y = \log_a x$ $(a > 1)$ なんだ。

図 1 $y = \log_a x$ $(a > 1)$

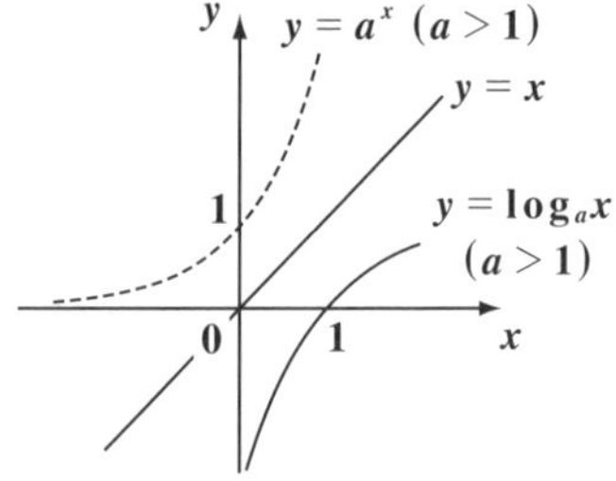

(ii) $0 < a < 1$ のときも，$y = a^x$ のグラフを直線 $y = x$ に関して線対称移動したものが，$0 < a < 1$ のときの対数関数 $y = \log_a x$ のグラフになる。(図 2)
もう一度，2 通りの対数関数だけを図 3 にかいておくから，確認してくれ。

図 2　$y = \log_a x$ $(0 < a < 1)$

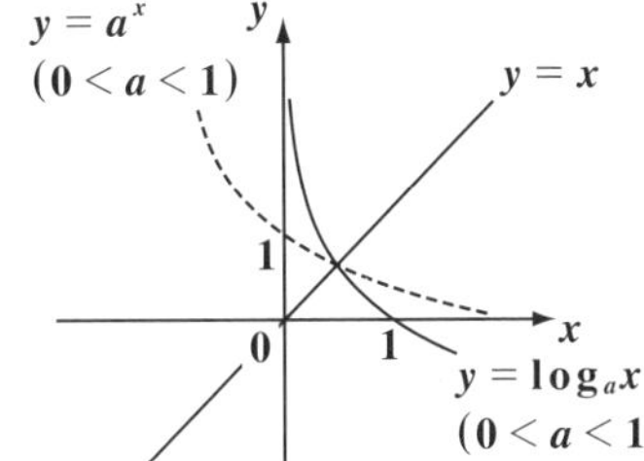

対数関数 $y = \log_a x$ のグラフは，
(i) $a > 1$ のとき，　単調増加型
(ii) $0 < a < 1$ のとき，単調減少型

ここで，対数関数 $y = \log_a x$ の a を**底**，x を**真数**という。そして，この底には，指数関数のときと同様，$a > 0$ かつ $a \neq 1$ という条件がつく。これを“**底の条件**”という。また，図 3 のグラフをみればわかるように，真数 x は常に正だね。この $x > 0$ の条件を“**真数条件**”というんだ。

図 3　対数関数のグラフ
$y = \log_a x$

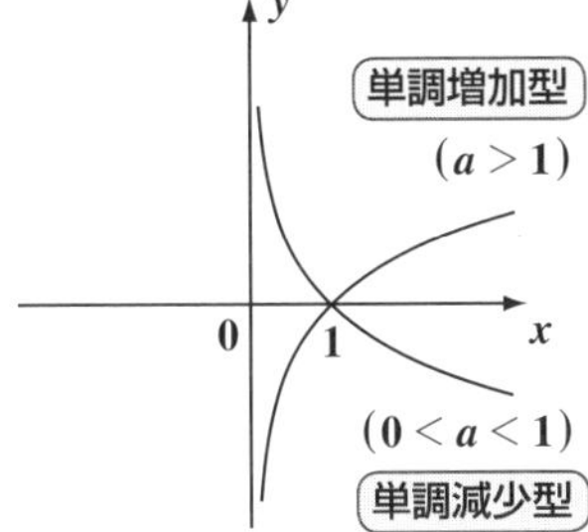

$$\begin{cases} \text{底の条件：} a > 0 \text{ かつ } a \neq 1 \\ \text{真数条件：} x > 0 \end{cases}$$

また，a の値にかかわらず $x = 1$ のとき，$y = \log_a 1 = 0$ だから，必ず点 $(1, 0)$ を通る。これも，対数関数のグラフの大きな特徴なんだよ。

● 対数方程式では、真数条件をまずチェック！

指数方程式のときと同様に，**対数方程式**のときも，解き方は(i) 見比べ型と，(ii) 置換型の 2 つがある。

対数方程式

(i) 見比べ型：$\log_a \boxed{x_1} = \log_a \boxed{x_2} \rightleftarrows x_1 = x_2$ ← 真数同士を見比べる！

(ii) 置換型：$\log_a x = t$ と置換する。

(i) 見比べ型にせよ，(ii) 置換型にせよ，対数方程式の場合，まず最初に真数条件を押さえないといけない。

たとえば，見比べ型の対数方程式：$\log_{10}x + \log_{10}(x-1) = \log_{10}2$ を解こう。これを変形して，

$\log_{10}\boxed{x(x-1)} = \log_{10}\boxed{2}$ だね。真数どうしを見比べて，$x(x-1)=2$，

$x^2-x-2=0$，$(x-2)(x+1)=0$ より，$x=2,\ -1$ と答えを出した人，残念ながら不正解だ！

まず，対数方程式や対数不等式では，式の変形に入る前に

なにはともあれ，真数条件！ と肝に銘じておくんだよ。

この例では，右辺の $\log_{10}2$ の真数 2 は正だから問題ないね。ところが，左辺の 2 つの対数 $\log_{10}x$，$\log_{10}(x-1)$ は，ともに真数条件を満たさないといけないから，$x>0$，$x-1>0$ となるね。この 2 つをまとめて $x>1$ となるんだ。

$0\quad 1\quad x$

よって，さっき出した解 $x=2,\ -1$ のうち，$x=-1$ は不適な解になるんだね。

以上より，答えは $x=2$ だけなんだ。

(ii) の置換型で，$\log_a x = t$ とおく場合も，真数条件 $x>0$ は絶対に忘れないようにしよう。

● 対数不等式は、底 a の値に要注意！

対数不等式を解く場合も，(i) 見比べ型と (ii) 置換型に大きく分かれるよ。でも，置換型のときも，最終的には真数どうしの大小関係の見比べをやるのがほとんどだ。ただし，指数不等式のときと同様に底 a の値に注意しよう。(i) $a>1$ のときと，(ii) $0<a<1$ のときで，条件が異なるからだ。

対数不等式

(ⅰ) $a > 1$ のとき

$$\log_a x_1 > \log_a x_2 \rightleftarrows x_1 > x_2$$

(ⅱ) $0 < a < 1$ のとき，

$$\log_a x_1 > \log_a x_2 \rightleftarrows x_1 < x_2$$

不等号の向きが逆転！

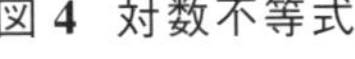
図 4　対数不等式

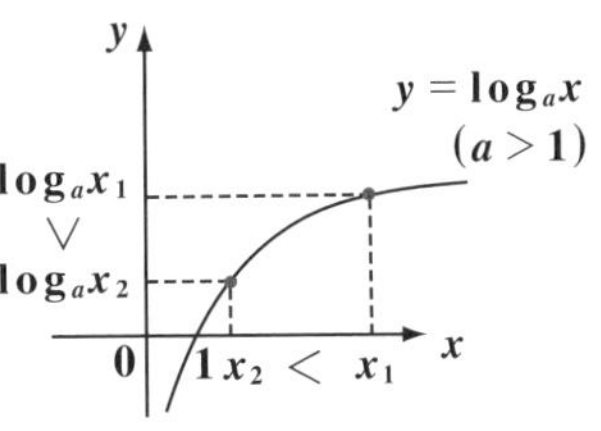

図 5　対数不等式

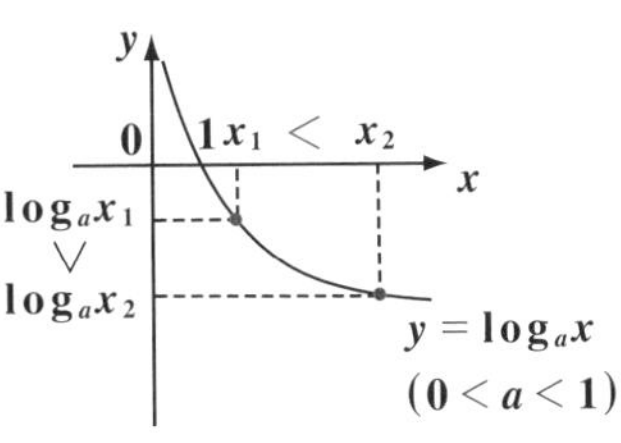

これは，グラフから明らかだね。

(ⅰ) $a > 1$ のとき，$y = \log_a x$ は図 4 のような単調増加のグラフとなるから，$\log_a x_1 > \log_a x_2$ ならば，$x_1 > x_2$ といえるし，また逆に $x_1 > x_2$ ならば，$\log_a x_1 > \log_a x_2$ といってもいい。

(ⅱ) $0 < a < 1$ のときは，$y = \log_a x$ が図 5 のような単調減少型のグラフになる。よって，$\log_a x_1 > \log_a x_2$ ならば，不等号の向きが逆転して，$x_1 < x_2$ となるんだ。

1 つ例題を解いてみよう。$\log_{\frac{1}{2}}(x+1) \geqq -1$ ……① を解こう。（-1 は $\log_{\frac{1}{2}}2$，$x+1$ は ⊕（真数条件））

まず，**"何はともあれ真数条件"** をチェックして，$x + 1 > 0$　　$\therefore x > -1$

①を変形して，

$$\log_{\frac{1}{2}}(x+1) \geqq \log_{\frac{1}{2}} 2$$

$\left(\frac{1}{2}\right)^{-1} = 2$ より，$\log_{\frac{1}{2}} 2 = -1$ だね。（$\left(\frac{1}{2}\right)^{-1}$ は 2^{-1} ではない）

底 $a = \frac{1}{2}$ で，$0 < a < 1$ より，真数部分の見比べの際に，不等号が逆転するので，$x + 1 \leqq 2$

$\therefore x \leqq 1$

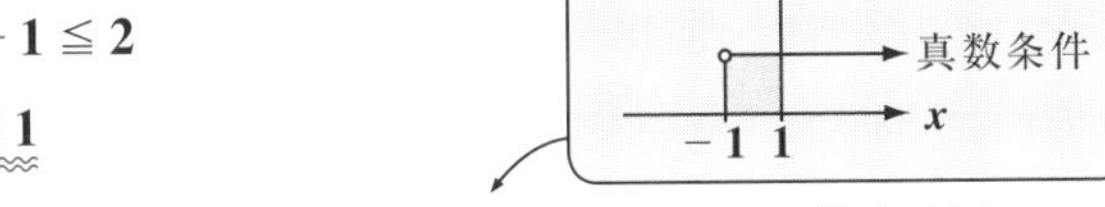

これと真数条件より，$-1 < x \leqq 1$ となって，答えだ！

対数方程式

絶対暗記問題 58　難易度 ★　CHECK1　CHECK2　CHECK3

次の対数方程式を解け。

(1) $5^{2\log_5 3} = 3x + 4$　(早稲田大)　　(2) $\log_2 x + 2\log_x 2 - 3 = 0$　(近畿大)

ヒント！ (1) では，公式 $\boxed{a^{\log_a P} = P}$ $(a > 0,\ a \neq 1,\ P > 0)$ を使うよ。(2) では，まず真数と底の条件を押さえる。

解答＆解説

(1) $5^{2\log_5 3} = 5^{\log_5 3^2} = 5^{\log_5 9} = 9$

公式：$a^{\log_a P} = P$ を使った！

$a^x = P$ ……㋐ とおくと，
$x = \log_a P$ ……㋑
㋑を㋐に代入して，
$a^{\log_a P} = P$ となる。

よって，与方程式は，$9 = 3x + 4$

$3x = 5$　　$\therefore\ x = \dfrac{5}{3}$…………(答)

(2) $\log_2 x + 2\cdot\log_x 2 - 3 = 0$ ……①　（x：真数，x：底）

$\log_x 2 = \dfrac{1}{\log_2 x}$

公式：$\log_a b = \dfrac{1}{\log_b a}$ を使う！

底と真数の条件より，$x > 0$ かつ $x \neq 1$

①を変形して，$\log_2 x + 2\cdot\dfrac{1}{\log_2 x} - 3 = 0$

ここで，$t = \log_2 x$ とおくと，$t \neq 0$

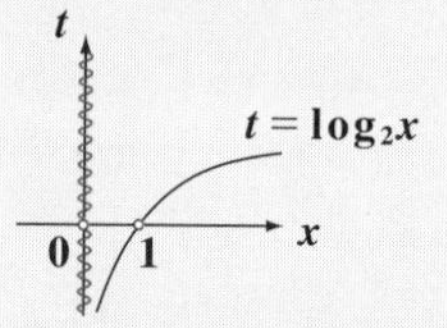

$x \neq 1$ より，t は 0 以外のすべての実数をとり得る！

$t + \dfrac{2}{t} - 3 = 0,\quad t^2 + 2 - 3t = 0,\quad t^2 - 3t + 2 = 0$

$(t-1)(t-2) = 0$　　$\therefore\ t = \log_2 x = 1,\ 2$　（これは $t \neq 0$ をみたす）

(ⅰ) $\log_2 x = 1$ のとき，$x = 2^1 = 2$

(ⅱ) $\log_2 x = 2$ のとき，$x = 2^2 = 4$

以上 (ⅰ)(ⅱ) より，$x = 2,\ 4$ ……………………………………(答)

対数不等式

絶対暗記問題 59　難易度 ★　CHECK1　CHECK2　CHECK3

次の対数不等式を解け。

(1) $1+\log_4(x+1) \geqq \log_2(2-x)$

(2) $2(\log_{\frac{1}{4}}x)^2-\log_{\frac{1}{4}}x-1 \leqq 0$ 　(宮城教育大＊)

ヒント！ (1) では，まず真数条件を押さえ，その後，底を 2 にそろえるといい。(2) も，まず真数条件 $x>0$ を押さえて，後は $\log x = t$ と置換して，t の 2 次不等式にもち込むんだね。頑張れ！

解答＆解説

$\dfrac{\log_2(x+1)}{\log_2 4} = \dfrac{1}{2}\cdot\log_2(x+1)$ （$\log_2 4 = 2$）← 公式：$\log_a b = \dfrac{\log_c b}{\log_c a}$ を使った！

(1) $1+\log_4(x+1) \geqq \log_2(2-x)$ ……①

真数条件：$x+1>0$，$2-x>0$ より，

$-1<x<2$ ……②

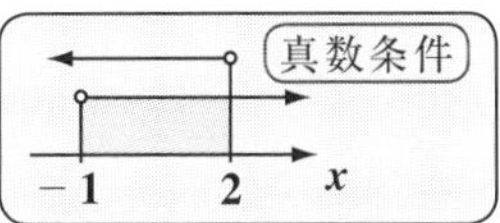

①を変形して，両辺を 2 倍すると，

$\underset{\log_2 4}{2}+\log_2(x+1) \geqq 2\cdot\log_2(2-x)$，$\log_2 4(x+1) \geqq \log_2(2-x)^2$

$4(x+1) \geqq (2-x)^2$，$4x+4 \geqq 4-4x+x^2$，$x^2-8x \leqq 0$

（底 2 より，不等号の向きに変化なし）

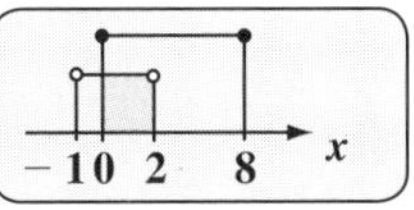

$x(x-8) \leqq 0$ 　　$\therefore\ 0 \leqq x \leqq 8$

これと真数条件②より，$0 \leqq x < 2$ ……………………………………(答)

(2) $2(\log_{\frac{1}{4}}x)^2-\log_{\frac{1}{4}}x-1 \leqq 0$ ……③

真数条件：$x>0$ ……④

$t=\log_{\frac{1}{4}}x$ とおくと，③は，

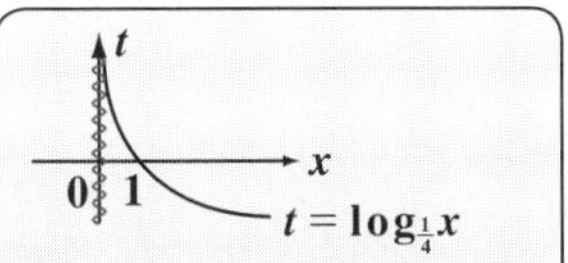

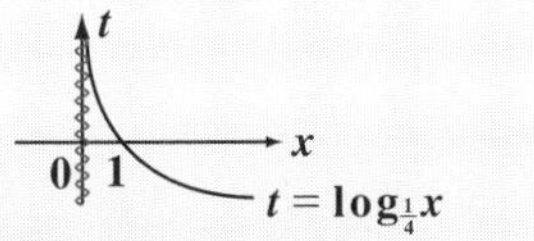

（グラフ：$t=\log_{\frac{1}{4}}x$　この時点で，t はすべての実数をとり得る！）

$2t^2-t-1 \leqq 0$ 　　$(2t+1)(t-1) \leqq 0$

$-\dfrac{1}{2} \leqq t \leqq 1$ 　（$-\dfrac{1}{2}=\log_{\frac{1}{4}}2$，$t=\log_{\frac{1}{4}}x$，$1=\log_{\frac{1}{4}}\dfrac{1}{4}$）

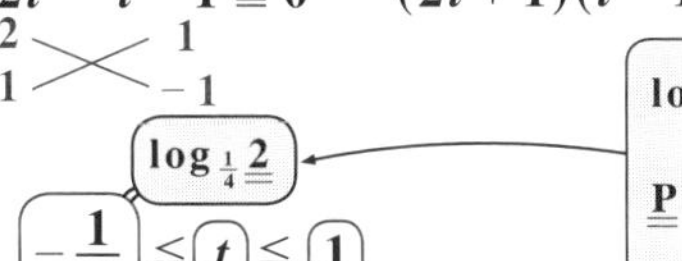

$\log_{\frac{1}{4}}\mathrm{P} = -\dfrac{1}{2}$ とおくと，

$\mathrm{P}=\left(\dfrac{1}{4}\right)^{-\frac{1}{2}}=(2^{-2})^{-\frac{1}{2}}=2^{-2\times\left(-\frac{1}{2}\right)}=2$

$\therefore\ -\dfrac{1}{2}=\log_{\frac{1}{4}}2$ となる。

$\log_{\frac{1}{4}}2 \leqq \log_{\frac{1}{4}}x \leqq \log_{\frac{1}{4}}\dfrac{1}{4}$ 　　$\therefore\ \dfrac{1}{4} \leqq x \leqq 2$ 　（これは④をみたす。）

……………………………(答)

（底 $\dfrac{1}{4}$ より，不等号の向きが逆転した！）

講義 1 方程式・式と証明　講義 2 図形と方程式　講義 3 三角関数　講義 4 指数関数と対数関数　講義 5 微分法と積分法

対数関数の決定とグラフの平行移動

絶対暗記問題 60　難易度 ★★　CHECK1　CHECK2　CHECK3

対数関数 $y = f(x) = \log_2 a(x+b)$ は 2 点 $(0,\ 1)$, $(1,\ 2)$ を通る。

(1) a と b の値を求めよ。ただし，a, b は共に正とする。

(2) 曲線 $y = f(x)$ は，曲線 $y = \log_2 x$ をどのように平行移動したものか。

(3) $y = f(x)$ のグラフの概形をかけ。

ヒント！ (1) では，$y = f(x)$ が 2 点 $(0,\ 1)$, $(1,\ 2)$ を通るという条件から，a, b についての連立方程式が出てくるはずだ。(2) 一般に，曲線 $y - q = f(x - p)$ は，曲線 $y = f(x)$ を $(p,\ q)$ だけ平行移動したものだ。

解答＆解説

(1) $y = f(x) = \log_2 a(x+b)$ $(a > 0,\ b > 0)$ は，2 点 $(0,\ 1)$, $(1,\ 2)$ を通るので，

$$\begin{cases} f(0) = \boxed{\log_2 ab = 1} & \therefore\ ab = 2^1 = 2 \quad \cdots\cdots① \\ f(1) = \boxed{\log_2 a(b+1) = 2} & \therefore\ a(b+1) = 2^2 = 4 \quad \cdots\cdots② \end{cases}$$

② ÷ ①より，$\dfrac{a(b+1)}{ab} = \dfrac{4}{2}$　$b + 1 = 2b$　$\therefore\ b = 1$

（ab：これは，2 だから，0 ではない！）

これを①に代入して，$a \cdot 1 = 2$　$\therefore\ a = 2$

以上より，$a = 2$, $b = 1$ ……………………………………………………(答)

(2) (1) の結果より，

$y = f(x) = \log_2 2(x+1) = \underset{1}{\boxed{\log_2 2}} + \log_2(x+1)$

$y = f(x) = \log_2(x+1) + 1$

$\therefore\ y = f(x)$ は，$y - 1 = \log_2(x+1)$ と書ける。（$x+1 = x-(-1)$）

よって，$y = f(x)$ は，$y = \log_2 x$ を x 軸方向に -1，y 軸方向に 1 だけ平行移動したものである。……………………………………(答)

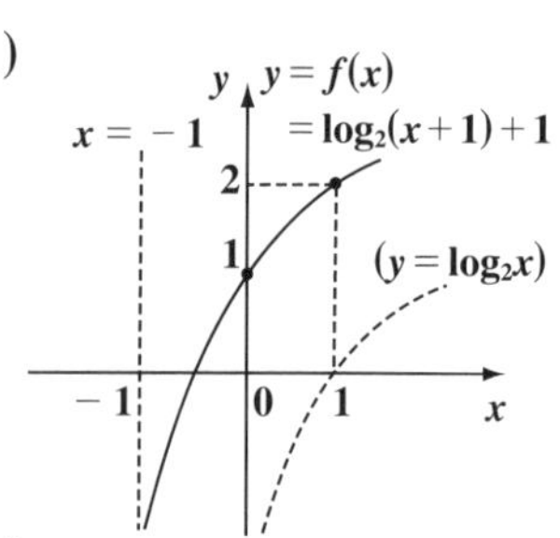

(3) 以上より，$y = f(x)$ のグラフの概形を右に示す。

対数関数の置換と2次関数の最大値

絶対暗記問題 61　難易度 ★★　CHECK1　CHECK2　CHECK3

$1 \leqq x \leqq 4$ のとき，$y = f(x) = (\log_2 x - 2a)\log_2 x + 2a^2$ がある。

(1) $t = \log_2 x$ とおくとき，t のとり得る値の範囲を求めよ。

(2) $0 \leqq a \leqq 2$ のとき，$y = f(x)$ の最大値を求めよ。

ヒント！ (1) $t = \log_2 x$ を x の対数関数と考えて，定義域 $1 \leqq x \leqq 4$ より，t の値域を出せばいい。(2) $y = f(x) = g(t)$ とおくと，文字定数 a を含む t の2次関数になる。後は場合分けだ！

解答&解説

(1) $1 \leqq x \leqq 4$ より，$\underbrace{\log_2 1}_{0} \leqq \underbrace{\log_2 x}_{t} \leqq \underbrace{\log_2 4}_{2}$ ← 各辺の底2の対数をとった！

よって，$t = \log_2 x$ のとり得る値の範囲は，

$0 \leqq t \leqq 2$ ……………………………………(答)

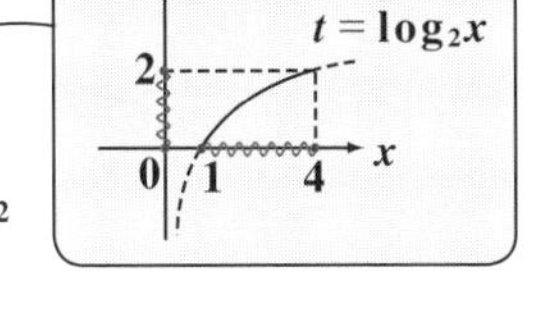

(2) $y = f(x) = g(t)$ とおくと，

$y = g(t) = (t - 2a) \cdot t + 2a^2 = t^2 - 2a \cdot t + 2a^2$

$y = (t - a)^2 + a^2 \quad (0 \leqq t \leqq 2)$

よって，$y = g(t)$ は，頂点 (a, a^2) の下に凸の放物線。

ここで，$0 \leqq t \leqq 2$，$0 \leqq a \leqq 2$ より，

右図から，

(i) $0 \leqq a < 1$ のとき
　最大値 $g(2) = 2a^2 - 4a + 4$

(ii) $1 \leqq a \leqq 2$ のとき
　最大値 $g(0) = 2a^2$
…(答)

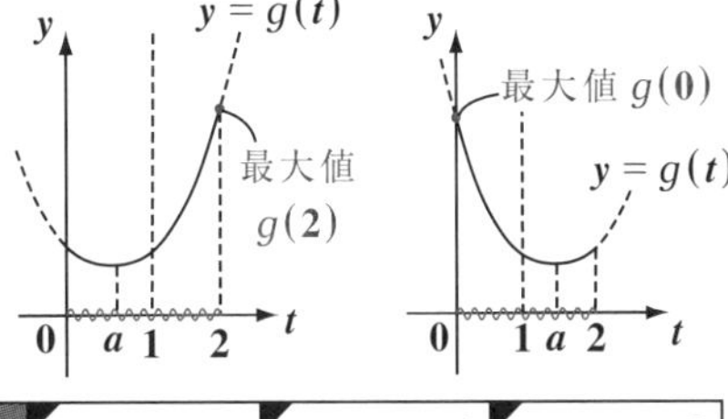

頻出問題にトライ・17　難易度 ★★★　CHECK1　CHECK2　CHECK3

$1 \leqq x \leqq 81$ とする。

(1) $t = \log_3 x$ とおき，t のとり得る値の範囲を求めよ。

(2) $1 \leqq x \leqq 81$ における関数 $f(x) = (\log_3 x) \cdot \log_3(ax)$ の最小値が -1 であるように，正の定数 a の値を定めよ。

解答は P243

講義 4 ● 指数関数と対数関数　公式エッセンス

1.　指数法則

(1) $a^0=1$　(2) $a^1=a$　(3) $a^p\times a^q=a^{p+q}$

(4) $(a^p)^q=a^{pq}$　(5) $a^{-p}=\dfrac{1}{a^p}$　(6) $a^{\frac{1}{n}}=\sqrt[n]{a}$

(7) $a^{\frac{m}{n}}=\sqrt[n]{a^m}=(\sqrt[n]{a})^m$　(8) $(ab)^p=a^pb^p$　(9) $\left(\dfrac{b}{a}\right)^p=\dfrac{b^p}{a^p}$

($a>0$,　p, q：有理数，m, n：自然数，$n\geqq 2$)

2.　指数方程式

(i) 見比べ型：$a^{\boxed{x_1}}=a^{\boxed{x_2}} \rightleftarrows x_1=x_2$ ← 指数部の見比べ

(ii) 置換型：$a^x=t$ と置き換える。($t>0$)

3.　指数不等式

(i) $a>1$ のとき，　$a^{x_1}>a^{x_2} \rightleftarrows x_1>x_2$

(ii) $0<a<1$ のとき，$a^{x_1}>a^{x_2} \rightleftarrows x_1<x_2$ ← 不等号の向きが逆転！

4.　対数の定義

$a^b=c \rightleftarrows b=\log_a c$ ← 対数 $\log_a c$ は，$a^b=c$ の指数部 b のこと

5.　対数計算の公式

(1) $\log_a xy=\log_a x+\log_a y$　(2) $\log_a \dfrac{x}{y}=\log_a x-\log_a y$

(3) $\log_a x^{\mathrm{P}}=\mathrm{P}\log_a x$　(4) $\log_a x=\dfrac{\log_b x}{\log_b a}$

($x>0$, $y>0$, $a>0$ かつ $a\neq 1$, $b>0$ かつ $b\neq 1$, P：実数)

（$x>0$, $y>0$ ← 真数条件；$a>0$ かつ $a\neq 1$, $b>0$ かつ $b\neq 1$ ← 底の条件）

6.　対数方程式 (まず，真数条件を押さえる！)

(i) 見比べ型：$\log_a \boxed{x_1}=\log_a \boxed{x_2} \rightleftarrows x_1=x_2$ ← 真数同士の見比べ

(ii) 置換型：$\log_a x=t$ と置き換える。

7.　対数不等式 (まず，真数条件を押さえる！)

(i) $a>1$ のとき，　$\log_a x_1>\log_a x_2 \rightleftarrows x_1>x_2$

(ii) $0<a<1$ のとき，$\log_a x_1>\log_a x_2 \rightleftarrows x_1<x_2$ ← 不等号の向きが逆転！

講義
Lecture

5 微分法と積分法

- ▶ 微分係数と導関数
- ▶ 微分計算の公式と接線・法線
- ▶ 極値と 3 次関数のグラフ
- ▶ 文字定数を含んだ 3 次方程式
- ▶ 不定積分・定積分の計算
- ▶ 定積分で表された関数
- ▶ 面積計算と面積公式

講義5 微分法と積分法

1. 微分係数 $f'(a)$ は，曲線の接線の傾きだ！

これから，“微分法と積分法”の“微分法”の解説に入ろう。これをマスターすれば，2 次関数だけでなく，これまでやったことのない 3 次関数のグラフも描けるようになる。今回はその下準備ということで，**極限，微分係数，導関数**の定義式について勉強するよ。シッカリついてらっしゃい。

● 極限記号 lim に慣れよう！

まず，極限の式として $\lim_{x \to 1}(x^2+1)$ が与えられたとする。この $\lim_{x \to 1}$ というのは，限りなく x を 1 に近づけなさいという意味で，具体的には，x の値を 0.99999 や 1.00001 のように 1 に近づけていくわけだ。

（この lim は，英語の *limit* の略で“リミット”と読む）

それで，今回の例では $\lim_{x \to 1}(x^2+1)$ だから，x を 1 に近づけていったときの x^2+1 の極限の値を求めよ，と言っているんだね。

すると，x を 1 に近づけるわけだから，x^2+1 は $1^2+1=2$ に近づくだろ。これが，x を 1 に近づけたときの x^2+1 の極限値で，この場合，$\lim_{x \to 1}(x^2+1)=2$ と書くんだ。これだけじゃバカみたい？　じゃ，次の例題に入るよ。

まず，次の極限 $\lim_{x \to 0}\dfrac{x^3+3x}{x}$ を考えてみよう。x を 0 に近づけると，分母も分子も 0 に近づくから，この値は $\dfrac{0}{0}$ となって，この場合，本当の極限はどうなるかわからなくなってしまう。

（分子：$0^3+3\cdot 0=0$，分母：0）

> 0 で割ることはできないから，$\dfrac{0}{0}$ の分母の 0 がナットクいかないって？
>
> 極限の話では，0 というのは，0 に近づく，すなわち ±0.00…01 の意味だから，0 ではないんだよ。だから，分母に極限としての 0 がくることもあるんだ！

実際の問題では，この形の極限の出題が多いので，この対処法をこれから詳しく話すよ。みんな，準備はいい？

● まず、$\frac{0}{0}$の形の極限のイメージを押さえよう！

一般によく出てくる $\frac{0}{0}$ の極限の問題は，次の 3 つをイメージするとわかりやすい。

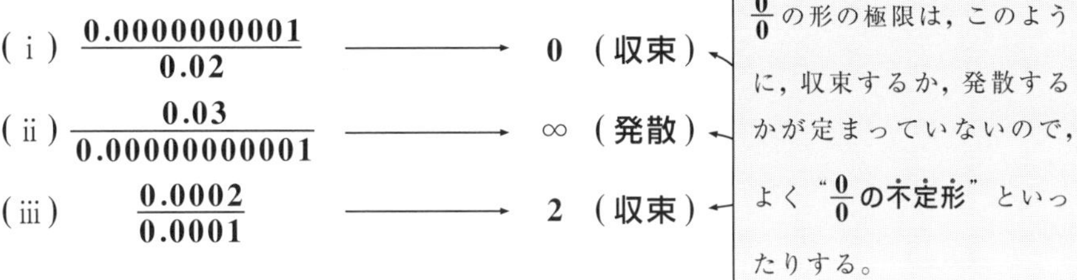

ここに書いたものは，分子と分母が共に 0 に近づいていく過程の，ある瞬間をとらえたスナップ写真だと思ってくれたらいい。本当は分母も分子もこの値で止まってるんじゃなくて，さらに 0 に近づくんだよ。

(ⅰ) の場合，分母に比べて分子の方がずっと小さいので，割り算しても 0 に近づくんだね。よって，**0 に収束する**（しゅうそく）という。

(ⅱ) では，その逆に分子の方が分母より相対的にずっと大きな値になってるから，割り算したら，大きな数，つまり $+\infty$（**無限大**（むげんだい））に**発散**（はっさん）**する**はずだ。

(ⅲ) では，分母も分子も 0 に近づくけれど，割り算すれば一定の 2 という値に近づくのがわかるね。これは，**2 に収束する**と言えるんだよ。

(ⅰ)(ⅲ) のように，有限な値に近づく場合，**収束する**といい，そうでない (ⅱ) のような場合を**発散する**という。実際の問題では，(ⅲ) のように 0 以外のある有限な値に収束するものが多い。

収束する場合，その収束する値を**極限値**（きょくげんち）と呼ぶ。それでは，さっき出した例題の答えを書いておこう。

$$\lim_{x\to 0}\frac{x^3+3x}{x}=\lim_{x\to 0}\frac{\cancel{x}(x^2+3)}{\cancel{x}}$$

← $\frac{0}{0}$ の要素が消えた！

$$=\lim_{x\to 0}(x^2+3)=3$$

（x^2 → $0^2=0$）

← このイメージは $\frac{0.003}{0.001}$ って，とこだね。

● 微分係数 $f'(a)$ は、極限で定義できる！

まず, 図 1 のように, 関数 $y=f(x)$ のグラフが与えられているとする。この曲線上に, x 座標が $x=a$ と $a+h$ となる 2 点 $A(a, f(a))$ と $B(a+h, f(a+h))$ をとり, 直線 AB の傾きを求めると, $\dfrac{f(a+h)-f(a)}{h}$ となるね。この式を, **平均変化率**(へいきんへんかりつ)と呼ぶ。

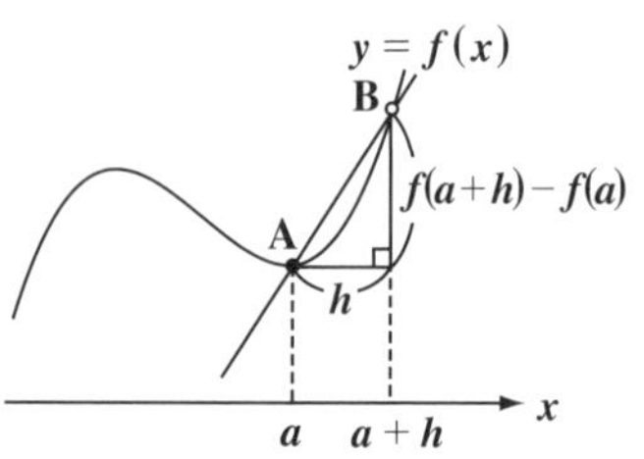

図 1　平均変化率は直線 AB の傾き

この後, この平均変化率の h を 0 に近づけてみよう。

すると, $\displaystyle\lim_{h\to 0}\frac{f(a+h)-f(a)}{h}=\frac{f(a)-f(a)}{0}=\frac{0}{0}$ の不定形になるから, 本当は, これは極限値をもつかどうかわからない。でも, これが極限値をもつとき, それを**微分係数**(びぶんけいすう)と呼び, $f'(a)$ と表す。

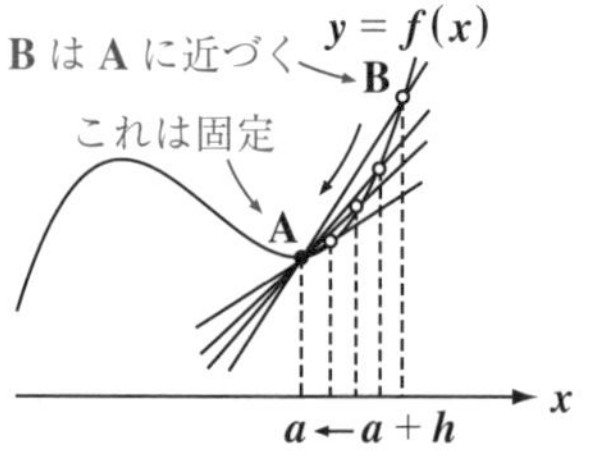

図 2　微分係数 $f'(a)$ は, 極限から求まる

つまり, $f'(a)=\displaystyle\lim_{h\to 0}\frac{f(a+h)-f(a)}{h}$ となり, これが微分係数 $f'(a)$ の定義式になる。

これを, グラフでみると, 図 2 のように点 B が点 A に近づくことになるので, 最終的に直線 AB の傾きは, 点 A における**接線**の傾きに近づくでしょう。結局, 図 3 のように, $y=f(x)$ 上の点 $A(a, f(a))$ における接線の傾きが $f'(a)$ となる。

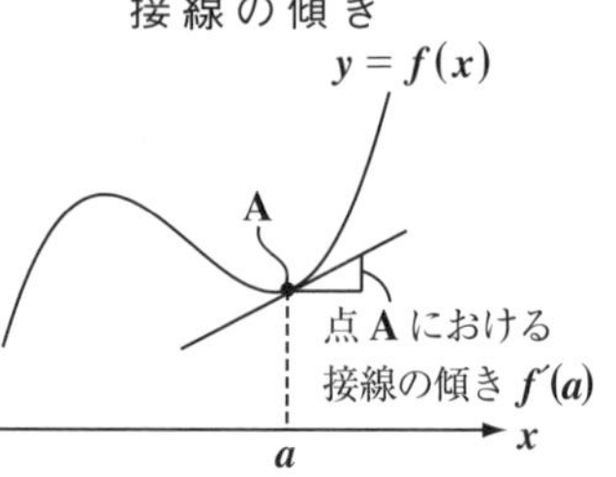

図 3　微分係数 $f'(a)$ は, 接線の傾き

ここでさらに, 図 1 の $a+h$ を $a+h=b$ と置きかえると, 図 4 に示すように, 平均変化率は $\dfrac{f(b)-f(a)}{b-a}$ となり, $b\to a$ と近づけても, 図 2, 3 と同じように微分係数 $f'(a)$ の値が得られるはずだ。

また, このような図の場合, 点 B を $(a-h, f(a-h))$ とおいて, 直線 AB の傾きを求め, $h\to 0$ としても同じ $f'(a)$ になるよ。

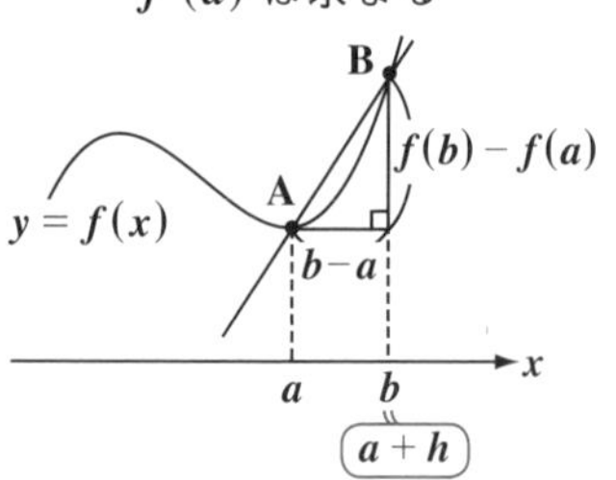

図 4　$a+h=b$ とおいても, $f'(a)$ は求まる

以上より，次の3つの微分係数 $f'(a)$ の定義式が出来るんだね。これも試験では頻出だから，絶対暗記しよう！

微分係数 $f'(a)$ の定義式

$$f'(a)=\lim_{h\to 0}\frac{f(a+h)-f(a)}{h} \quad (\text{定義 I})$$

$$=\lim_{h\to 0}\frac{f(a)-f(a-h)}{h} \quad (\text{定義 II})$$

$$=\lim_{b\to a}\frac{f(b)-f(a)}{b-a} \quad (\text{定義 III})$$

右辺の3つの定義式はどれも $\frac{0}{0}$ の不定形だから，これが極限値をもつときだけ，それを微分係数 $f'(a)$ と呼ぶんだよ。

● 導関数 $f'(x)$ の定義式も押さえよう！

次に微分係数と似たもので，**導関数**(どうかんすう) $f'(x)$ について説明しておこう。これは，微分係数 $f'(a)$ の定数 a の代わりに変数 x を代入したもので，定義式も微分係数と同様に，次のようになる。

導関数 $f'(x)$ の定義式

$$f'(x)=\lim_{h\to 0}\frac{f(x+h)-f(x)}{h} \quad (\text{定義 I})$$

$$=\lim_{h\to 0}\frac{f(x)-f(x-h)}{h} \quad (\text{定義 II})$$

導関数 $f'(x)$ の定義式は，微分係数 $f'(a)$ の定義(I)，(II)の a の代わりに，x が入っただけだね。

ただ，$f'(a)$ はあくまでも定数だけど，$f'(x)$ は x の関数であることに要注意だ。だから，導関数と呼ぶ。それでは，$f(x)=2x^2$ の導関数を定義に従って求めてみよう。

$$f'(x)=\lim_{h\to 0}\frac{f(x+h)-f(x)}{h}=\lim_{h\to 0}\frac{2(x+h)^2-2x^2}{h}=\lim_{h\to 0}\frac{4hx+2h^2}{h}$$

$2(x+h)^2 = 2(x^2+2hx+h^2)$

$$=\lim_{h\to 0}\frac{h(4x+2h)}{h}=\lim_{h\to 0}(4x+2h)=4x$$

$\frac{0}{0}$ の要素が消えた！（$h \to 0$）

よって，導関数 $f'(x)=4x$ となった。ここで，たとえば $x=1$ のときの微分係数 $f'(1)$ を求めたければ，$f'(1)=4\times 1=4$ と計算できる。

$\frac{0}{0}$の不定形の極限

絶対暗記問題 62	難易度 ★	CHECK1	CHECK2	CHECK3

(1) 極限 $\lim_{h \to 0} \frac{(a+3h)^3 - (a+h)^3}{h}$ を求めよ。　(東京電機大)

(2) $\lim_{x \to 1} \frac{x^2 + ax + b}{x-1} = 6$ のとき，a, b の値を求めよ。　(札幌大)

ヒント！ (1) は，分子・分母の $\frac{0}{0}$ の要素を消せばいい。(2) では，分母が 0 に近づくにも関わらず，極限値 6 をもつので，分子も 0 に近づかなければならない。これがポイントだよ。

解答&解説

(1) $\lim_{h \to 0} \frac{(a+3h)^3 - (a+h)^3}{h}$ $\left[= \frac{0}{0} \text{の不定形} \right]$

$= \lim_{h \to 0} \frac{a^3 + 3 \cdot a^2 \cdot 3h + 3a(3h)^2 + (3h)^3 - (a^3 + 3a^2h + 3ah^2 + h^3)}{h}$

$= \lim_{h \to 0} \frac{6a^2h + 24ah^2 + 26h^3}{h} = \lim_{h \to 0} \frac{h(6a^2 + 24ah + 26h^2)}{h}$ ← $\frac{0}{0}$の要素が消えた！

$= \lim_{h \to 0} (6a^2 + 24ah + 26h^2) = 6a^2$ ……………………(答)

(2) 分母：$\lim_{x \to 1} (x - 1) = 1 - 1 = 0$ より，

分子：$\lim_{x \to 1} (x^2 + ax + b) =$ $\boxed{1 + a + b = 0}$

分母→0 より，分子→0 でないと，極限値 6 をとれない。イメージとしては，$\frac{0.0006}{0.0001} \to 6$ だ。もし，分子が 1 などに近づくと，$\frac{1}{0.0001} \to \infty$ と発散してしまうからね。

$\therefore b = -(a+1)$ ……①

これを与式の左辺に代入して，

与式の左辺 $= \lim_{x \to 1} \frac{x^2 + ax - (a+1)}{x-1}$　（分子 $= (x-1)(x+a+1)$）

$= \lim_{x \to 1} \frac{(x-1)(x+a+1)}{x-1}$ ← $\frac{0}{0}$の要素が消えた！

$= \lim_{x \to 1} (x + a + 1) =$ $\boxed{a + 2 = 6}$ = 与式の右辺

$\therefore a = 4$　　これを①に代入して，$b = -(4+1) = -5$

以上より，$a = 4, b = -5$ ……………………(答)

微分係数の定義式と極限

絶対暗記問題 63　難易度 ★★　CHECK1　CHECK2　CHECK3

$f'(a)=2$ のとき，次の極限値を求めよ。

(1) $\displaystyle\lim_{h\to 0}\frac{f(a+2h)-f(a)}{h}$　　(2) $\displaystyle\lim_{h\to 0}\frac{f(a+3h)-f(a-3h)}{h}$

ヒント！ 微分係数 $f'(a)$ の定義式の中の $\dfrac{f(a+h)-f(a)}{h}$ の部分は，絶対この形でないといけない。しかし，$h\to 0$ すなわち，h が 0 に近づくとき，たとえば $h=0.001$ の場合，これを 2 倍しても，3 倍しても，$2h\to 0$, $3h\to 0$ と言える。よって，(1) では $2h=k$, (2) では $3h=l$ とでもおいて，微分係数の定義式にもち込もう。

解答＆解説

$h\to 0$ のとき，$k=2h\to 0$ だから

$h=0.0001$ のとき $k=0.0002$ だって 0 に近づくといえるから，$k\to 0$ だ！

微分係数 $f'(a)$ の定義式：

$\displaystyle\lim_{k\to 0}\frac{f(a+k)-f(a)}{k}=f'(a)$

がバッチリ決まる！

微分係数 $f'(a)=2$ より，

(1) $\displaystyle\lim_{h\to 0}\frac{f(a+2h)-f(a)}{h}$

$$=\lim_{\substack{h\to 0\\(k\to 0)}}\frac{f(a+\overset{k}{\boxed{2h}})-f(a)}{\underset{k}{\boxed{2\cdot h}}}\times 2=f'(a)\times 2=2\times 2=4 \quad\cdots\cdots\cdots\cdots(\text{答})$$

((Ⅰ)の定義式)

(2) $\displaystyle\lim_{h\to 0}\frac{f(a+3h)-f(a-3h)}{h}=\lim_{h\to 0}\frac{\{f(a+3h)-f(a)\}+\{f(a)-f(a-3h)\}}{h}$

$$=\lim_{\substack{h\to 0\\(l\to 0)}}\left\{\frac{f(a+\overset{l}{\boxed{3h}})-f(a)}{\underset{l}{\boxed{3\cdot h}}}\times 3+\frac{f(a)-f(a-\overset{l}{\boxed{3h}})}{\underset{l}{\boxed{3\cdot h}}}\times 3\right\}$$

((Ⅰ)の定義式)　((Ⅱ)の定義式)

$h\to 0$ のとき $l=3h\to 0$ となる！

$$=f'(a)\times 3+f'(a)\times 3=2\times 3+2\times 3=12 \quad\cdots\cdots\cdots\cdots(\text{答})$$

頻出問題にトライ・18　難易度 ★★　CHECK1　CHECK2　CHECK3

$f(1)=1$, $f'(1)=2$ のとき，次の極限を求めよ。

(1) $\displaystyle\lim_{h\to 0}\frac{f((1+h)^2)-f(1)}{h}$　　(2) $\displaystyle\lim_{b\to 1}\frac{b^2f(1)-f(b)}{b-1}$

解答は P244

2. 微分を応用して，接線・法線を求めよう！

前回，微分係数や導関数の勉強をした。今回はまず，導関数 $f'(x)$ を極限の定義式によってではなくて，機械的に求める方法を教えようと思う。この方法をマスターすると，導関数がより身近なものになり，さまざまな分野に応用できるようになるんだよ。

● 導関数 $f'(x)$ は楽に求まる！

ある関数 $f(x)$ に対して，その導関数 $f'(x)$ を求めることを **"微分する"** という。つまり，$f(x)$ を微分して $f'(x)$ を求めるんだね。

ここでは，極限の定義式ではなくて，$f'(x)$ をより簡単に求めるのに必要な公式を下に列挙する。

微分計算の公式

(1) $(x^n)' = n \cdot x^{n-1}$　　(2) $c' = 0$

(3) $\{kf(x)\}' = kf'(x)$　　(4) $\{f(x) \pm g(x)\}' = f'(x) \pm g'(x)$

（ここで，n：自然数，c, k：定数）

まず，(1) だ。x^3 を微分したかったら，この (1) の公式から，$(x^3)' = 3x^2$ となる。どう？ 便利だろう？ ほかにも，$(x^2)' = 2x^1 = 2x$，$(x)' = 1 \cdot x^0 = 1$ となる。

(2) は，定数 c を微分すれば 0 になるってことだ。だから，$2' = 0$，$5' = 0$ ってことになるね。

次に，(3) は，定数の係数がかかっても微分には影響しないってことだ。つまり，$2x^3$ を微分するなら，$(2x^3)' = 2 \times (x^3)' = 2 \times 3x^2 = 6x^2$ となる。

(4) は，2 つ以上の関数のたし算や引き算されたものは項別に微分できると言ってるんだ。つまり，$(x^4 + x^2)' = (x^4)' + (x^2)' = 4x^3 + 2x$ だし，$(x^3 + x^2 - x)' = (x^3)' + (x^2)' - (x)' = 3x^2 + 2x - 1$ となるんだね。

以上から，$f(x) = 3x^4 + 2x^3 - 4x^2 + 2x - 3$ を x で微分せよと言われたら，次のように計算すればいいね。

$$f'(x) = 3 \times 4x^3 + 2 \times 3x^2 - 4 \times 2x + 2 \times 1 - 0$$
$$= 12x^3 + 6x^2 - 8x + 2$$

この後，もし $x = 1$ における微分係数 $f'(1)$ を求めたければ，$x = 1$ を代入して $f'(1) = 12 \times 1^3 + 6 \times 1^2 - 8 \times 1 + 2 = 12$ とすぐ計算できるね。

どう？　微分係数を求めるのが楽になっただろう？

●　接線と法線の方程式は，傾きがカギだ！

以上で，導関数 $f'(x)$ を求めることが簡単になったから，後は，これをどんどん利用することにしよう。

まず，最初の微分法の応用として，**接線**(せっせん)と**法線**(ほうせん)の方程式があるので，その公式を下に書いておく。

接線と法線の公式

（Ⅰ）曲線 $y = f(x)$ 上の点 $(t, f(t))$ における接線の方程式は，

$$y = f'(t)(x - t) + f(t)$$

（Ⅱ）曲線 $y = f(x)$ 上の点 $(t, f(t))$ における法線の方程式は，

$$y = -\frac{1}{f'(t)}(x - t) + f(t)$$

（ただし，$f'(t) \neq 0$）

接線と法線

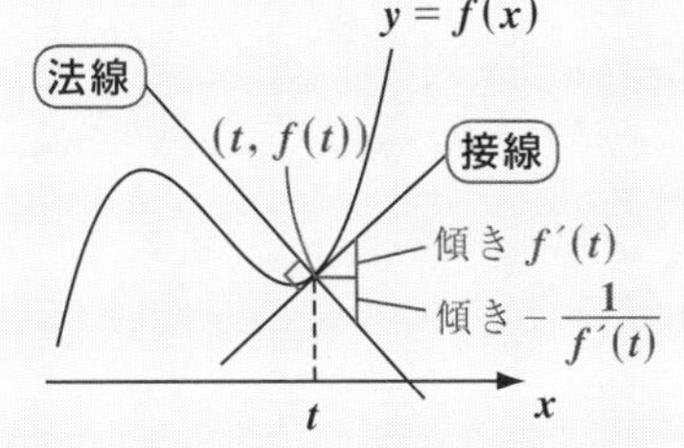

（Ⅰ）接線といっても，単なる直線だから，これが点 $(t, f(t))$ を通り，傾き $f'(t)$ の直線であることから，公式が導ける。
x にかかる係数が傾きで，$f'(t)$ となるのはいいね。また，
$x = t$ のとき，$y = f'(t)(t - t) + f(t) = f(t)$ となるから，点 $(t, f(t))$ を通り，傾き $f'(t)$ の直線ってことなんだ。大丈夫？

（Ⅱ）法線とは，点 $(t, f(t))$ を通り，接線と直交する直線のことなので，その傾きが，$f'(t)$ の代わりに，$-\frac{1}{f'(t)}$ となるだけだ。直交する 2 直線の傾きの積が -1 となることを利用したんだよ。

それでは，**1** つ例題を解いて，ウォーミングアップしよう！

◆例題 **14** ◆

曲線 $y = f(x) = x^3 - 2x^2 - 3x$ 上の点 $(-1, 0)$ における（ i ）接線，および（ ii ）法線の方程式を求めよ。 （立教大＊）

解答 $f(x) = x^3 - 2x^2 - 3x$ を x で微分して，

$f'(x) = 3x^2 - 4x - 3 \quad \therefore f'(-1) = 3\cdot(-1)^2 - 4\cdot(-1) - 3 = 4$

$(-1)^3 - 2\cdot(-1)^2 - 3\cdot(-1) = -1 - 2 + 3 = 0$

（ i ） $y = f(x)$ 上の点 $(-1, f(-1))$ における接線の方程式は，

$y = 4\cdot\{x - (-1)\} + 0 \quad \therefore y = 4x + 4$ ……………………（答）

$[y = f'(-1)\{x - (-1)\} + f(-1)]$

（ ii ） $y = f(x)$ 上の点 $(-1, f(-1))$ における法線の方程式は，

$y = -\dfrac{1}{4}\cdot\{x - (-1)\} + 0 \quad \therefore y = -\dfrac{1}{4}x - \dfrac{1}{4}$ ……………（答）

$\left[y = -\dfrac{1}{f'(-1)}\{x - (-1)\} + f(-1)\right]$

● 曲線外の点からの接線は，こうして求まる！

今書いた接線の式は曲線 $y = f(x)$ 上の点における接線の式だったけれど，受験では，曲線 $y = f(x)$ 外の点から曲線に接線を引く問題も多い。その接線の方程式は，次のパターンを用いて求めるんだよ。

図 **1** 曲線外の点から引く接線

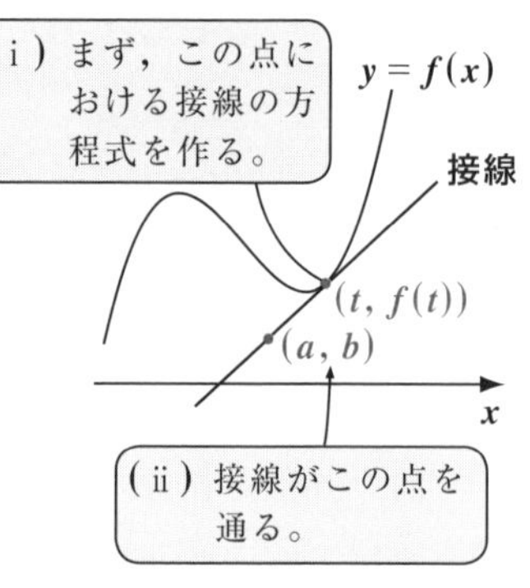

（ i ）まず曲線 $y = f(x)$ 上の点 $(t, f(t))$ における接線の方程式を立てる。

（ ii ）これが，曲線外の点 (a, b) を通るので，$x = a$, $y = b$ を代入した t の方程式から，t の値を求めて，接線の方程式を完成する。

この **2** つのステップでオシマイだ。では，さっそく例題をやってみよう。

◆例題 15◆

曲線 $y=f(x)=x^3+2$ に，原点 $\mathbf{O}(0,\ 0)$ から引いた接線の方程式を求めよ。

解答 $y=f(x)=x^3+2$　　これを微分して，$f'(x)=3x^2$

原点 $\mathbf{O}(0,\ 0)$ は $y=f(x)$ 上の点ではない。←（$\because f(0)=0^3+2=2$）

(ⅰ) $y=f(x)$ 上の点 $(t,\ f(t))$ における接線の方程式は，

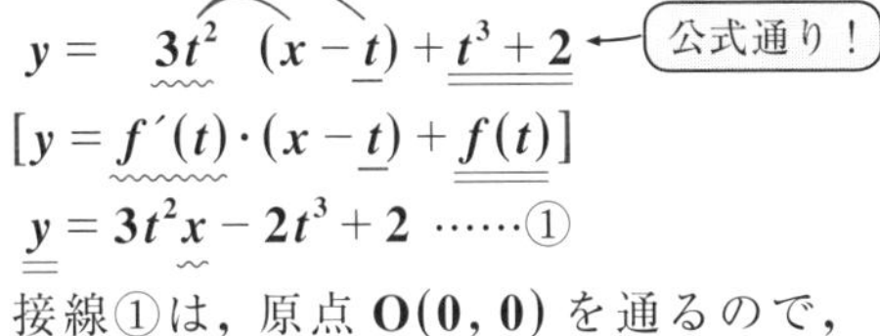

$$y=3t^2(x-t)+t^3+2 \leftarrow \text{公式通り！}$$

$$[y=f'(t)\cdot(x-t)+f(t)]$$

$$y=3t^2x-2t^3+2 \quad \cdots\cdots①$$

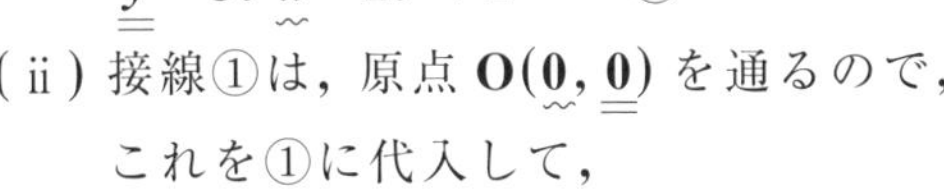

(ⅱ) 接線①は，原点 $\mathbf{O}(0,\ 0)$ を通るので，

これを①に代入して，

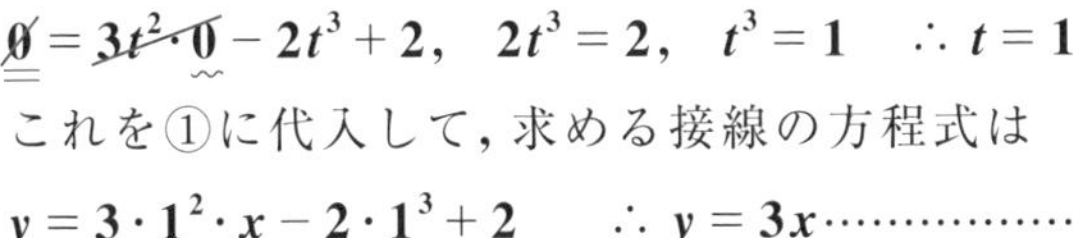

$0=3t^2\cdot 0-2t^3+2,\quad 2t^3=2,\quad t^3=1 \quad \therefore t=1$

これを①に代入して，求める接線の方程式は

$y=3\cdot 1^2\cdot x-2\cdot 1^3+2 \quad \therefore y=3x$ ……………………………（答）

● 2曲線の共接条件にもチャレンジだ！

2つの曲線 $y=f(x)$ と $y=g(x)$ が $x=t$ で接するための条件を下に示す。

（これを，2曲線の共接条件（きょうせつじょうけん）と呼ぶことにしよう！）

2曲線の共接条件

(ⅰ) $f(t)=g(t)$　(ⅱ) $f'(t)=g'(t)$

図2　2曲線の共接条件

図2のように $x=t$ で $y=f(x)$ と $y=g(x)$ は共有点（接点）をもつので，そのときの y 座標 $f(t)$ と $g(t)$ は当然等しい。だから (ⅰ) $f(t)=g(t)$ だ。

また，$y=f(x)$ 上の点 $(t,\ f(t))$ における接線と $y=g(x)$ 上の点 $(t,\ g(t))$ における接線は，一致する。よって，この共通接線の傾きも当然等しいので，(ⅱ) $f'(t)=g'(t)$ だ。

接線と法線の方程式

絶対暗記問題 64	難易度 ★	CHECK 1	CHECK 2	CHECK 3

関数 $f(x)=x^3-x^2+x$ がある。

(1) 導関数 $f'(x)$ を求め，$f'(1)$ の値を求めよ。

(2) $y=f(x)$ のグラフ上の点 $(1,\ f(1))$ における接線および法線の方程式を求めよ。

(3) $y=f(x)$ の接線の傾きが最小となる点の座標を求めよ。

ヒント！ (1) は，公式通りに導関数と微分係数を求めればいい。(2) では，接線の傾きは $f'(1)$ で，法線の傾きは，$-\dfrac{1}{f'(1)}$ だね。(3) では，2 次関数 $f'(x)$ を最小にする x の値を求めるんだ。

解答＆解説

(1) $f(x)=x^3-x^2+x$ を x で微分して，$f'(x)=3x^2-2x+1$ ……………(答)

よって，求める微分係数 $f'(1)=3\times1^2-2\times1+1=2$ ………………(答)

(2) $f(1)=1^3-1^2+1=1$ より，

(i) $y=f(x)$ 上の点 $(1,\ \underset{f(1)}{1})$ における接線の方程式は，

$y=2(x-1)+1$　∴ $y=2x-1$ ……(答)

接線の公式：
$y=f'(1)\cdot(x-1)+f(1)$

(ii) $y=f(x)$ 上の点 $(1,\ \underset{f(1)}{1})$ における法線の方程式は，

$y=-\dfrac{1}{2}(x-1)+1$　∴ $y=-\dfrac{1}{2}x+\dfrac{3}{2}$ …(答)

法線の公式：
$y=-\dfrac{1}{f'(1)}(x-1)+f(1)$

(3) $f'(x)=3x^2-2x+1=3\left(x^2-\dfrac{2}{3}x+\dfrac{1}{9}\right)+1-\dfrac{1}{3}$

$=3\left(x-\dfrac{1}{3}\right)^2+\dfrac{2}{3}$

2 で割って 2 乗

$f'(x)$ は下に凸の放物線より，$x=\dfrac{1}{3}$ で最小となる。

よって，$x=\dfrac{1}{3}$ のとき，$f'(x)$ は最小になる。

$f\left(\dfrac{1}{3}\right)=\left(\dfrac{1}{3}\right)^3-\left(\dfrac{1}{3}\right)^2+\dfrac{1}{3}=\dfrac{1-3+9}{27}=\dfrac{7}{27}$ より，

$f'(x)$ を最小にする $y=f(x)$ 上の点の座標は，

y
$f'(x)=3x^2-2x+1$
1
最小
$\dfrac{2}{3}$
0
$\dfrac{1}{3}$
x

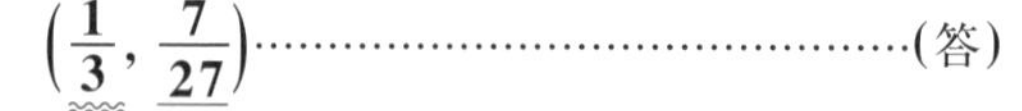

$\left(\dfrac{1}{3},\ \dfrac{7}{27}\right)$ ……………………………………(答)

曲線外の点から引いた接線

絶対暗記問題 65　難易度 ★★　CHECK1　CHECK2　CHECK3

曲線 $y=4x^3-12x+17$ に，点 $A(1,\ 5)$ から引いた，正の傾きをもつ接線の方程式を求めよ。　(武蔵大)

ヒント！ 曲線 $y=f(x)$ 外の点 $A(1,\ 5)$ から引いた接線の方程式は，(i) $y=f(x)$ 上の点 $(t,\ f(t))$ における接線の方程式を立て，(ii) これが点Aを通ることから，求めるんだね。頑張れ！

解答＆解説

$y=f(x)=4x^3-12x+17$ とおく。これを x で微分して，

$f'(x)=12x^2-12$　［$f(1)=4-12+17=9$ より，$A(1,\ 5)$ は $y=f(x)$ 上の点ではない。］

(i) 曲線 $y=f(x)$ 上の点 $(t,\ f(t))$ における接線の方程式は，

$$y=(12t^2-12)(x-t)+4t^3-12t+17$$

$$[\,y=f'(t)\cdot(x-t)+f(t)\,]$$

$$y=(12t^2-12)x-8t^3+17\ \cdots\cdots①$$

(ただし，$f'(t)=12t^2-12>0$) ←正の傾きの接線

(ii) ①の接線が点 $A(1,\ 5)$ を通るとき，これを①に代入して，

$$5=(12t^2-12)\cdot 1-8t^3+17,\quad 8t^3-12t^2=0$$

$$4t^2(2t-3)=0\qquad \therefore\ t=0 \text{ または } \frac{3}{2}$$

ここで，$t=0$ のとき，$f'(0)=-12<0$ となって，不適。←接線の傾きが⊖

$$\therefore\ t=\frac{3}{2}\ \cdots\cdots②$$

②を①に代入して，求める正の傾きをもつ接線の方程式は，

$$y=\left\{12\cdot\left(\frac{3}{2}\right)^2-12\right\}x-8\cdot\left(\frac{3}{2}\right)^3+17=15x-27+17$$

($3\times 9-12=15$)　($8\times\frac{27}{8}=27$)

$\therefore\ y=15x-10$ ……………………………(答)　←⊕の傾き

講義1 方程式・式と証明　講義2 図形と方程式　講義3 三角関数　講義4 指数関数と対数関数　講義5 微分法と積分法

2 接線の平行条件

絶対暗記問題 66 難易度 ★ CHECK1 CHECK2 CHECK3

$f(x)=x^3-2x^2-x+1$ とする。

(1) 曲線 $y=f(x)$ 上の点 $(a,\ f(a))$ における接線の傾きを，a を用いて表せ。

(2) 曲線 $y=f(x)$ 上の 2 点 $(a,\ f(a))$, $(a+1,\ f(a+1))$ における接線が平行になるとき，a の値を求めよ。 (高知工科大)

ヒント！ (1) は，微分係数 $f'(a)$ を求めるだけだね。(2) では，$x=a$ と $a+1$ における曲線の 2 接線が平行となるときと言っているので，$f'(a)=f'(a+1)$ をみたす a の値を求めるんだね。

解答＆解説

$f(x)=x^3-2x^2-x+1$

(1) $f(x)$ を x で微分して，$f'(x)=3x^2-4x-1$

よって，$y=f(x)$ 上の点 $(a,\ f(a))$ における接線の傾き $f'(a)$ は，

$f'(a)=\underline{3a^2-4a-1}$ ……① ……(答)

(2) $y=f(x)$ 上の点 $(a+1,\ f(a+1))$ における接線の傾き $f'(a+1)$ は，

$$f'(a+1)=3(a+1)^2-4(a+1)-1$$
$$=3(a^2+2a+1)-4a-4-1$$
$$=3a^2+2a-2 \quad ……②$$

$x=a,\ a+1$ における曲線の 2 つの接線が平行となるための条件は，

$f'(a)=f'(a+1)$ ……③

①，②を③に代入して

$3a^2-4a-1=3a^2+2a-2$

$6a=1 \qquad \therefore\ a=\dfrac{1}{6}$ ……(答)

2 接線が平行より，$f'(a)=f'(a+1)$ となる。

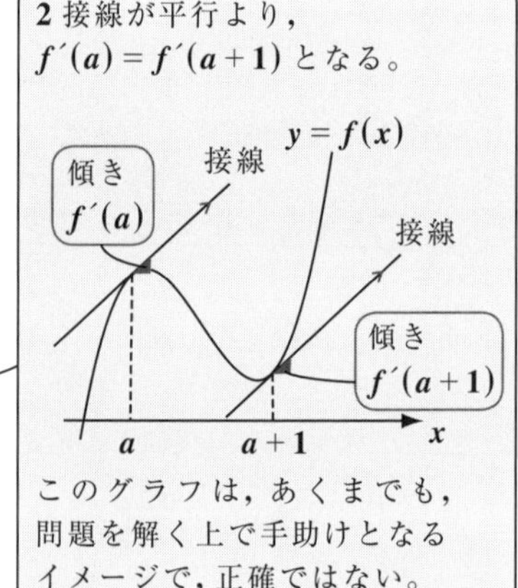

このグラフは，あくまでも，問題を解く上で手助けとなるイメージで，正確ではない。

2 曲線の共接条件

絶対暗記問題 67 難易度 ★★ CHECK1 CHECK2 CHECK3

2 曲線 $y = f(x) = x^3 - x$ と $y = g(x) = -x^2 + 4x + a$ (a は実数) が, $x = t$ のとき共有点をもち, かつその点で共通の接線をもつ。ただし, $t > 0$ とする。

(1) a と t の値を求めよ。

(2) $x = t$ における共通接線の方程式を求めよ。

ヒント! 2 曲線の共接条件：$f(t) = g(t)$, $f'(t) = g'(t)$ から, a と t の方程式が出てくるから, これを解けばいい。

解答＆解説

(1) $y = f(x) = x^3 - x$, $y = g(x) = -x^2 + 4x + a$

これらを x で微分して, $f'(x) = 3x^2 - 1$, $g'(x) = -2x + 4$

$y = f(x)$, $y = g(x)$ は $x = t$ で共通接線をもつので,

$$\begin{cases} t^3 - t = -t^2 + 4t + a \cdots\cdots① & [f(t) = g(t)] \\ 3t^2 - 1 = -2t + 4 \cdots\cdots② & [f'(t) = g'(t)] \end{cases}$$

②より, $3t^2 + 2t - 5 = 0$, $(3t + 5)(t - 1) = 0$

$$\begin{matrix} 3 & & 5 \\ & \times & \\ 1 & & -1 \end{matrix}$$

ここで, $t > 0$ より, $t = 1$ …………(答)

これを①に代入して, $a = t^3 + t^2 - 5t = 1^3 + 1^2 - 5 \times 1 = -3$ …………(答)

y = f(x)
共通接線
y = g(x)
x
(1, 0)
t

(2) 共通接線は, $y = f(x)$ 上の点 $(1, f(1))$ における接線に等しい。($f(1) = 0$)

よって, $y = (3 \times 1^2 - 1)\cdot(x - 1) + 1^3 - 1$ ← 公式：$y = f'(1)\cdot(x - 1) + f(1)$

$\therefore y = 2x - 2$ ……………………………………(答)

頻出問題にトライ・19 難易度 ★★ CHECK1 CHECK2 CHECK3

2 曲線 $y = f(x) = -x^2 + 2x - 5$ と $y = g(x) = x^2$ がある。

(1) $y = g(x)$ 上の点 $(a, g(a))$ における接線の方程式を求めよ。

(2) $y = f(x)$ と $y = g(x)$ の共通接線の方程式を求めよ。

解答は P244

3. 微分法を使えば3次関数のグラフもラクラクわかる！

微分計算にもずい分慣れてきただろうね。今回はこの微分法をさらに利用して，3次関数のグラフを描くことにチャレンジしよう。

● まず，曲線の大体のイメージを押さえよう！

微分法を利用して，3次関数の問題を解説する前に，(Ⅰ) 2次関数や(Ⅱ) 3次関数の大体の形だけは，押さえておくといいよ。

(Ⅰ) 2次関数：$y=ax^2+bx+c$ は数学Ⅰでも詳しくやったね。(ⅰ) $a>0$ のときは下に凸，(ⅱ) $a<0$ のときは上に凸の，図1のようなグラフになる。

図1 (Ⅰ) 2次関数：$y=ax^2+bx+c$

(ⅰ) $a>0$

(ⅱ) $a<0$

(Ⅱ) 3次関数：$y=ax^3+bx^2+cx+d$ も最高次数の項の係数 a の正・負によって，図2のような2通りのグラフになると覚えておいてくれ。もちろん，これはあくまでもイメージで，このような山と谷ももたない3次関数だってあることも知っておいてくれ。

図2 (Ⅱ) 3次関数：$y=ax^3+bx^2+cx+d$

(ⅰ) $a>0$

(ⅱ) $a<0$

● グラフの概形は，$f'(x)$ の正・負で決まる！

曲線 $y=f(x)$ の接線の傾きは，導関数 $f'(x)$ でわかるんだったね。ということは，$f'(x)$ の符号が正のとき，$y=f(x)$ は上り勾配の曲線，$f'(x)$ が負のときは下り勾配の曲線になるはずだ。つまり曲線 $y=f(x)$ の増加・減少は，$f'(x)$ の正・負で決まるということだ。

次のグラフの基本をまず頭にたたき込んでおこう。

(ⅰ) $f'(x)>0$ のとき，$f(x)$ は増加する。
(ⅱ) $f'(x)<0$ のとき，$f(x)$ は減少する。

例として，3 次関数 $y=f(x)=2x^3-3x^2+2$ について考えるよ。まず，この導関数 $f'(x)$ を求めると，$f'(x)=6x^2-6x=6x(x-1)$ となる。$f'(x)=0$ のとき，$x=0,\ 1$ となるから，$f'(x)$ は図 3 (ⅰ) のように，x 軸と $x=0,\ 1$ で交わる下に凸の放物線になるはずだ。

図 3　$f'(x)$ と $f(x)$ の関係

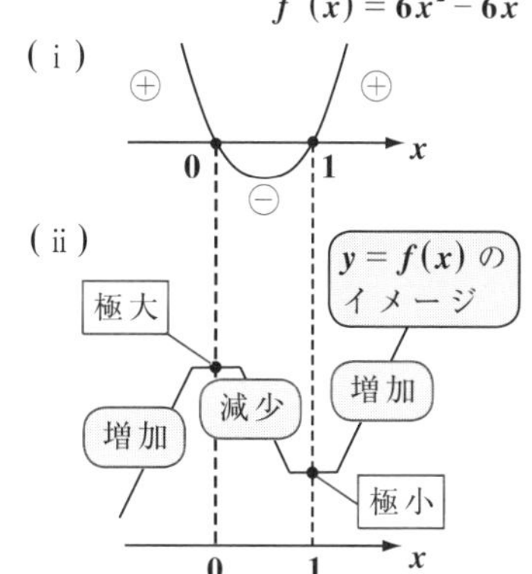

そして，$x=0,\ 1$ のとき，$f'(x)=0$ だから $y=f(x)$ の接線の傾きは 0 となって，図 3 (ⅱ) のようになる。(これは，あくまでもイメージ図だ)　また，$x<0$ と $x>1$ のとき，$f'(x)>0$ より，$y=f(x)$ は増加し，$0<x<1$ のとき，$f'(x)<0$ だから，$y=f(x)$ は減少する。角ばった書き方をしているけれど，図 3 (ⅱ) から，$y=f(x)$ の大体のイメージがわかるんだね。

実際の $y=f(x)$ の 3 次関数はこれに丸味をつけて描けばいいんだけれど，その前に言っておかないといけないことがある。$y=f(x)$ が増加から減少に転ずる $x=0$ のときの山の部分があるね。これを**極大**(きょくだい)といい，このときの y 座標 $f(0)$ を**極大値**(きょくだいち)という。また，$x=1$ で谷の部分が出てくるけれど，これを**極小**(きょくしょう)といい，このときの y 座標 $f(1)$ を**極小値**(きょくしょうち)という。すなわち，

$$\begin{cases} \text{極大値}\ f(0)=2\times0^3-3\times0^2+2=2 \\ \text{極小値}\ f(1)=2\times1^3-3\times1^2+2=1 \end{cases}$$ となるんだ。

この極大値と極小値をまとめて，“**極値**”ということもある。

図 4　$y=f(x)$ のグラフ

以上から，下のような**増減表**が書ける。意味は，これまでの説明からわかるはずだ。

試験では，この増減表を書いて，これを基に図 4 のようになめらかな曲線を描けばいいんだよ。

増減表

x		0		1	
$f'(x)$	+	0	−	0	+
$f(x)$	↗	極大	↘	極小	↗

この曲線は，図 2 の (ⅰ) $a>0$ のグラフのイメージと一致してるね。

◆例題16◆

3次関数 $y = -x^3 + 3x^2 - 3x + 2$ の増減を調べ，そのグラフの概形を描け。

解答 $y = f(x) = -x^3 + 3x^2 - 3x + 2$ とおく。

x で微分して，

$$f'(x) = -3x^2 + 6x - 3 = -3(x^2 - 2x + 1)$$
$$= -3(x-1)^2$$

$f'(x)$ は，$x=1$ で x 軸と接する上に凸の放物線だね。
これから，$y=f(x)$ のグラフのイメージがわかる！

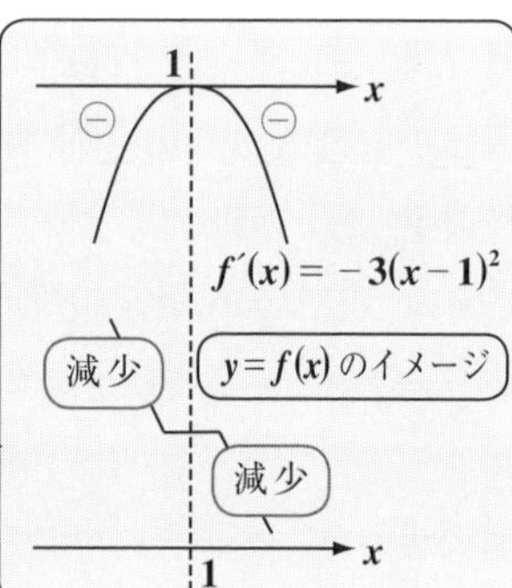

$f'(x) = 0$ のとき，$x = 1$

$f(1) = -1^3 + 3 \times 1^2 - 3 \times 1 + 2$

$= -1 + 3 - 3 + 2 = 1$

増減表

x		1	
$f'(x)$	$-$	0	$-$
$f(x)$	↘	1	↘

$x=1$ のとき，$f'(1)=0$ だけど，ここは山でも谷でもないので，$f(1)$ の値は，極大値でも極小値でもない！

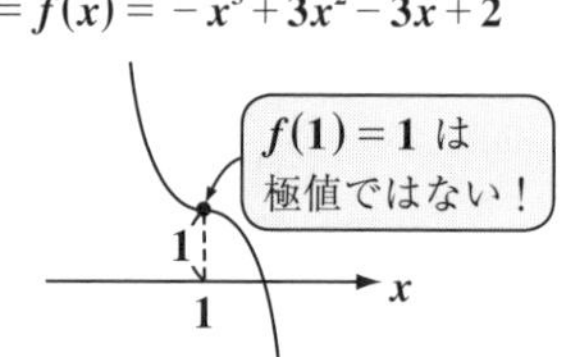

増減表より，$y=f(x)$ のグラフの概形を右に示す。……………………………(答)

これ以外にも，3次関数 $y=f(x)$ の導関数 $f'(x)$ と，$y=f(x)$ のグラフの概形の関係を下に示すから，そのイメージをつかんでくれ！

図5

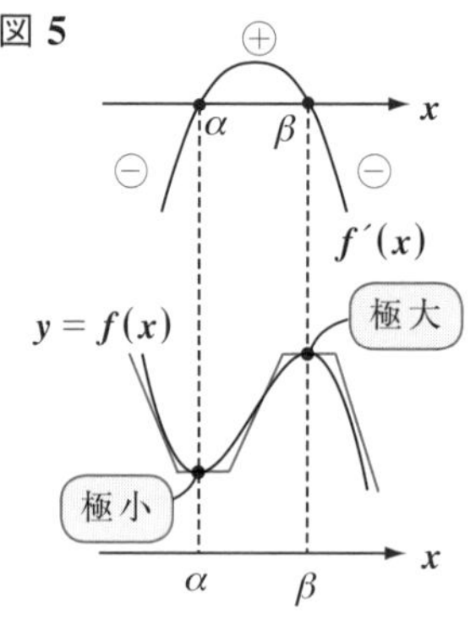

図6

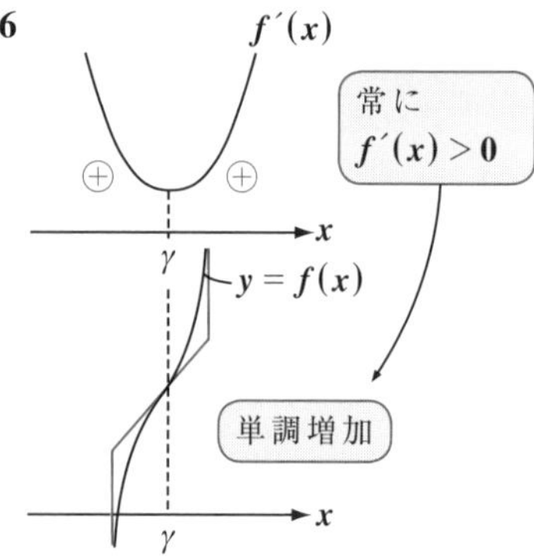

どう？　これで，$f'(x)$ と $y=f(x)$ のグラフの関係がつかめただろう？

● 関数の極大・極小と最大・最小を区別しよう！

これまでの練習で，グラフの描き方の要領もつかめてきただろうね。今度は，関数のグラフを利用して，最大値・最小値を求める問題について解説するよ。

この最大・最小というのは，極大・極小とはまったく別の概念で，ハッキリ区別しないといけない。$y = f(x)$ の定義域が与えられた場合，その x の

> x のとり得る値の範囲を**定義域**（ていぎいき），
> y のとり得る値の範囲を**値域**（ちいき）ということも覚えよう！

範囲内で，$y = f(x)$ のグラフの y 座標がとり得る最大の値を**最大値**，そして最小の値を**最小値**という。

例えば，P177 の例の $y = f(x) = 2x^3 - 3x^2 + 2$ について，定義域を $-\frac{1}{2} \leqq x \leqq 2$ と指定すると，$f\left(-\frac{1}{2}\right) = 1$，$f(2) = 6$ となって，図 7 のようなグラフになる。よって，$x = -\frac{1}{2}$ と $x = 1$ のとき最小値 $y = 1$ をとり，$x = 2$ のとき，最大値 $y = 6$ をとるのがわかるね。$x = 1$ で，$y = f(x)$ は極小かつ最小となるけれど，$x = 0$ での極大値は，最大値ではないね。これで，最大・最小の意味はわかった？

図 7　最大値・最小値

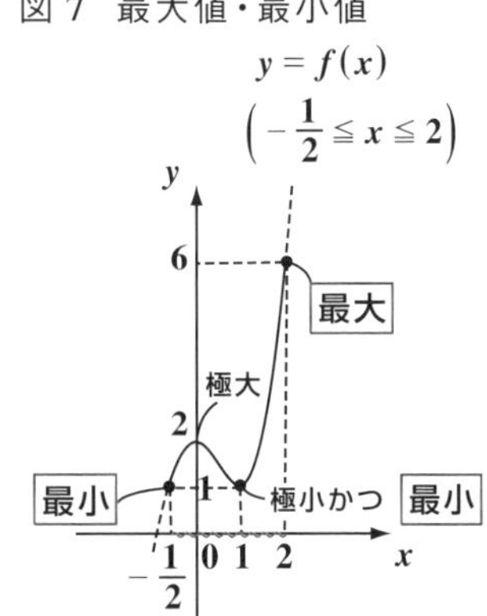

3次関数が極値をもたない条件

絶対暗記問題 68	難易度 ★	CHECK1	CHECK2	CHECK3

関数 $f(x)=x^3+kx^2+kx$ (k：実数定数) がある。

(1) $k=-1$ のとき，関数 $y=f(x)$ の極値を求めよ。

(2) $y=f(x)$ が極値をもたないとき，k の値の範囲を求めよ。

(神奈川大＊)

ヒント！ (1) $k=-1$ のとき，$f'(x)=0$ から極値を求める。(2) の極値をもたない条件は，$f'(x)=0$ の判別式 $D \leqq 0$ となる。

解答＆解説

(1) $k=-1$ のとき，$f(x)=x^3-x^2-x$

$f'(x)=3x^2-2x-1=(3x+1)(x-1)$

3　　1
1　　−1

$f'(x)=0$ のとき，$x=-\dfrac{1}{3},\ 1$

よって，右の増減表より，

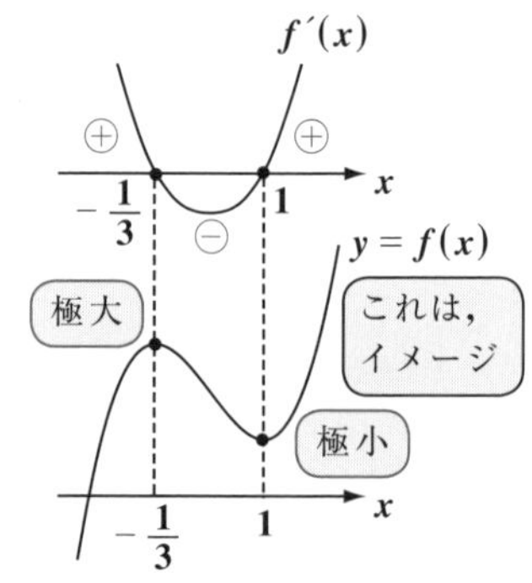

極大値 $f\left(-\dfrac{1}{3}\right)=\left(-\dfrac{1}{3}\right)^3-\left(-\dfrac{1}{3}\right)^2-\left(-\dfrac{1}{3}\right)$

$=\dfrac{-1-3+9}{27}=\dfrac{5}{27}$ …(答)

極小値 $f(1)=1^3-1^2-1=-1$ …………(答)

増減表

x		$-\frac{1}{3}$		1	
$f'(x)$	+	0	−	0	+
$f(x)$	↗	極大	↘	極小	↗

(2) $f'(x)=③x^2+(2k)x+(k)$　（a，$2b'$，c）

$y=f(x)$ が，極値 (極大値・極小値) をもたないとき，右図より，方程式 $f'(x)=0$ の判別式を D とおくと，

$\dfrac{D}{4}=\boxed{k^2-3\cdot k \leqq 0}$

$k(k-3) \leqq 0$　$\therefore\ 0 \leqq k \leqq 3$ …(答)

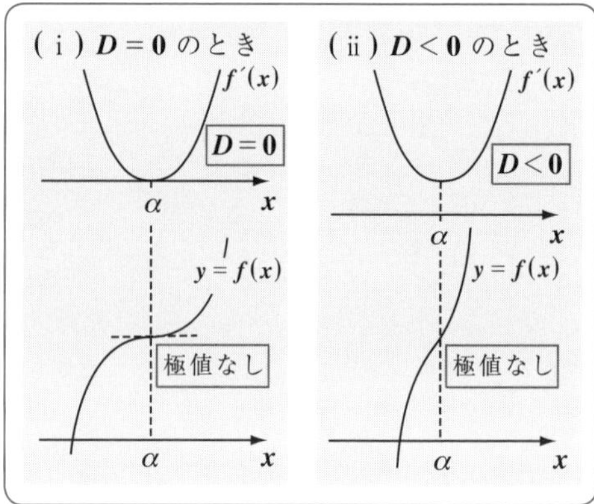

極値の条件による 3 次関数の決定

絶対暗記問題 69　難易度 ★★　CHECK1　CHECK2　CHECK3

3 次関数 $f(x)=2x^3-ax^2+b$ の極大値は 0, 極小値は -8 であり，極大になる x の値が負であるとき，a, b の値を求めよ。また，方程式 $f(x)=0$ の解を求めよ。　(南山大＊)

ヒント！ $f'(x)$ を求めると，$x=\frac{a}{3}$ $(a<0)$ のとき極大値，$x=0$ のとき極小値をとることがわかるので，$y=f(x)$ のグラフを描ける。

解答＆解説

$f(x)=2x^3-ax^2+b$ を x で微分して，

$$f'(x)=6x^2-2ax=6x\left(x-\frac{a}{3}\right)$$

$f'(x)=0$ のとき，$x=0,\ \frac{a}{3}$ ← これは，極値をとるときの x の値

x^3 の係数が 2 で⊕より，$y=f(x)$ のグラフのイメージがわかる！（極大値 $\left(\frac{a}{3},\ 0\right)$，極小値 $(0,\ -8)$，$y=f(x)$）

条件から，極大となる x の値は負より，

$x=\frac{a}{3}$（a は ⊖）のとき $f(x)$ は極大値 0 をとり，$x=0$ のとき極小値 -8 をとる。

$$f\left(\frac{a}{3}\right)=2\left(\frac{a}{3}\right)^3-a\cdot\left(\frac{a}{3}\right)^2+b=\boxed{-\frac{a^3}{27}+b=0}\ \cdots\cdots①$$

$$f(0)=\boxed{b=-8}\ \cdots\cdots②$$

$\frac{a^3}{27}=-8$（b）
$a^3=-2^3\times3^3$
$=(-6)^3$
$\therefore a=-6$

①，②より，$a=-6$, $b=-8$ …………(答)

以上より，$f(x)=2x^3+6x^2-8$

$=2(x^3+3x^2-4)$

$=2(x+2)^2(x-1)$

$x^3+3x^2-4=(x+2)^2(x+p)$ とおくと，
右辺 $=(x^2+4x+4)(x+p)=x^3+\cdots+4p$（$4p=-4$）
これと左辺を見比べて，$p=-1$ となる。

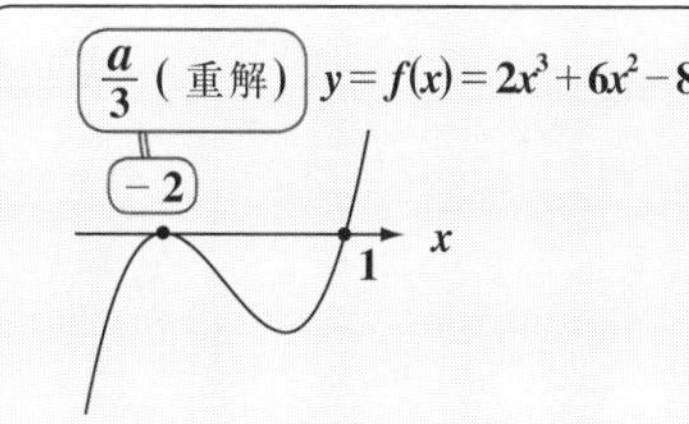

$y=f(x)$ は $x=-2$ で x 軸と接するので，方程式 $f(x)=0$ は $x=-2$ を重解としてもつ。よって，
$x^3+3x^2-4=(x+2)^2(x+p)$
$(x+2)^2=(x^2+4x+4)$
の形に因数分解される！

$\therefore$ 方程式 $f(x)=2(x+2)^2(x-1)=0$

の解は，$x=-2$ (重解), 1 …………(答)

最大・最小値の条件による3次関数の決定

絶対暗記問題 70	難易度 ★★	CHECK 1	CHECK 2	CHECK 3

関数 $f(x)=ax^3-6ax^2+b$ が，$-1 \leqq x \leqq 2$ において，最大値 5，最小値 -27 をとる。このとき，a，b の値を求めよ。ただし，$a>0$ とする。

ヒント！ まず，$a>0$ から3次関数 $y=f(x)$ の大体のグラフのイメージがわかるはずだ。後は，$f'(x)$ を求め，増減表を作るといい。ここで，$a>0$ に注意して，最小値を正確に求めるんだよ。

解答＆解説

$f(x)=ax^3-6ax^2+b\ (-1 \leqq x \leqq 2)$ を x で微分して，

$f'(x)=3ax^2-12ax=3ax(x-4)\quad (a>0)$

$f'(x)=0$ のとき $x=0,\ 4$

ここで，$-1 \leqq x \leqq 2$ より，$x=0$

$a>0$ より，$y=f(x)\ (-1 \leqq x \leqq 2)$ の増減表は次のようになる。

この増減表より，

最大値 $f(0)=b=5$

$$\begin{cases} f(-1)=-7a+b \\ f(2)=-16a+b \end{cases}$$

増減表 $(-1 \leqq x \leqq 2)$

x	-1		0		2
$f'(x)$		$+$	0	$-$	
$f(x)$		↗	極大	↘	

$a>0$ より，明らかに $f(2)<f(-1)$

$a>0$ より，$16a>7a$　よって同じ b から，小さな $7a$ より大きな $16a$ を引いた $f(2)$ の方が $f(-1)$ より小さい！

よって，最小値 $f(2)=-16a+b=-27$

以上より，

$b=5$ ……①　　$-16a+b=-27$ ……②（$b=5$）

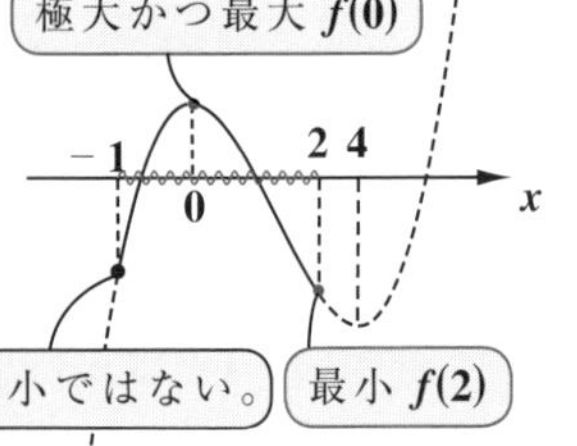

①を②に代入して，

$-16a=-32\quad \therefore a=2$

これは，$a>0$ の条件をみたす。

以上より，$a=2,\ b=5$ ……………………（答）

最大値・最小値問題の応用

絶対暗記問題 71　難易度 ★★　CHECK 1　CHECK 2　CHECK 3

点(x, y)が原点Oを中心とする半径1の円周上を動くとき，次の問いに答えよ。

(1) $t = x + y$ とおくとき，t の取り得る値の範囲を求めよ。

(2) $P = xy(x + y - 1)$ とおくとき，P の最大値と最小値を求めよ。　（関西大）

ヒント！ (1) 点(x, y)は原点Oを中心とする単位円周上を動くので，$x^2 + y^2 = 1$ をみたす。よって，$x = \cos\theta$，$y = \sin\theta$　$(0 \leqq \theta < 2\pi)$ とおけるので，$t = x + y = \cos\theta + \sin\theta$ と表せる。(2) では，P を t の3次関数 $f(t)$ で表して，$P = f(t)$ のグラフからこの最大値と最小値を求めればいいんだね。

解答＆解説

(1) 点(x, y)は，原点Oを中心とする半径1の円周上を動くので，x，y は次式をみたす。

$x^2 + y^2 = 1$ ……①

①より，$x = \cos\theta$，$y = \sin\theta$　$(0 \leqq \theta < 2\pi)$

とおけるので，$t = x + y$ ……② は，次のように変形できる。

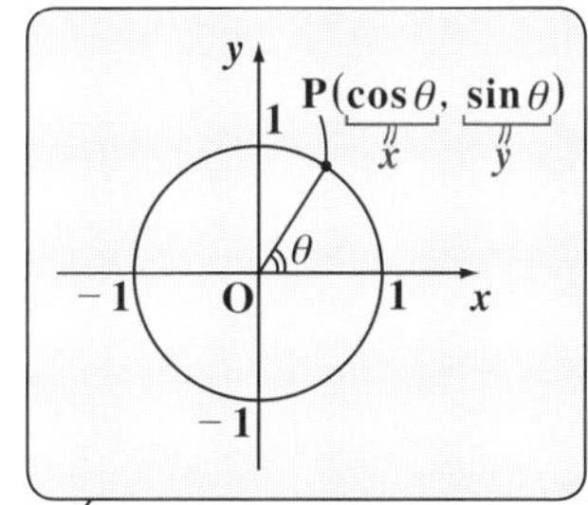

$$t = x + y = \cos\theta + \sin\theta = 1\cdot\sin\theta + 1\cdot\cos\theta$$

$$= \sqrt{2}\left(\frac{1}{\sqrt{2}}\sin\theta + \frac{1}{\sqrt{2}}\cos\theta\right) = \sqrt{2}\left(\sin\theta\cdot\cos\frac{\pi}{4} + \cos\theta\cdot\sin\frac{\pi}{4}\right) = \sqrt{2}\sin\left(\theta + \frac{\pi}{4}\right)$$

（$\frac{1}{\sqrt{2}} = \cos\frac{\pi}{4}$，$\frac{1}{\sqrt{2}} = \sin\frac{\pi}{4}$，三角関数の合成）

よって，$-1 \leqq \sin\left(\theta + \frac{\pi}{4}\right) \leqq 1$　$(0 \leqq \theta < 2\pi)$

より，t の取り得る値の範囲は，

$-\sqrt{2} \leqq t \leqq \sqrt{2}$　である。………………（答）

（$-\sqrt{2} \leqq \underbrace{\sqrt{2}\sin\left(\theta + \frac{\pi}{4}\right)}_{t} \leqq \sqrt{2}$　よって，$-\sqrt{2} \leqq t \leqq \sqrt{2}$ となる。）

(2) ②の両辺を2乗して，

$$t^2 = (x + y)^2 = \underbrace{x^2 + y^2}_{1（①より）} + 2xy = 1 + 2xy \quad（①より）$$

$\therefore xy = \frac{1}{2}(t^2 - 1)$ ……③　となる。

以上②，③より，P は次のように t の3次関数 $f(t)$ で表せる。

$\mathrm{P} = f(t) = \underset{\frac{1}{2}(t^2-1)\ (③より)}{\underline{xy}} \cdot (\underset{t\ (②より)}{\underline{x+y}} - 1) = \frac{1}{2}(t^2-1)(t-1)$ とおくと，

t の定義域 ((1)の結果より)

$\therefore \mathrm{P} = f(t) = \frac{1}{2}(t^3 - t^2 - t + 1) \quad (-\sqrt{2} \leqq t \leqq \sqrt{2})$ となる。

$f(t)$ を t で微分して，

$f'(t) = \frac{1}{2}(3t^2 - 2t - 1) = \frac{1}{2}(3t+1)(t-1)$ より，

$\begin{matrix} 3 & \times & 1 \\ 1 & & -1 \end{matrix}$

$f'(t) = 0$ のとき，$t = -\frac{1}{3}$，1 となる。よって，

$-\frac{1}{3}$：このとき極大　　1：このとき極小

$f(t) = \frac{1}{2}(t^2-1)(t-1)$ を用いて計算した

極大値 $f\left(-\frac{1}{3}\right) = \frac{1}{2}\left(\frac{1}{9} - 1\right)\left(-\frac{1}{3} - 1\right) = \frac{1}{2} \times \left(-\frac{8}{9}\right) \cdot \left(-\frac{4}{3}\right) = \frac{16}{27}$

極小値 $f(1) = \frac{1}{2}(1-1)(1-1) = 0$

$f(-\sqrt{2}) = \frac{1}{2}(2-1) \cdot (-\sqrt{2} - 1) = -\frac{\sqrt{2}+1}{2}$

$f(\sqrt{2}) = \frac{1}{2}(2-1)(\sqrt{2} - 1) = \frac{\sqrt{2}-1}{2}$

となる。以上より，P は

・$t = x + y = -\frac{1}{3}$ のとき，

　最大値 $\mathrm{P} = \frac{16}{27}$ をとり，

・$t = x + y = -\sqrt{2}$ のとき，

　最小値 $\mathrm{P} = -\frac{\sqrt{2}+1}{2}$ をとる。……(答)

$f(t)$ の増減表 $(-\sqrt{2} \leqq t \leqq \sqrt{2})$

t	$-\sqrt{2}$		$-\frac{1}{3}$		1		$\sqrt{2}$
$f'(t)$		↗	0	↘	0	↗	
$f(t)$	$-\frac{\sqrt{2}+1}{2}$		$\frac{16}{27}$		0		$\frac{\sqrt{2}-1}{2}$

最小値 ⊖　　極大値かつ最大値で，0.59…　　0.20…

イメージ

最大値

$\mathrm{P} = f(t)$

$-\sqrt{2}$　$-\frac{1}{3}$　1　$\sqrt{2}$　t

最小値

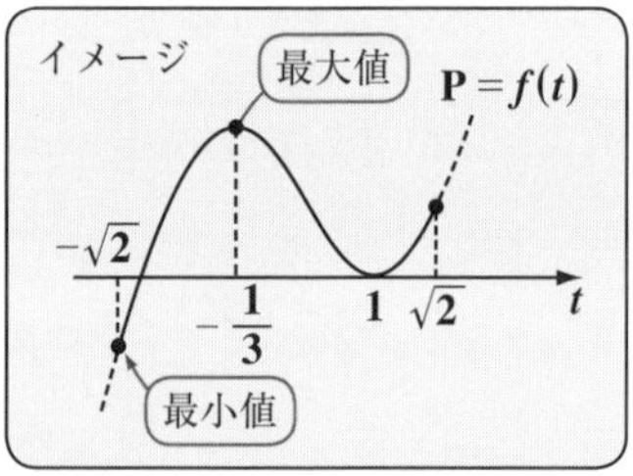

指数関数の最小値と微分法

絶対暗記問題 72	難易度 ★★	CHECK1	CHECK2	CHECK3

関数 $y = f(x) = 8^x - 4^{x+1} + 2^{x+2} - 2 \quad (0 \leqq x \leqq 2)$ がある。

(1) $2^x = t$ とおいて，$f(x)$ を t の式で表せ。また，t のとり得る値の範囲を求めよ。

(2) $f(x)$ の最小値，およびそのときの x の値を求めよ。

ヒント！ (1) では，2^x を t とおくことにより，$y = f(x)$ を t の 3 次関数の形で表せるはずだ。$0 \leqq x \leqq 2$ から t の値の範囲も決まる。(2) では，y を t の関数とみて，増減表から最小値を求めればいい。

解答＆解説

(1) $f(x) = 8^x - 4^{x+1} + 2^{x+2} - 2 = (\underbrace{2^x}_{t})^3 - 4(\underbrace{2^x}_{t})^2 + 4 \cdot \underbrace{2^x}_{t} - 2$

ここで，$2^x = t$ とおくと，

$y = f(x) = t^3 - 4t^2 + 4t - 2$ ……① …………(答)

また，$0 \leqq x \leqq 2$ より $1 \leqq t \leqq 4$ …………(答)

(2) ①を $y = g(t) = t^3 - 4t^2 + 4t - 2$ とおくと，

$g'(t) = 3t^2 - 8t + 4 = (3t-2)(t-2)$ 　$1 \leqq t \leqq 4$ より，$g'(t) = 0$ のとき，$t = 2$

増減表より，$t = 2^x = 2$，すなわち $x = 1$ のとき

増減表 $(1 \leqq t \leqq 4)$

t	1		2		4
$g'(t)$		−	0	+	0
$g(t)$		↘	−2	↗	

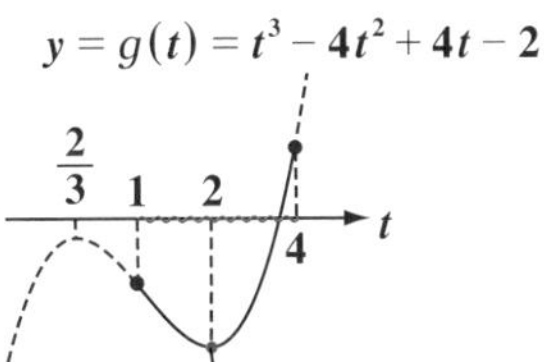

極小かつ最小 $g(2)$

最小値 $y = \underbrace{f(1)}_{g(2)} = 8 - 16 + 8 - 2 = -2$ ……(答)

頻出問題にトライ・20	難易度 ★★★	CHECK1	CHECK2	CHECK3

$y = (4 - \sin 2\theta)(\sin\theta + \cos\theta) + \sin 2\theta + 1$ がある。$(0° \leqq \theta \leqq 180°)$

(1) $x = \sin\theta + \cos\theta$ とおいて，y を x の式で表せ。また，x のとり得る値の範囲を求めよ。

(2) y の最大値とそのときの θ の値を求めよ。

解答は P245

4. 文字定数を含んだ方程式はグラフで解ける！

微分法を使ったグラフの描き方にも慣れただろうね。今回は，文字定数を含んだ**3次方程式**を中心に，詳しく解説する。これは，受験では最頻出テーマで，これまで勉強した3次関数のグラフの考え方が非常に役立つんだよ。微分の最終テーマだ！頑張ろう！

● 方程式もグラフで考えよう！

2次方程式や3次方程式は，一般に $f(x)=0$ という形で表される。ここで，この左辺の $f(x)$ と，右辺の 0 を分解して，それぞれ $y=f(x)$ と $y=0$ [x 軸] とおく。するとグラフ的には，$y=f(x)$ のグラフと x 軸との共有点の x 座標が，方程式 $f(x)=0$ の実数解になるんだね。

ということは，方程式 $f(x)=0$ の実数解の個数は，$y=f(x)$ と x 軸との位置関係によって決まるってことなんだね。たとえば，3次方程式 $f(x)=0$ について，3次関数 $y=f(x)$ が図1−(i)のような場合，相異なる3実数解 α, β, γ をもつことがわかる。また，図1−(ii)のような場合は，同じ3次方程式でも，α のみの1実数解しかもたないってことになるんだね。このように，グラフを利用して，方程式の実数解の個数が簡単にわかるんだね。

図1−(i)

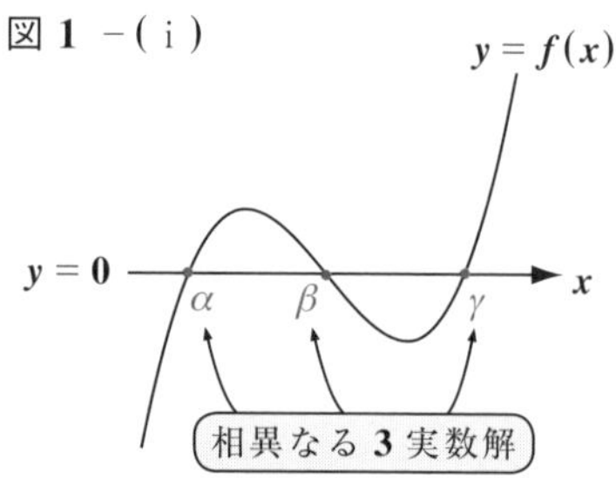

図1−(ii)

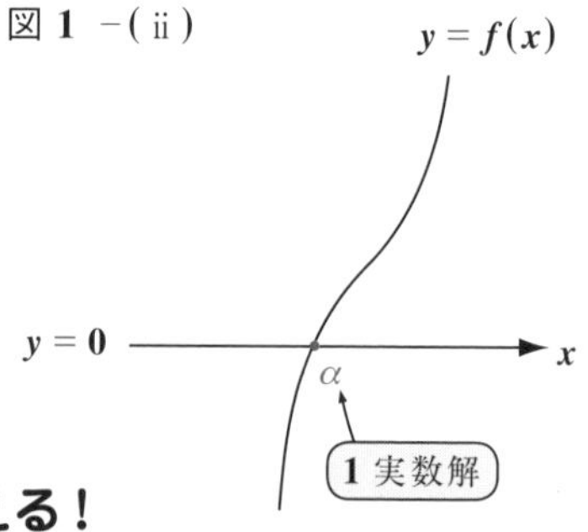

● 方程式の文字定数は分離して考える！

それじゃ方程式の中に文字定数が含まれている場合の実数解の個数の話に入るよ。これは，受験でも最重要分野なんだけど，その解法のコツは，ズバリ次の通りだ！

文字定数は分離しよう！

たとえば，文字定数 k の入った方程式では，この k を分離して，$f(x)=k$ の形にする。そして，これを $y=f(x)$ と $y=k$ に分解して考えると，$y=f(x)$ と $y=k$ の共有点の x 座標が方程式 $f(x)=k$ の実数解となるんだね。(図2) よって，実数解の個数は，この2つのグラフの共有点の個数になる。このように考えると，方程式もグラフからヴィジュアルに考えることができるんだね。

図2　$y=f(x)$ と $y=k$ の共有点

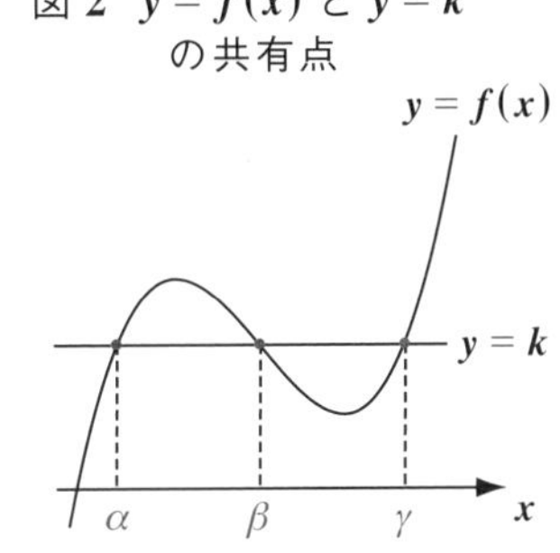

◆例題17◆

方程式 $x^3-3x-k=0$ ……① (k：実数定数) の実数解の個数を求めよ。

解答　①の文字定数 k を分離して，$x^3-3x=\underline{k}$ ←(文字定数を分離！)

これを，さらに次のように2つの関数に分解して，

$$\begin{cases} y=f(x)=x^3-3x \\ y=k \quad [x \text{ 軸に平行な直線}] \end{cases}$$

$f'(x)=3x^2-3=3(x+1)(x-1)$

$f'(x)=0$ より，$x=\pm1$

$$\begin{cases} \text{極大値 } f(-1)=(-1)^3-3\cdot(-1)=2 \\ \text{極小値 } f(1)=1^3-3\cdot1=-2 \end{cases}$$

よって，$y=f(x)$ のグラフは右図のようになる。これに $y=k$ のグラフを重ねて共有点の個数を調べることにより，①の相異なる実数解の個数は，次のようになる。

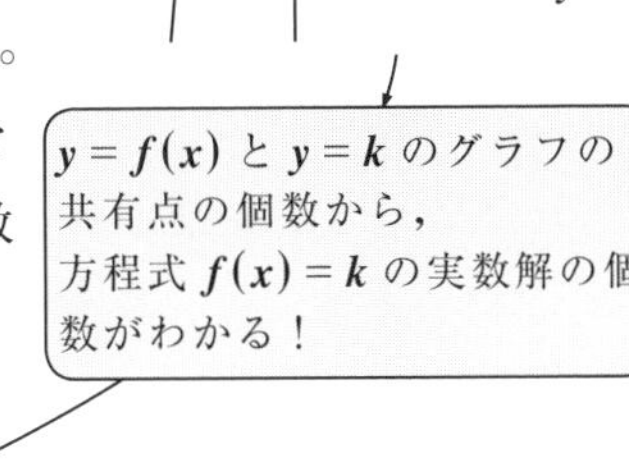

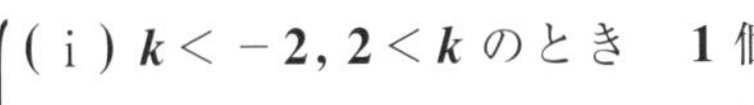

(i) $k<-2,\ 2<k$ のとき　1個

(ii) $k=\pm2$ のとき　2個　……………………(答)

(iii) $-2<k<2$ のとき　3個

● 文字定数が分離できない3次方程式でも，OKだ！

これまで，文字定数 k の入った方程式は，これを分離して，$f(x)=k$ の

形にし，さらにこれを分解して，$y = f(x)$ と $y = k$ の **2** つの関数のグラフを使って，その実数解の個数を求めてきた。ところが，この文字定数が分離できないものもあるんだよ。

たとえば，方程式 $x^3 + 2ax^2 - bx + 1 = 0$ の場合，文字定数が a と b の **2** つもあるから，どちらを分離したらいいかさえわからないだろう。

でも，こんな場合でも，**3** 次方程式であれば，左辺の **3** 次関数の極値 × 極値を計算すれば，この方程式の実数解の個数がわかるんだ。

この極値という言葉は，極大値と極小値の総称で，極大か極小のいずれかわからないときや，まとめて表現したいときに使う。

それでは，一般論として，**3** 次方程式 $ax^3 + bx^2 + cx + d = 0 \quad (a \neq 0)$ が与えられている場合，これを，$y = f(x) = ax^3 + bx^2 + cx + d$ と $y = 0$ [x 軸] に分解して考えよう。すると，$y = f(x)$ の極値を利用して，**3** 次方程式 $f(x) = 0$ の実数解の個数は，次のように分類できる。

3 次方程式 $f(x) = 0$ の実数解の個数

(Ⅰ) $y = f(x)$ が極値をもたない場合：1 実数解

(Ⅱ) $y = f(x)$ が極値をもつ場合

(ⅰ) 極値 × 極値 > 0 のとき　：1 実数解

(ⅱ) 極値 × 極値 $= 0$ のとき　：2 実数解

(ⅲ) 極値 × 極値 < 0 のとき　：3 実数解

エッ，よくわからない？ いいよ，説明するから。

(Ⅰ)　まず，極値 (極大値・極小値) がないときは，山・谷がないわけだから，図 **3** のように，$y = f(x)$ と $y = 0$ [x 軸] は **1** 回しか交わらない。だから，**1** 実数解に決まってしまうんだね。

図 **3** (Ⅰ) 極値なしのとき

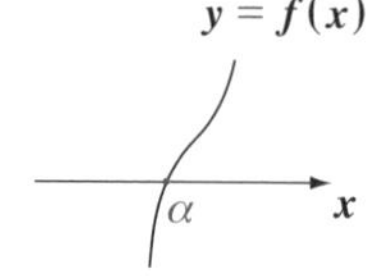

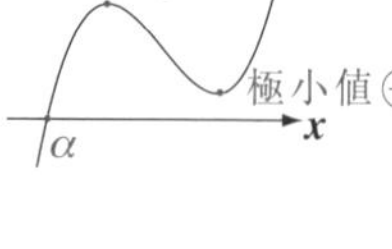

(Ⅱ)−(ⅰ) 図 **4** のように極値 (山と谷) をもっても，極大値と極小値の積が正，つまり極値 × 極値 > 0 ならば **1** 実数解だけだね。

図 **4** (Ⅱ)−(ⅰ)
極値 × 極値 > 0 のとき

(Ⅱ)−(ⅱ) 次, 図 5 のように, 極値 × 極値 (極大値と極小値の積) が 0 のときは, $y=f(x)$ と x 軸の共有点は 2 個存在するので, α と β の相異なる 2 実数解をもつことがわかる。

図 5 (Ⅱ)−(ⅱ)
極値 × 極値 = 0 のとき
$y=f(x)$
極大値⊕
極小値⓪
α β x

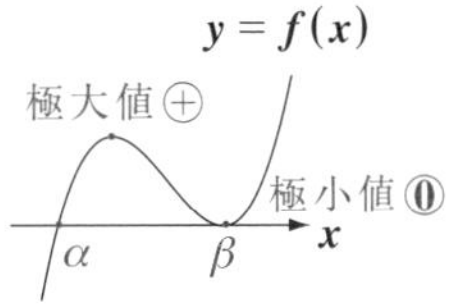

(Ⅱ)−(ⅲ) 最後に, 極値 × 極値 < 0 のとき, つまり, 図 6 の場合は x 軸と $y=f(x)$ が 3 交点をもつので, 相異なる 3 実数解をもつ。

図 6 (Ⅱ)−(ⅲ)
極値 × 極値 < 0 のとき
$y=f(x)$
極大値⊕
極小値⊖
α β γ x

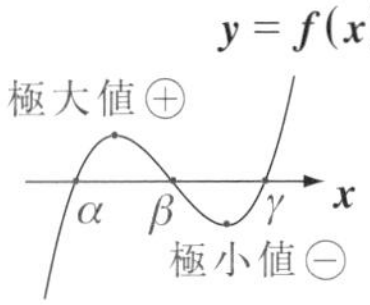

以上で, 公式の意味はわかっただろ？ それでは, 実際にこの公式を使ってみよう。扱う例題として, さっきやった例題 17 と同じ問題, すなわち方程式 $x^3-3x-k=0$ ……①の実数解の個数を求めることにする。

今回は, 文字定数 k を分離せず, ①を次の 2 つの関数に分解する。

$$\begin{cases} y=g(x)=x^3-3x-k \\ y=0 \quad [x \text{ 軸}] \end{cases}$$

$$g'(x)=3x^2-3=3(x^2-1)=3(x+1)(x-1)$$

よって, $y=g(x)$ は, $x=-1$ で極大値, $x=1$ で極小値をとることがわかるので, 公式 (Ⅱ) の, $y=g(x)$ が極値をもつ場合に相当するんだね。よって,

(ⅰ) $g(-1)\times g(1)>0$ [極値 × 極値 > 0] の場合,

$(-1+3-k)\times(1-3-k)>0$ 　　 $(-k+2)(-k-2)>0$

$-1\cdot(k-2)$ 　 $-1\cdot(k+2)$

$(k-2)(k+2)>0$

$\therefore k<-2,\ 2<k$ のとき, 1 実数解をもつ。

(ⅱ) $g(-1)\times g(1)=0$ [極値 × 極値 = 0] の場合,

同様に, $(k-2)(k+2)=0$

$\therefore k=\pm 2$ のとき, 相異なる 2 実数解をもつ。

(ⅲ) $g(-1)\times g(1)<0$ [極値 × 極値 < 0] の場合,

同様に, $(k-2)(k+2)<0$ となる。

$\therefore -2<k<2$ のとき, 相異なる 3 実数解をもつ。

例題 17 の解答と同じ結果が出てくるね。

方程式の実数解の個数

絶対暗記問題 73	難易度 ★★	CHECK1	CHECK2	CHECK3

方程式 $|x^3-3x^2|=a$ （a：文字定数）が，相異なる **4** 実数解をもつような定数 a の値の範囲を求めよ。 （茨城大＊）

ヒント！ $f(x)=x^3-3x^2$ とおくと，与方程式は，$y=g(x)=|f(x)|$と，$y=a$ に分解できる。よって，$y=f(x)$ のグラフから，$y=g(x)$ のグラフを描き，これと直線 $y=a$ が **4** つの異なる交点をもつような定数 a の値の範囲を求めればいい。

解答＆解説

$y=f(x)=x^3-3x^2$ とおく。これを x で微分して，

$f'(x)=3x^2-6x=3x(x-2)$

$f'(x)=0$ のとき，$x=0,\ 2$

$$\begin{cases} \text{極大値 } f(0)=0^3-3\times0^2=0 \\ \text{極小値 } f(2)=2^3-3\times2^2=-4 \end{cases}$$

$f(x)$ の増減表

x		0		2	
$f'(x)$	$+$	0	$-$	0	$+$
$f(x)$	↗	極大	↘	極小	↗

与えられた方程式を分解して，

$$\begin{cases} y=g(x)=|f(x)|=|x^3-3x^2| \\ y=a \quad [x \text{ 軸に平行な直線}] \end{cases}$$

とおくと，$y=g(x)$ のグラフは，$y=f(x)$ のグラフの，(ⅰ) $y\geqq0$ の部分はそのままで，(ⅱ) $y\leqq0$ の部分は，x 軸に関して対称に，上側に折り返した形になる。

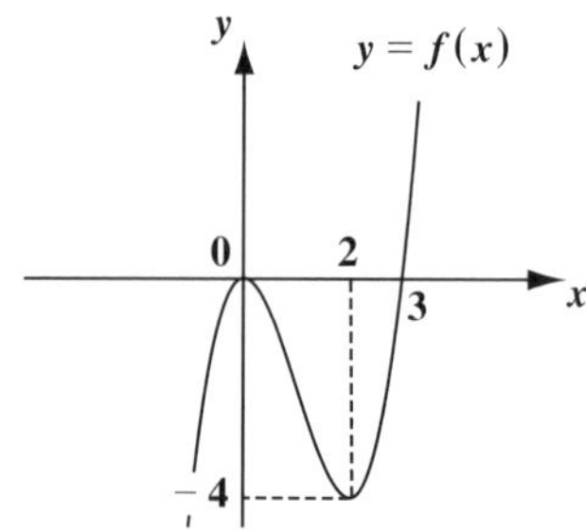

よって，$y=g(x)$ と $y=a$ の共有点の x 座標が，与方程式 $g(x)=a$ の実数解より，この方程式が相異なる **4** 実数解をもつような定数 a の値の範囲はグラフより明らかに，

$0<a<4$ ……………………………(答)

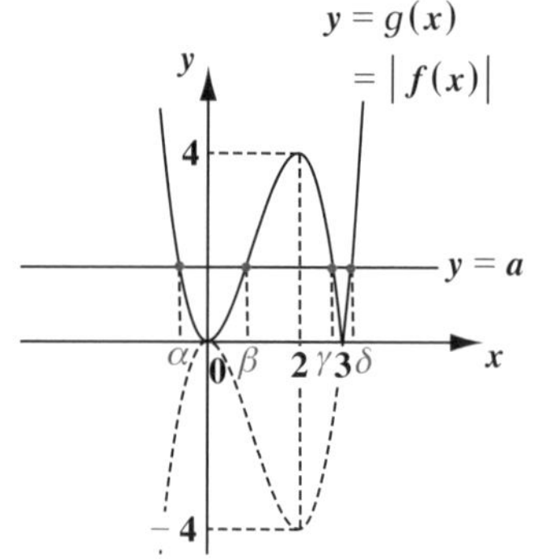

3 次方程式が 3 実数解をもつ条件

絶対暗記問題 74	難易度 ★★	CHECK1	CHECK2	CHECK3

方程式 $x^3-3ax^2+4a=0$ ……① が，相異なる 3 実数解をもつような定数 a の値の範囲を求めよ。 (慶応大＊)

ヒント！ 分離できない形の文字定数 a の入った 3 次方程式が相異なる 3 実数解をもつようにするには，①の左辺 $=f(x)$ とおいて，$y=f(x)$ が極値をもち，かつ極値 × 極値 <0 となるように，a の範囲を定めればいい。

解答＆解説

方程式 $x^3-3ax^2+4a=0$ ……① について， ← 文字定数 a が分離できない形だ！

$y=f(x)=x^3-3ax^2+4a$ とおく。$f(x)$ を x で微分して，

$f'(x)=3x^2-6ax=3x(x-2a)$

よって，$f'(x)=0$ のとき　$x=0,\ 2a$

∴ 方程式 $f(x)=0$ ……①が相異なる 3 実数解をもつための条件は，

(ⅰ) $2a\neq 0$，すなわち $a\neq 0$ ←
かつ
(ⅱ) $f(0)\times f(2a)<0$　[極値 × 極値 <0]

である。

$2a=0$ とすると，$y=f(x)$ のグラフは，極値をもたないので，$f(x)=0$ は 1 実数解しかもたないことになる。∴ $2a\neq 0$ だ！

(ⅱ) より，$4a\times\{(2a)^3-3a\cdot(2a)^2+4a\}<0$

$4a(-4a^3+4a)<0$ ← ( ) 内の $-4a$ をくくり出す！

$-16a^2(a^2-1)<0$　これは，常に⊖

$a\neq 0$ より，常に $-16a^2<0$ よって，⊖の数 $-16a^2$ でこの両辺を割って

$a^2-1>0$

$(a+1)(a-1)>0$

∴ $a<-1,\ 1<a$

(これは，(ⅰ) の $a\neq 0$ の条件もみたす。)

以上 (ⅰ)(ⅱ) より，①の方程式が相異なる 3 実数解をもつような a の範囲は，

$a<-1$，または $1<a$ である。……………………………(答)

3 次関数に 3 本の接線が引ける条件

絶対暗記問題 75	難易度 ★★★	CHECK 1	CHECK 2	CHECK 3

曲線 $y = f(x) = x^3 - 3x + 2$ がある。

(1) $y = f(x)$ 上の点 $(t,\ f(t))$ における接線の方程式を求めよ。

(2) 点 $(1,\ a)$ から曲線 $y = f(x)$ に異なる **3** 本の接線が引けるための，定数 a の条件を求めよ。

(3) 点 $(b,\ 2)$ から曲線 $y = f(x)$ に異なる **3** 本の接線が引けるための，定数 b の条件を求めよ。

ヒント！ **(1)** は，接線の公式：$y = f'(t)(x - t) + f(t)$ から簡単に求まる。**(2)** は，この接線が，点 $(1,\ a)$ を通ることから，文字定数 a を分離できる形の t の **3** 次方程式が出来る。**(3)** も同様に，この接線が点 $(b,\ 2)$ を通ることから b を含む t の **3** 次方程式が出来る。

解答＆解説

$y = f(x) = x^3 - 3x + 2$

(1) $f(x)$ を x で微分して，$f'(x) = 3x^2 - 3$

よって，$y = f(x)$ 上の点 $(t,\ f(t))$ における接線の方程式は，

$y = (3t^2 - 3)(x - t) + t^3 - 3t + 2$　$[y = f'(t) \cdot (x - t) + f(t)]$

$\therefore\ y = (3t^2 - 3)x - 2t^3 + 2$ ……①……………………………………（答）

(2) 接線①が点 $(1,\ a)$ を通るとき，$x = 1$，$y = a$ を①に代入して，

$a = (3t^2 - 3) \cdot 1 - 2t^3 + 2$

$-2t^3 + 3t^2 - 1 = a$ ……②　（a：文字定数）

文字定数分離型の t の 3 次方程式とみる！

②の t の **3** 次方程式が，相異なる **3** 実数解 t_1，t_2，t_3 をもつとき，右図のように，点 $(1,\ a)$ から曲線 $y = f(x)$ に異なる **3** 本の接線が引ける。②を分解して，

$$\begin{cases} y = g(t) = -2t^3 + 3t^2 - 1 \\ y = a \end{cases}$$

$[t$ 軸に平行な直線$]$ とおく。

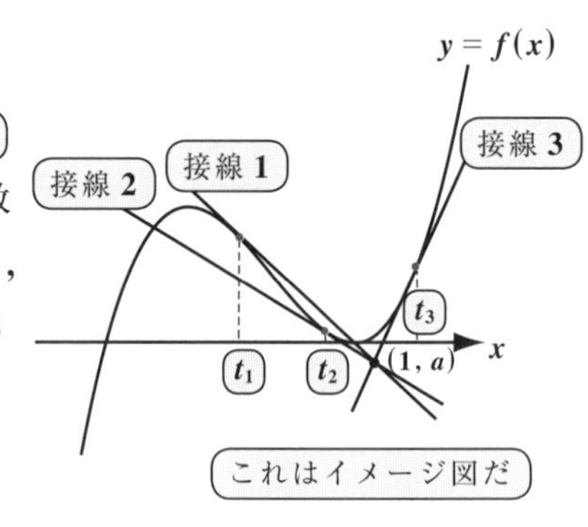

$g'(t) = -6t^2 + 6t = -6t(t-1)$, $g'(t) = 0$ のとき, $t = 0, 1$

$g(t)$ の増減表

t		0		1	
$g'(t)$	$-$	0	$+$	0	$-$
$g(t)$	↘	極小	↗	極大	↘

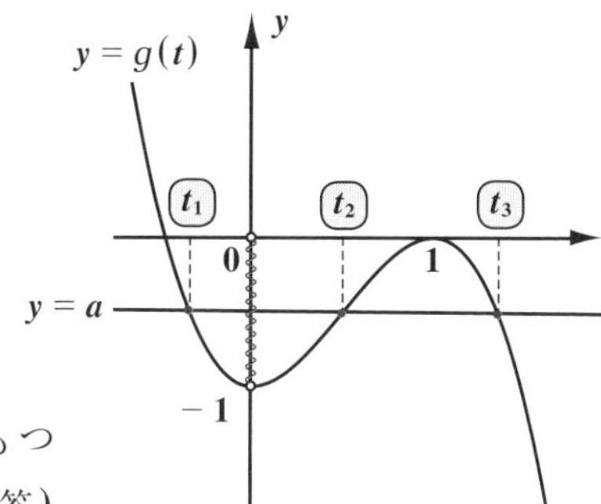

$\begin{cases} 極小値\ g(0) = -1 \\ 極大値\ g(1) = -2 + 3 - 1 = 0 \end{cases}$

右図より, ②が相異なる 3 実数解をもつための a の条件は, $-1 < a < 0$ ……(答)

(3) 接線①が点 $(b, 2)$ を通るとき, $x = b$, $y = 2$ を①に代入して,

$2 = (3t^2 - 3) \cdot b - 2t^3 + 2$

$2t^3 - 3bt^2 + 3b = 0$ ……③ ← 文字定数 b が分離できない形の t の 3 次方程式だ!

③の t の 3 次方程式が相異なる 3 実数解 t_1', t_2', t_3' をもつとき, 点 $(b, 2)$ から曲線 $y = f(x)$ に異なる 3 本の接線が引ける。

ここで, $y = h(t) = 2t^3 - 3bt^2 + 3b$ とおくと,

$h'(t) = 6t^2 - 6bt = 6t(t - b)$, $h'(t) = 0$ のとき, $t = 0, b$

よって, $h(t) = 0$ ……③ が相異なる 3 実数解をもつための条件は

(i) $b \neq 0$ ← $b = 0$ だと, $y = h(t)$ は極値なしで, ③は 1 実数解をもつ。

かつ

(ii) $h(0) \times h(b) < 0$ [極値 × 極値 < 0]

$3b \times (2b^3 - 3b^3 + 3b) < 0$, $-3b^2 \cdot (b^2 - 3) < 0$

($-3b^2$: 常に⊖)　これは, (i) の $b \neq 0$ をみたす!

$b^2 - 3 > 0$, $(b + \sqrt{3})(b - \sqrt{3}) > 0$ $\therefore b < -\sqrt{3}$, $\sqrt{3} < b$

以上 (i)(ii) より, 求める b の条件は, $b < -\sqrt{3}$, $\sqrt{3} < b$ …………(答)

頻出問題にトライ・21

難易度 ★★★　CHECK1　CHECK2　CHECK3

曲線 $y = f(x) = x^3 - 6x$ について, 次の問いに答えよ。

(1) $y = f(x)$ 上の点 $(t, f(t))$ における接線の方程式を求めよ。

(2) 点 (a, b) から曲線 $y = f(x)$ に 1 本だけ接線が引けるとき, a, b の関係式を求め, それをみたす点 (a, b) の存在領域を図示せよ。

解答は P245

5. $-a \leqq x \leqq a$ の定積分は偶関数・奇関数に要注意だ！

さァ，これから“**微分法と積分法**”の後半のテーマ“**積分法**”の解説に入ろう。よく，**微分**(びぶん)・**積分**(せきぶん)と，対(つい)にして言うだろ。確かに微分と積分はペアの関係で，微分の反対の操作が積分なんだ。微分法も接線，グラフ，方程式とさまざまな分野に利用できたけれど，これからいう積分法の応用分野はもっとずっと広いんだ。これから順を追って解説するから，シッカリついてらっしゃい！

● 微分の反対の操作が積分だ！

これまで，$f(x)$ を微分して $f'(x)$ を求めたよね。これに対して，**積分**は，微分の逆の操作をするんだ。今，$f(x)$ を積分したものを $F(x)$ とおくと，微分と積分の関係は下のようにまとまるよ。つまり，$F'(x)=f(x)$ なんだね。$f(x)$ を積分したものが $F(x)$ で，これを $f(x)$ の**原始関数**(げんしかんすう)と呼び，$f(x)$ を**被積分関数**(ひせきぶんかんすう)と呼ぶ。

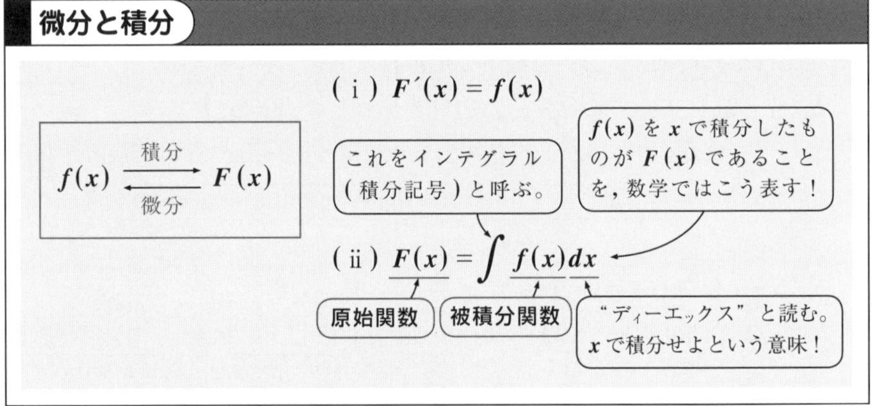

それでは，簡単な例題を1つ。$f(x)=x^2$ を x で積分してみよう。

$$F(x)=\int f(x)dx=\int x^2dx=\frac{1}{3}x^3+C \quad (C：定数)$$

となるのは大丈夫？ $F(x)=\frac{1}{3}x^3+C$ が間違いないかは，これを微分して，$F'(x)=x^2=f(x)$ となるから **OK** だね。このように，積分したものを微分して，元の関数 $f(x)$ になれば，積分は正しくできたってことなんだ。

ここで，$F(x)=\frac{1}{3}x^3+C$ と C がついていることにも注意してくれ。

これは，“**積分定数**（せきぶんていすう）”と呼ばれ，この値は 1 でも -10 でも $\sqrt{2}$ でも何でもかまわない。実際 C を x で微分すれば 0 となって消えてしまって，元の $f(x)$ になるからね。

● 不定積分の公式をマスターしよう！

微分の逆の操作が積分だったから，微分法のときに使った公式とソックリの公式が，積分法でも出てくる。次の**不定積分**の基本公式を，まず頭に入れておこう。（積分定数 C が定まらない積分なので，**不定積分**と呼ぶ。）

積分計算の基本公式

(1) $\int x^n dx=\frac{1}{n+1}x^{n+1}+C$ （C：積分定数）

（$n=0$ の時，$x^0=1$ だね！ だから，$\int 1dx=x+C$ となる。）

(2) $\int kf(x)dx=k\int f(x)dx$ （k：定数係数）

（定数係数は，前に出して，積分計算した後にかければいい！）

(3) $\int\{f(x)\pm g(x)\}dx=\int f(x)dx\pm\int g(x)dx$

（たし算や引き算の場合，項ごとに積分できる！）

(1) の基本公式より，$\int x^4dx=\frac{1}{5}x^5+C$ だし，$\int 1dx=x+C$ だね。

また，$\int 3x^2dx=3\int x^2dx=3\cdot\frac{x^3}{3}+C=x^3+C$ となるので，(2) の公式もいいね。さらに (3) では，複数の項があっても，微分のときと同様で，積分も項ごとに積分が行えると言ってるんだ。

$$\int(6x^2+8x-2)dx=6\cdot\frac{1}{3}x^3+8\cdot\frac{1}{2}x^2-2\cdot x+C=2x^3+4x^2-2x+C$$

（(i) 項ごとに積分し，(ii) 定数係数は前に出す！）

となる。この積分結果を微分すると，元の $6x^2+8x-2$ に戻るから検算も OK だ！（要チェックだ！）

● 定積分にチャレンジだ！

これまで扱った，定数 C の定まらない積分計算を**不定積分**という。これに対して，これから話す**定積分**では，x の積分区間を $a \leqq x \leqq b$ と明確に定めて計算する。$f(x)$ を**不定積分**したものを $F(x)$ とおくと，**定積分**の計算は，次のようになるよ。

定積分の計算

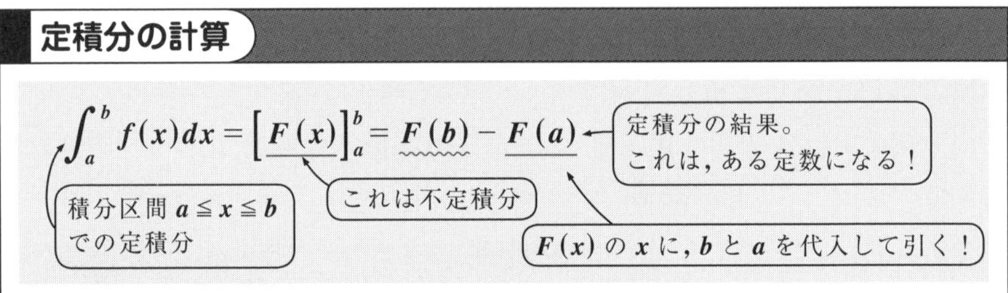

これを，$f(x) = 3x^2 + 1$ のときの具体例で示すと，

$$\int_1^2 (3x^2 + 1)dx = \left[x^3 + x\right]_1^2 = (2^3 + 2) - (1^3 + 1) = 8$$

となるんだ。 ここで，$f(x)$ の原始関数 $F(x) = x^3 + x$ に積分定数 C を書いてないのはなぜかわかる？ もし，$F(x) = x^3 + x + C$ としても $F(2) - F(1)$ の計算では，$F(2) - F(1) = (2^3 + 2 + \cancel{C}) - (1^3 + 1 + \cancel{C}) = 8$ となって，C はどうせ打ち消し合うから書く必要がないんだ。

● 偶関数と奇関数の省エネ積分法！

実は，定積分 $\int_a^b f(x)dx$ で出てくる値は，$f(x) \geqq 0$ の場合，x 軸と曲線 $y = f(x)$ で挟まれる $a \leqq x \leqq b$ の部分の面積のことなんだ。
このことは，面積のところでまた詳しく話す。

定積分と面積

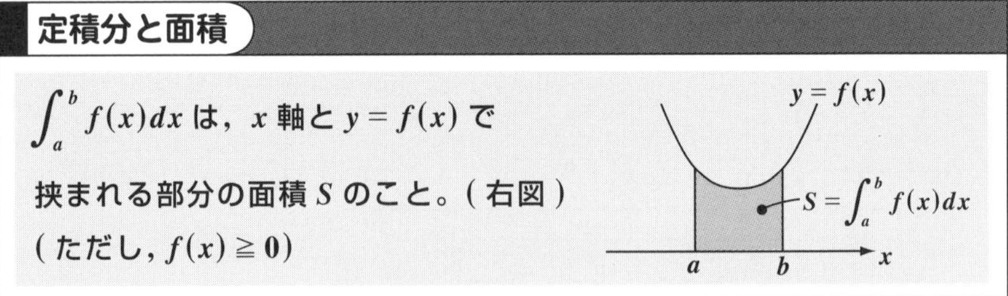

ところで，$y = f(x)$ が偶関数や奇関数の場合，積分区間が $-a \leqq x \leqq a$ のときは，うまい省エネの積分法がある。

(ⅰ) まず，$y=f(x)$ が $f(-x)=f(x)$ をみたすとき，$y=f(x)$ を**偶関数**(ぐうかんすう)という。このとき，$y=f(x)$ は y 軸に関して対称なグラフになるので，この対称性を利用すれば，次の $x=-a$ から $x=a$ までの定積分は，

$\int_{-a}^{a} f(x)dx = 2\int_{0}^{a} f(x)dx$ となる。**偶関数**とは，たとえば

$f(x)=3x^2+1$ や $f(x)=4x^4-5x^2$ など，x の偶数乗の関数のことだ。

(ⅱ) 次に，$f(-x)=-f(x)$ をみたす関数，たとえば $f(x)=x^3+x$ や $f(x)=2x^5-4x^3$ など，x の奇数乗の形の関数を**奇関数**と呼び，原点に関して対称なグラフ（原点のまわりに $180°$ 回転しても同じ形になるグラフ）なので，$f(x) \leqq 0$ のときの積分の符号は，$f(x) \geqq 0$ のときの積分の符号と逆になるから，$-a \leqq x \leqq a$ の積分では，⊕と⊖の面積で打ち消し合って，結局 0 となる。つまり $f(x)$ が**奇関数**(きかんすう)ならば，

$\int_{-a}^{a} f(x)dx = 0$ ともっと簡単になるんだね。

偶関数・奇関数と定積分

(ⅰ) $y=f(x)$ が偶関数のとき

$$\int_{-a}^{a} f(x)dx = 2\int_{0}^{a} f(x)dx$$

(ⅱ) $y=f(x)$ が奇関数のとき

$$\int_{-a}^{a} f(x)dx = 0$$

そして，一般に $f(x)$ が偶関数や奇関数でなくても，項別にみれば，1つ1つは偶または奇関数だね。だから $-a$ から a までの積分では，次の例のように計算できる。

$$\int_{-1}^{1}(\underbrace{5x^3}_{奇}+\underbrace{3x^2}_{偶}-\underbrace{2x}_{奇}+\underbrace{3}_{偶})dx = \int_{-1}^{1}(3x^2+3)dx = 2\int_{0}^{1}\underbrace{(3x^2+3)}_{偶}dx$$

偶関数ならば，$\int_{-1}^{1} f(x)dx = 2\int_{0}^{1} f(x)dx$

$$= 2\left[x^3+3x\right]_0^1 = 2\{(1^3+3\times1)-(0^3+3\times0)\} = 8$$ となる。

どう？ 省エネだね！

積分計算の基本

絶対暗記問題 76　難易度 ★　CHECK1　CHECK2　CHECK3

次の定積分の値を求めよ。

(1) $\int_0^2 (3x^2-2x-1)dx$　　(2) $3\int_{-1}^1 x(x+1)^2 dx$

(3) $\int_{-1}^2 (y^2+y)dy$　　(4) $\int_0^1 (3t^2+2xt+x^2)dt$

ヒント！ **(1)** は大丈夫だね。**(2)** は，偶・奇関数に分けて，省エネ積分だ。**(3)** は，y の関数 y^2+y を y で積分する。文字は x でなくてもいい。**(4)** は，t で積分するのに要注意だ。この際 x は定数扱いにする。

解答＆解説

(1) $\int_0^2 (3x^2-2x-1)dx = \left[x^3-x^2-x\right]_0^2$　←項ごとに積分

$= (2^3-2^2-2)-(0^3-0^2-0) = 2$ ……(答)

（x に 2 を代入）（x に 0 を代入）

(2) $3\int_{-1}^1 x(x+1)^2dx = 3\int_{-1}^1 (x^3+2x^2+x)dx = 3\times 2\int_0^1 2x^2dx$ ←偶関数の公式通りだ！

（定数係数）（奇関数 x^3 と x は積分しない！）（奇）（偶）（奇）

$= 6\left[\frac{2}{3}x^3\right]_0^1 = 4\left[x^3\right]_0^1 = 4(1^3-0^3) = 4$ ……(答)

（文字が y になっても x のときと同様）

(3) $\int_{-1}^2 (y^2+y)dy = \left[\frac{1}{3}y^3+\frac{1}{2}y^2\right]_{-1}^2 = \left(\frac{1}{3}\cdot 2^3+\frac{1}{2}\cdot 2^2\right)-\left\{\frac{1}{3}\cdot(-1)^3+\frac{1}{2}\cdot(-1)^2\right\}$

$= \frac{8}{3}+2+\frac{1}{3}-\frac{1}{2} = 3+2-\frac{1}{2} = \frac{9}{2}$ ……(答)

（定数扱い）

(4) $\int_0^1 (3t^2+(2x)t+(x^2))dt = \left[t^3+xt^2+x^2t\right]_0^1$ ←t で積分するとき，x は定数と同じに扱う。

$= (1^3+x\cdot 1^2+x^2\cdot 1)-(0^3+x\cdot 0^2+x^2\cdot 0)$

$= 1+x+x^2 = x^2+x+1$ ……(答)

（積分後，t はなくなって，x だけの式になる）

微分と積分の融合問題

絶対暗記問題 77	難易度 ★★	CHECK1	CHECK2	CHECK3

$f(x)$ を $x=-1$ で極大，$x=2$ で極小となる 3 次関数で $\int_0^2 f'(x)\,dx=-5$ を満たすものとする。

(1) $f'(x)$ を求めよ。

(2) $f(x)$ の極大値と極小値の差を求めよ。　　　　(熊本大)

ヒント！ (1) 3 次関数 $f(x)$ の極大値と極大値の条件と，その導関数 $f'(x)$ の定積分の条件から $f'(x)$ を決定できる。(2) 極大値 $f(-1)$ と極小値 $f(2)$ の差は，$f'(x)$ の定積分 $\int_2^{-1} f'(x)\,dx$ で表されることが分かるんだね。

解答＆解説

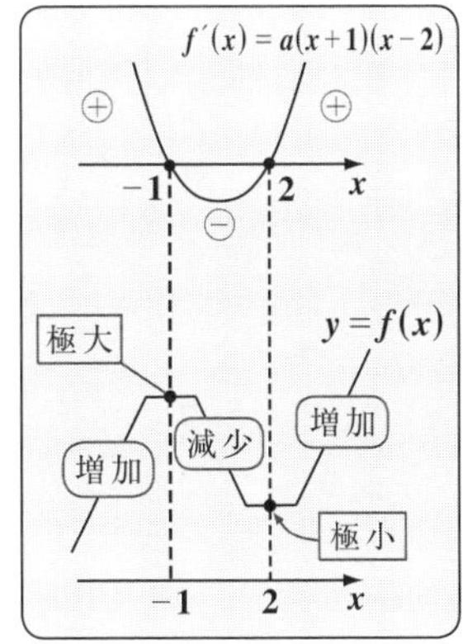

(1) 3 次関数 $f(x)$ が $x=-1$ で極大，$x=2$ で極小となることより，右図からこの導関数 $f'(x)$ は，$x=-1$ と 2 で x 軸と交わり，下に凸の放物線であることが分かるので，

$$f'(x)=a(x+1)(x-2)$$
$$=a(x^2-x-2)\ \cdots\cdots①\quad (a：正の定数)$$

と表される。ここで，定積分の条件式：

$\int_0^2 f'(x)\,dx=-5\ \cdots\cdots②$ に①を代入して，（$f'(x)=a(x^2-x-2)$（①より））

$a\int_0^2 (x^2-x-2)\,dx=-5$　よって，$-\frac{10}{3}a=-5$，$a=5\times\frac{3}{10}$ より，

$$\left[\frac{1}{3}x^3-\frac{1}{2}x^2-2x\right]_0^2=\frac{8}{3}-2-4=\frac{8}{3}-6=-\frac{10}{3}$$

$a=\frac{3}{2}$ となる。これを①に代入すると，導関数 $f'(x)$ は，

$f'(x)=\frac{3}{2}(x^2-x-2)\ \cdots\cdots①'$ となる。……………………………(答)

(2) $f'(x)=\frac{3}{2}(x^2-x-2)$ より，

3次関数 $f(x)$ の増減表は右のようになる。よって，この $f(x)$ の

$\begin{cases} 極大値は f(-1) であり， \\ 極小値は f(2) となる。 \end{cases}$

$f(x)$ の増減表

x		-1		2	
$f'(x)$	$+$	0	$-$	0	$+$
$f(x)$	↗	極大	↘	極小	↗

よって，(極大値)－(極小値)＝$f(-1)-f(2)$ は，次のように定積分で表すことができる。これより，

求める極値の差は，

$$f(-1)-f(2)=\int_2^{-1}\underbrace{f'(x)}_{\frac{3}{2}(x^2-x-2)}dx$$

逆に見て，
$\int_2^{-1}f'(x)dx=\left[f(x)\right]_2^{-1}$
$=f(-1)-f(2)$
となることから分かるはずだ。

$$=\frac{3}{2}\int_2^{-1}(x^2-x-2)dx$$

$$=\frac{3}{2}\left[\frac{1}{3}x^3-\frac{1}{2}x^2-2x\right]_2^{-1}$$

$$=\frac{3}{2}\left\{-\frac{1}{3}-\frac{1}{2}+2-\left(\frac{8}{3}-2-4\right)\right\}$$

$$-\frac{1}{3}-\frac{8}{3}+2+2+4-\frac{1}{2}=-3+8-\frac{1}{2}=5-\frac{1}{2}=\frac{9}{2}$$

$$=\frac{3}{2}\times\frac{9}{2}=\frac{27}{4}$$ である。 ………………………………………(答)

このように受験問題では，微分と積分は融合形式で出題されることも多いんだね。このような問題では，グラフや増減表を利用しながら解いていくといいよ。

絶対値のついた積分計算

絶対暗記問題 78　難易度 ★　CHECK1　CHECK2　CHECK3

次の定積分の値を求めよ。

(1) $\displaystyle\int_{-1}^{2}|2x|\,dx$　　　(2) $\displaystyle\int_{0}^{3}|x^2-2x|\,dx$　　　(工学院大)

ヒント！ 今回は，絶対値のついた関数の積分だ。一般に $|A|$ は，$A \geqq 0$ のとき A で，$A \leqq 0$ のときは，$-A$ だね。よって，(1), (2) のいずれの関数も，絶対値内の正・負に応じて場合分けが必要だ。

解答＆解説

y=|2x|のグラフ
y=-2x　y　y=2x
-1　0　2　x

(1) $|2x| = \begin{cases} -2x & (-1 \leqq x \leqq 0) \\ 2x & (0 \leqq x \leqq 2) \end{cases}$ より，

$$\int_{-1}^{2}|2x|\,dx = -\int_{-1}^{0}2x\,dx + \int_{0}^{2}2x\,dx = -\Big[x^2\Big]_{-1}^{0} + \Big[x^2\Big]_{0}^{2}$$

$$= -\{0^2-(-1)^2\} + (2^2-0^2) = 1+4 = 5 \quad \cdots\cdots(\text{答})$$

(2) $|x^2-2x| = \begin{cases} -(x^2-2x) & (0 \leqq x \leqq 2) \\ x^2-2x & (2 \leqq x \leqq 3) \end{cases}$ より，

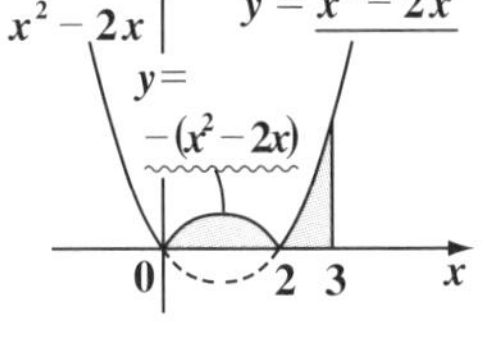

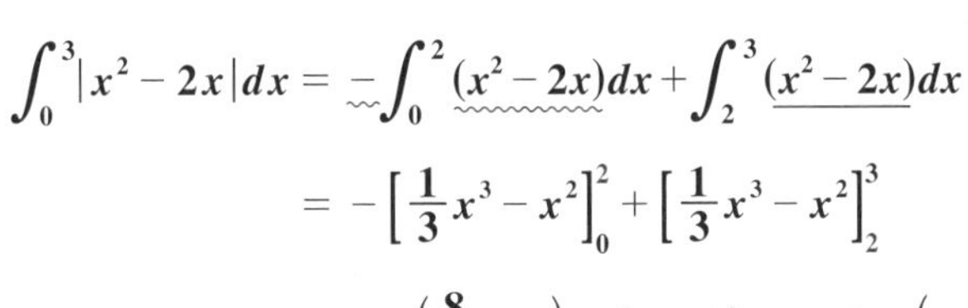

$$\int_{0}^{3}|x^2-2x|\,dx = -\int_{0}^{2}(x^2-2x)\,dx + \int_{2}^{3}(x^2-2x)\,dx$$

$$= -\Big[\frac{1}{3}x^3 - x^2\Big]_{0}^{2} + \Big[\frac{1}{3}x^3 - x^2\Big]_{2}^{3}$$

$$= -2\Big(\frac{8}{3}-4\Big) + (9-9) = -2\times\Big(-\frac{4}{3}\Big) = \frac{8}{3} \quad \cdots\cdots(\text{答})$$

頻出問題にトライ・22　難易度 ★★　CHECK1　CHECK2　CHECK3

関数 $f(x) = x^2-4x+3$ について，次の問いに答えよ。

(1) $f(x) \leqq 0$ となるときの，x の値の範囲を求めよ。

(2) $y = |f(x)|$ のグラフをかけ。

(3) 定積分 $\displaystyle\int_{0}^{4}|f(x)|\,dx$ を求めよ。

解答は P246

6. 定積分で表された関数は，積分区間に注目しよう！

前回では，不定積分や定積分の基礎的な計算テクニックについて勉強した。偶関数・奇関数の積分テクニックも大丈夫だね。それでは，今回は“**定積分で表された関数**”について解説する。だんだんレベルを上げていくけれど，ステップバイステップで，着実に頂上まで登っていこう！

● 定積分の関数は積分区間に要注意！

定積分で表された関数には **2** つのパターンがあって，それぞれの解き方がまったく違うので，まず，この **2** つのパターンとその対処法を書いておく。

定積分で表された関数

(1) $\int_a^b f(t)dt$ の場合 (a, b：ともに定数)

$\int_a^b f(t)dt = A$ (定数) とおく

(2) $\int_a^x f(t)dt$ の場合 (a：定数，x：変数)

(i) $x = a$ を代入して，

$\int_a^a f(t)dt = 0$

(ii) x で微分して，

$\left\{\int_a^x f(t)dt\right\}' = f(x)$

$\int f(t)dt = F(t)$ とおくと，

(1) $\int_a^b f(t)dt = \left[F(t)\right]_a^b$

$= F(b) - F(a)$

$=$ (定数) $-$ (定数)

$=$ 定数 となる。

(2) $\int_a^x f(t)dt = \left[F(t)\right]_a^x$

$= F(x) - F(a)$

$=$ (x の関数) $-$ (定数)

$=$ x の関数 となる！

(1) では，積分区間を表す a, b がともに定数なので，

$$\int_a^b f(t)dt = \left[F(t)\right]_a^b = \underbrace{F(b)}_{\text{定数}} - \underbrace{F(a)}_{\text{定数}} \leftarrow \text{(定数) − (定数) は，定数だ！}$$

は定数だね。だから，これを A(定数) とおく。

(2) では，t の積分区間が $a \leqq t \leqq x$ で，a は定数だけど x は変数だね。

したがって，この積分は，$\int_a^x f(t)dt = \left[\underbrace{F(t)}_{f(t)\text{の不定積分}}\right]_a^x = \underbrace{F(x)}_{x\text{の関数}} - \underbrace{F(a)}_{\text{定数}}$ となって，x の関数なので，これを定数 A と絶対置けないね。この場合やることは次の **2** つだ！

(ⅰ) x は変数だから, x はどんな値をとってもいい。したがって，この x に定数 a を代入してみると，積分区間が $x = a$ から $x = a$ まで，つまり

$$\int_a^a f(t)dt = \Big[F(t)\Big]_a^a = F(a) - F(a) = 0$$ で，

図 **1** の下図のように面積が **0** となるんだ。

(ⅱ) $\int_a^x f(t)dt$ は x の関数だから，これは x で微分できるはずだ。実際に x で微分すると，

$$\left\{\int_a^x f(t)dt\right\}' = \{F(x) - \underset{定数}{F(a)}\}' = F'(x) = f(x)$$

($F'(x) - F'(a)$，$F'(x) = f(x)$，$F'(a) = 0$)

となる。

ここで，$F'(t) = f(t)$ ならば，$F'(x) = f(x)$ としてもいい。文字 t を x に代えただけだからね。

図 **1**　変数 x がある場合

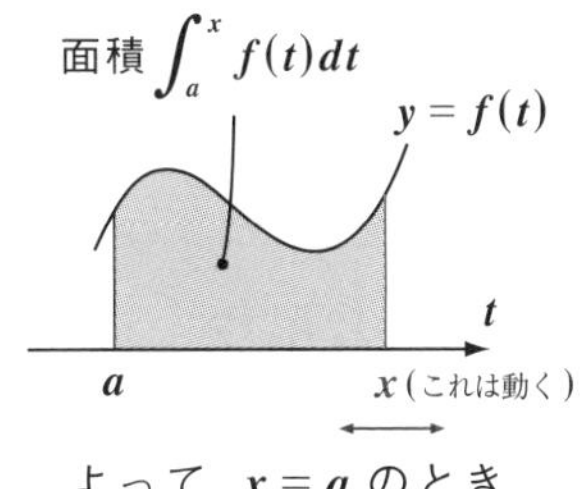

よって，$x = a$ のとき

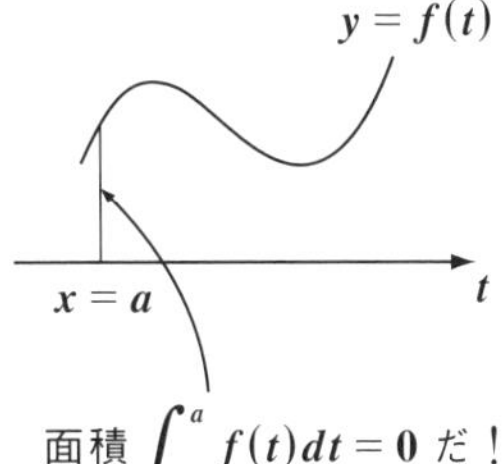

面積 $\int_a^a f(t)dt = 0$ だ！

それでは例題を **2** 題やっておこう。

◆例題 18◆

関数 $f(x)$ が等式 $f(x) = 3x^2 + 2\int_0^1 f(t)dt$ ……① をみたすとき，$f(x)$ を求めよ。　　（千葉工業大）

解答＆解説　$A = \int_0^1 f(t)dt$ ……② とおくと，①は

（積分区間が $0 \leqq t \leqq 1$ だからこの定積分は当然定数 A とおく！）

（単純な **2** 次関数だ！）

$f(x) = 3x^2 + 2A$ ……③

③より，$f(t) = 3t^2 + 2A$ ……④　　④を②に代入すると，

$$A = \int_0^1 (3t^2 + 2A)dt = \Big[t^3 + 2At\Big]_0^1 = 1 + 2A$$

よって，$A = 1 + 2A$ を解いて，

$A = -1$ ……⑤　（A の値を求めればいいだけ！）

⑤を③に代入して，$f(x) = 3x^2 + 2\cdot(-1) = 3x^2 - 2$ ……………………（答）

◆例題19◆

$\int_a^x f(t)dt = x^2 + x - 2$ ……① をみたす関数 $f(x)$, および実数 a の値を求めよ。 (青山学院大＊)

解答&解説 ①の両辺に $x = a$ を代入して,

$$\boxed{\int_a^a f(t)dt} = a^2 + a - 2 \quad \cdots\cdots ②$$

（左辺 $= 0$）

P.196 をcheck!!

②の左辺は $\underline{0}$ だから,

$a^2 + a - 2 = \underline{0}$ $\qquad (a+2)(a-1) = 0$

$\therefore a = -2, 1$ ………………………(答)

また, ①の両辺を x で微分して,

$$\boxed{\left\{\int_a^x f(t)dt\right\}'} = (x^2 + x - 2)' \quad \cdots\cdots ③$$

（左辺 $= f(x)$）

③の左辺は $f(x)$ だから, ③より

$f(x) = 2x + 1$ ………………………(答)

> ①の左辺の t の積分区間は $a \leqq t \leqq \underline{\underline{x}}$ なので,
> これは $\underline{\underline{x}}$ の関数。だから,
> 定数 A とは絶対におけない。この場合やることは,
> (i) $x = a$ を代入する,
> (ii) x で微分する,
> の 2 つだけだ。

● 絶対値のついた 2 変数関数の積分にチャレンジしよう！

次のような形の定積分に挑戦してみよう。

$$f(x) = \int_0^1 |t^2 - x^2| dt \quad (0 \leqq x \leqq 2)$$

難しそうって？　大丈夫, 詳しく解説するから。まず, 数学で 2 つ以上の変数を扱う場合の鉄則は,

1 つが変数として動くとき, 他の変数は定数として扱う！

ってことだ。この積分では, 最後が $\underline{dt}$ で終わってるから, t で積分せよって言ってるんだね。ということは, t が変数となるから, x はまず定数と考えないといけない。たとえば, x は 1 とでも考えなさい。

でも，t の関数 $|t^2-x^2|$ を t で積分した結果，t には 1 と 0 の値が代入されるので，最終的に t はなくなって，x だけが残る。したがって，積分が終わった後，x は変数として動き始めるんだ。これを模式図で示すと，次のようになるよ。

$$f(x)=\int_0^1 |t^2-x^2|\,dt$$

（dt：t で積分）
（t^2：まず変数）
（x^2：まず定数扱い → 積分後，変数）

最終的に，右辺は x の関数となるので，これを左辺で $f(x)$ とおいてるんだね。大丈夫だね。

図 2　$y=|t^2-x^2|$ のグラフ
（まず，t が変数だから，横軸は t 軸だ！）

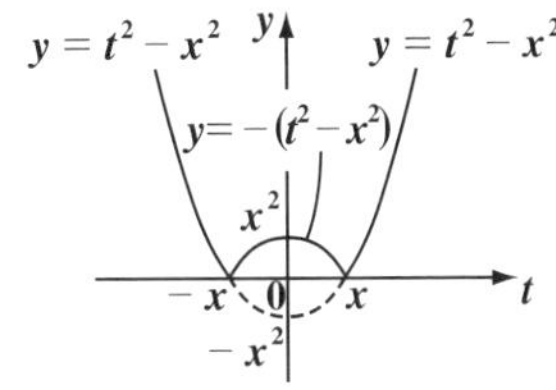

では，具体的に $y=|t^2-x^2|$ のグラフを図 2 に示しておく。これは，放物線 $y=t^2-x^2=(t-x)(t+x)$ のグラフをかくと，$-x \leqq t \leqq x$ では，$y \leqq 0$ となる。よって，$y=|t^2-x^2|$ では，この負の部分に ⊖ をつけて正にする。つまり，$-x \leqq t \leqq x$ では，$y=-(t^2-x^2)$ となり，グラフでは図 2 のように t 軸に関して上に折り返した形になるよ。

図 3　(i)　$0 \leqq x < 1$ のとき

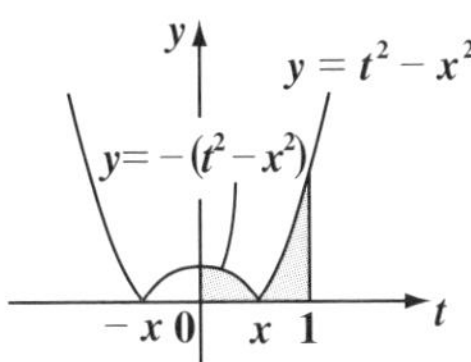

この関数を積分区間 $0 \leqq t \leqq 1$ で積分する場合，x と 1 との大小関係が問題になるね。

(i)　$0 \leqq x < 1$ のとき図 3 に示すように，積分区間を $0 \leqq t \leqq x$ と $x \leqq t \leqq 1$ に分けて積分しないといけないね。

(ii)　$1 \leqq x \leqq 2$ のときは，図 4 のように全積分区間 $0 \leqq t \leqq 1$ にわたって $-(t^2-x^2)$ を t で積分すればいいんだ。

図 4　(ii)　$1 \leqq x \leqq 2$ のとき

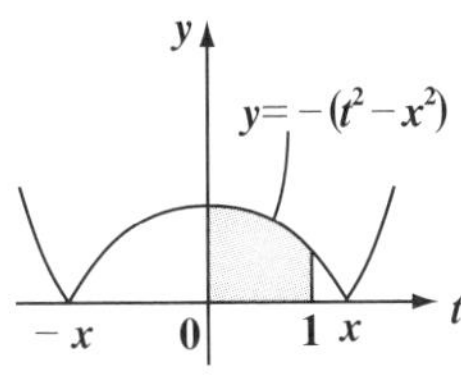

ここまで教えれば大丈夫だね？　あとは，絶対暗記問題**82**で答えを出すことにしよう！

定積分で表された関数(Ⅰ)

絶対暗記問題 79	難易度 ★	CHECK1	CHECK2	CHECK3

整式 $f(x)$ が，恒等式 $f(x)=x^5+x^4+x^3+x^2+x+\int_{-1}^{1}f(t)dt$

をみたしている。このとき $f(x)$ を求めよ。 (東北学院大)

ヒント! 定積分 $\int_{-1}^{1}f(t)dt$ の積分区間が $-1\leqq t\leqq 1$ だから，これを A(定数)とおくパターンだ。こうすると，$f(x)$ は x の 5 次式になるのがわかるね。後は，定数 A の値を求めればいい。

解答&解説

$$f(x)=x^5+x^4+x^3+x^2+x+\boxed{\int_{-1}^{1}f(t)dt}\ \cdots\cdots①$$

定数 A

この定積分は定数 A とおくパターンだ!

ここで，$A=\int_{-1}^{1}f(t)dt$ ……②とおくと，①は

$f(x)=x^5+x^4+x^3+x^2+x+A$ ……③

よって，$f(t)=t^5+t^4+t^3+t^2+t+A$ ……④

④を②に代入して，

積分区間が $-a\leqq x\leqq a$ の形だから，当然，偶・奇関数の積分に分類して，省エネ積分に持ち込む!

奇関数はバイバイだ!

$$A=\int_{-1}^{1}(t^5+t^4+t^3+t^2+t+A)dt \longrightarrow \text{省エネ積分}$$

$$=\int_{-1}^{1}(t^4+t^2+A)dt=2\int_{0}^{1}(t^4+t^2+A)dt$$

$$=2\left[\frac{1}{5}t^5+\frac{1}{3}t^3+At\right]_0^1=2\left(\frac{1}{5}+\frac{1}{3}+A\right)=\frac{16}{15}+2A$$

$\therefore\ A=\dfrac{16}{15}+2A$ より，$A=-\dfrac{16}{15}$ 　これを③に代入して，求める関数 $f(x)$ は

$$f(x)=x^5+x^4+x^3+x^2+x-\frac{16}{15}\ \cdots\cdots(\text{答})$$

定積分で表された関数(Ⅱ)

絶対暗記問題 80	難易度 ★★	CHECK1	CHECK2	CHECK3

(1) $\displaystyle\int_a^x f(t)dt = x^3 - 2x^2 - 3x$ をみたす定数 a の値と関数 $f(x)$ を求めよ。

ただし, $a > 0$ とする。

(2) 関数 $f(x) = \displaystyle\int_{-1}^x (t^2 + 2t - 3)dt$ の極小値を求めよ。

ヒント！ (1), (2) の定積分はともに積分区間が, $a \leqq t \leqq x$ の形だから, 定数 A とはおけない。このパターンでは, (i) $x = a$ を代入する, (ii) x で微分する, の2つの操作を実行するんだね。

解答＆解説

(1) $\displaystyle\int_a^x f(t)dt = x^3 - 2x^2 - 3x$ ……①

(i) $\displaystyle\int_a^a f(t)dt = 0$ だ！

①の両辺の x に a を代入して,

$0 = a^3 - 2a^2 - 3a \quad a(a^2 - 2a - 3) = 0 \quad a(a-3)(a+1) = 0$

$\therefore a = 3 \quad (\because a > 0)$ ……………………………(答)

①の両辺を x で微分して,

(ii) $\left\{\displaystyle\int_a^x f(t)dt\right\}' = f(x)$ だ！

$f(x) = 3x^2 - 4x - 3$ ……………………………(答)

(2) $f(x) = \displaystyle\int_{-1}^x (t^2 + 2t - 3)dt$ ……② ← x に -1 を代入した $f(-1) = 0$ は必要ない

②の両辺を x で微分して,

$\left\{\displaystyle\int_{-1}^x (t^2 + 2t - 3)dt\right\}' = x^2 + 2x - 3$

$f'(x) = x^2 + 2x - 3 = (x+3)(x-1)$

$f'(x) = 0$ のとき, $x = -3, 1$

$f'(x)$ が2次関数だから, $f(x)$ は当然3次関数。増減表から $x = 1$ で極小値をもつ。

$\therefore x = 1$ で, 極小値 $f(1)$ をとる。よって,

増減表

x		-3		1	
$f'(x)$	$+$	0	$-$	0	$+$
$f(x)$	↗	極大	↘	極小	↗

$f(1) = \displaystyle\int_{-1}^1 (t^2 + \underset{奇}{2t} - 3)dt = 2\int_0^1 (\underset{偶}{t^2 - 3})dt$

$= 2\left[\dfrac{1}{3}t^3 - 3t\right]_0^1 = -\dfrac{16}{3}$ ……………………………(答)

定積分で表された関数(Ⅲ)

絶対暗記問題 81	難易度 ★★★	CHECK1	CHECK2	CHECK3

関数 $f(x)$ と $g(x)$ が次の 2 つの式を満たしている。

$$\begin{cases} \int_1^x f(t)dt = x \cdot g(x) - 2ax + 2 & \cdots\cdots ① \quad (\text{ただし，} a \text{ は定数}) \\ g(x) = x^2 - x\int_0^1 f(t)dt - 3 & \cdots\cdots\cdots ② \end{cases}$$

このとき，定数 a の値と，関数 $f(x)$ と $g(x)$ を求めよ。　(上智大*)

ヒント！ ②について，$\int_0^1 f(t)dt = b$ (定数) とおいて，これを①に代入した後，①について，(i) $x=1$ を代入する，(ii) ①の両辺を x で微分する，という 2 つの操作を行い，解いていけばいいんだね。

解答＆解説

$$\int_0^1 f(t)dt = b \ (\text{定数}) \ \cdots\cdots ③$$

← 積分区間が $[0, 1]$ だから，この定積分は当然定数になる。

とおくと，②は，

$g(x) = x^2 - bx - 3$ ……②′ となる。

②′を①に代入して，

$$\int_1^x f(t)dt = x\underbrace{(x^2 - bx - 3)}_{g(x)} - 2ax + 2$$

$$\therefore \int_1^x f(t)dt = x^3 - bx^2 - (3+2a)x + 2 \ \cdots\cdots ①'$$

(i) ①′に $x=1$ を代入して，

$$\underbrace{\int_1^1 f(t)dt}_{0} = 1^3 - b\cdot 1^2 - (3+2a)\cdot 1 + 2 = -b - 2a$$

$\therefore b = -2a$ ……④ となる。

(ii) ①′の両辺を x で微分して，

$$\underbrace{\left\{\int_1^x f(t)dt\right\}'}_{f(x)} = 3x^2 - 2bx - 3 - 2a$$

$\therefore f(x) = 3x^2 - 2bx - 3 \underbrace{- 2a}_{b\,(④より)}$ ……⑤ となる。

④を⑤に代入して,

$f(x) = 3x^2 - 2bx - 3 + b$ ……⑤´ となるので,

変数を x から t に替えると,

$f(t) = 3t^2 - 2bt - 3 + b$ ……⑤´´

⑤´´を③に代入して,

$$b = \int_0^1 \underbrace{(3t^2 - 2bt - 3 + b)}_{f(t)} dt$$

$$= \left[t^3 - bt^2 + (b-3)t\right]_0^1$$

$$= 1^3 - b \cdot 1^2 + (b - 3) \cdot 1$$

$\therefore b = -2$ ……⑥ より, これを④に代入して, $-2 = -2a$

$\therefore a = 1$ である。 ……………………………………………………(答)

⑥を⑤´と②´に代入して,

$f(x) = 3x^2 - 2 \cdot (-2)x - 3 - 2 = 3x^2 + 4x - 5$ である。………………(答)

$g(x) = x^2 - (-2) \cdot x - 3 = x^2 + 2x - 3$ である。 ………………………(答)

絶対値のついた 2 変数関数の積分 (Ⅰ)

絶対暗記問題 82	難易度 ★★	CHECK1	CHECK2	CHECK3

関数 $f(x)=\int_0^1 |t^2-x^2|\,dt \quad (0 \leqq x \leqq 2)$ を求めよ。

ヒント! 絶対値のついた 2 変数関数の積分の問題だ。t で積分するので，x はまず定数扱いだ。$y=|t^2-x^2|$ のグラフから，x を (i) $0 \leqq x < 1$，(ii) $1 \leqq x \leqq 2$ の 2 通りに場合分けしないといけないね。

解答＆解説

(i) $0 \leqq x < 1$ のとき

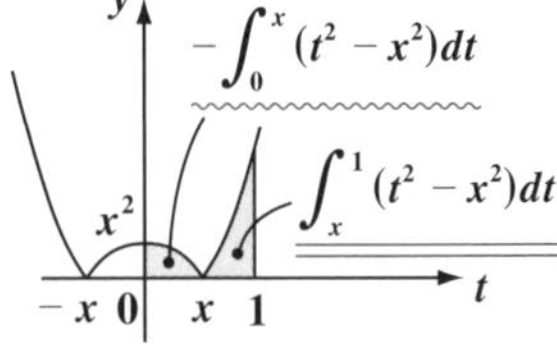

$f(x)=\int_0^1 |t^2-x^2|\,dt \quad (0 \leqq x \leqq 2)$ を

(i) $0 \leqq x < 1$ と (ii) $1 \leqq x \leqq 2$ に場合分けする。

(i) $0 \leqq x < 1$ のとき，

$$f(x) = -\int_0^x (t^2-x^2)dt + \int_x^1 (t^2-x^2)dt = -\left[\frac{1}{3}t^3-x^2t\right]_0^x + \left[\frac{1}{3}t^3-x^2t\right]_x^1$$

（積分後，変数）（まず定数）（まず変数）

$$= -2\left(\frac{1}{3}x^3-x^3\right)+\left(\frac{1}{3}-x^2\right) = \frac{4}{3}x^3-x^2+\frac{1}{3}$$

(ii) $1 \leqq x \leqq 2$ のとき

(ii) $1 \leqq x \leqq 2$ のとき，

$$f(x) = -\int_0^1 (t^2-x^2)dt = -\left[\frac{1}{3}t^3-x^2t\right]_0^1 = -\frac{1}{3}+x^2 = x^2-\frac{1}{3}$$

（積分後，変数）（まず定数）（まず変数）

以上 (i)(ii) より，求める関数 $f(x)$ は

$$f(x) = \begin{cases} \dfrac{4}{3}x^3-x^2+\dfrac{1}{3} & (0 \leqq x < 1) \\ x^2-\dfrac{1}{3} & (1 \leqq x \leqq 2) \end{cases}$$ ……………………(答)

（x の 3 次関数の一部）（x の 2 次関数の一部）

絶対値のついた 2 変数関数の積分 (Ⅱ)

絶対暗記問題 83　難易度 ★★　CHECK1　CHECK2　CHECK3

$a > 0$ のとき, $f(a) = \int_0^2 |3x^2 - 6ax|dx$ を求めよ。

ヒント! x で積分するから, 文字 a をまず定数と考える。そして, $y = |3x^2 - 6ax|$ のグラフをかけば, (i) $0 < a < 1$, (ii) $1 \leqq a$ の 2 つの場合分けに気づくはずだ。

解答＆解説

(i) $0 < a < 1$, $1 \leqq a$ の 2 つに場合分けして,

(i) $0 < 2a < 2$, すなわち $0 < a < 1$ のとき,

（まず定数）

$$f(a) = -\int_0^{2a}(3x^2 - 6ax)dx + \int_{2a}^2 (3x^2 - 6ax)dx$$

$$= -\left[x^3 - 3ax^2\right]_0^{2a} + \left[x^3 - 3ax^2\right]_{2a}^2$$

$$= -2(8a^3 - 12a^3) + (8 - 12a) = 8a^3 - 12a + 8$$

(ii) $2 \leqq 2a$, すなわち $1 \leqq a$ のとき,

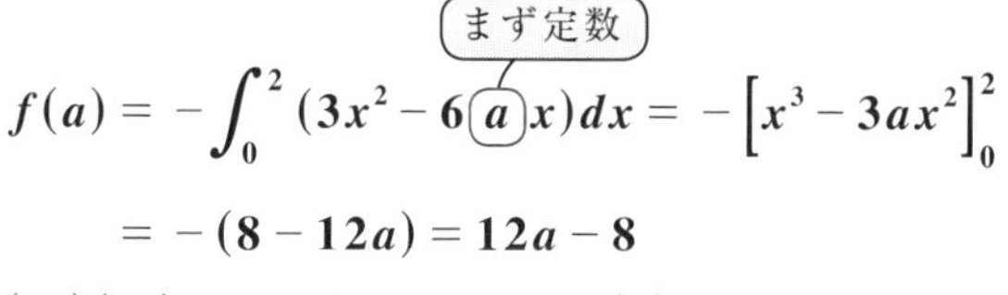

$$f(a) = -\int_0^2 (3x^2 - 6ax)dx = -\left[x^3 - 3ax^2\right]_0^2$$

$$= -(8 - 12a) = 12a - 8$$

以上 (i)(ii) より, 求める関数 $f(a)$ は

$$f(a) = \begin{cases} 8a^3 - 12a + 8 & (0 < a < 1) \\ 12a - 8 & (1 \leqq a) \end{cases}$$ ……(答)

$y = |3x(x - 2a)|$ のグラフ

（$y = 3x^2 - 6ax$, $y = -(3x^2 - 6ax)$, 0, $2a$）

(i) $0 < a < 1$ のとき

（$y = 3x^2 - 6ax$, $y = -(3x^2 - 6ax)$, 0, $2a$, 2）

(ii) $1 \leqq a$ のとき

（$y = -(3x^2 - 6ax)$, 0, 2, $2a$）

頻出問題にトライ・23　難易度 ★★★　CHECK1　CHECK2　CHECK3

$f(a) = \int_0^1 |x(x - a)|\,dx$ とする。(ただし, a は実数定数)

(1) $f(a)$ を a の式で表せ。

(2) $f(a)$ の最小値を求めよ。　(大阪工業大＊)

解答は P247

7. 面積公式で面積計算がグッと楽になる！

いよいよ，これから面積計算の解説に入ろう。これは積分計算のメインテーマであり，受験でも最頻出分野の**1**つだ。ここではまず，面積計算が定積分で行えることを示す。さらに，面積公式と言って，条件さえそろえば積分しなくても結果が出せるテクニックについても解説する。

● 面積計算の基本を押さえよう！

連続な関数 $f(x)$ が，$f(x) \geqq 0$ のとき，図**1**に示すように，区間 $a \leqq x \leqq b$ で曲線 $y = f(x)$ と x 軸とで挟まれる図形の面積 S は，

$$f(x) \geqq 0 \text{ のとき，} S = \int_a^b f(x)dx$$

と表されることを，これから示そう。

図 1　面積 S

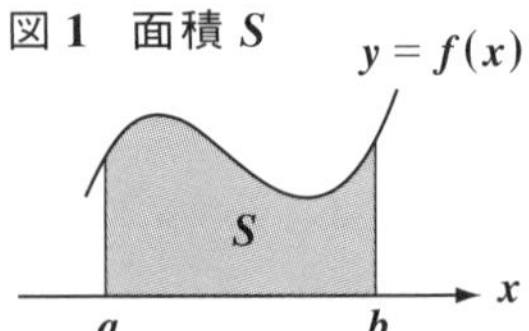

ここでまず，図**2**に示すように，a 以上，x 以下の区間で，曲線 $y = f(x)$ と x 軸とで挟まれる図形の面積を $S(x)$ で表すことにする。（x の関数）

図 2　関数 $S(x)$ の定義

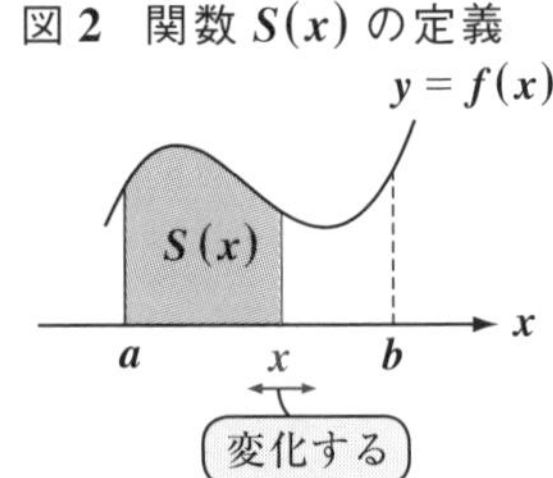

すると，図**2**(ⅰ)(ⅱ)より，

$$\begin{cases} S(a) = 0 \\ S(b) = S \quad (\text{求める面積}) \end{cases}$$

となるのはいいね。

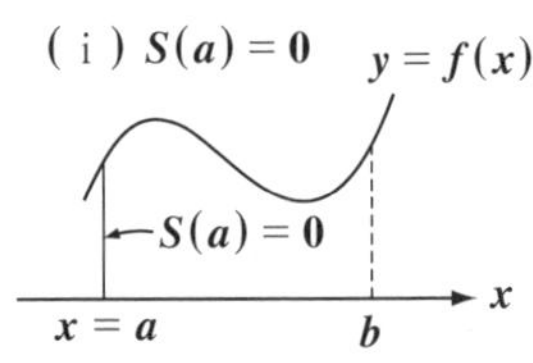

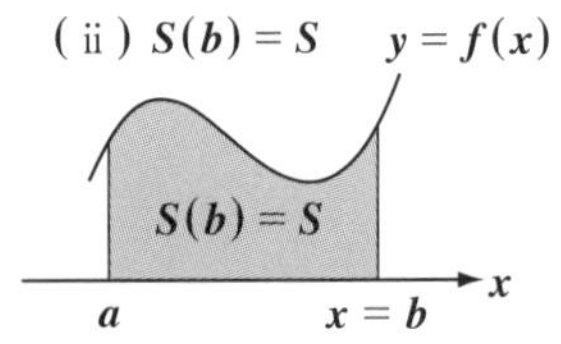

それでは，次に

$S(x+h)$ － $S(x)$ の表す面積を

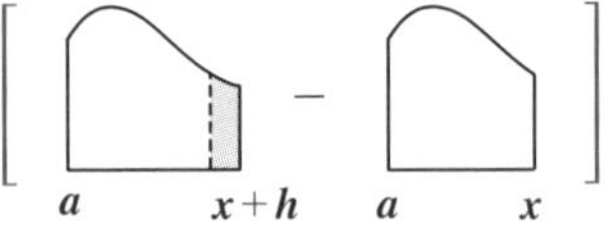

図**3**の網目部で示す。

図 3　$S(x+h) - S(x)$ の面積

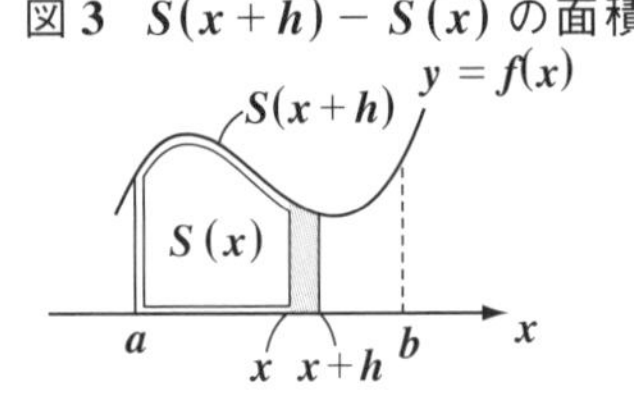

さらに, 図 4 に示すように, $f(x)$ は連続関数なので,

$S(x+h)-S(x)=f(t_1)\cdot h$ ……㋐

図 4 $S(x+h)-S(x)=f(t_1)\cdot h$

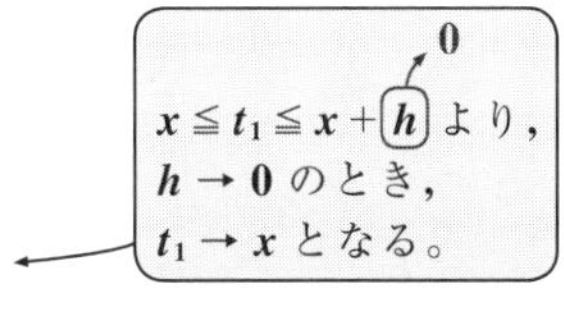

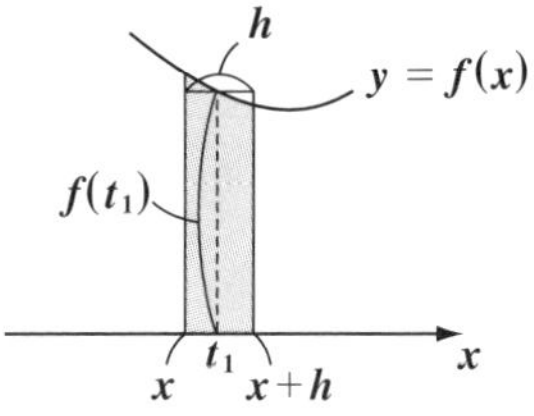

[(図: x から $x+h$ までの面積) = (図: 幅 h, 高さ $f(t_1)$ の長方形, t_1)]

をみたす t_1 が, x と $x+h$ の間に必ず存在する。すなわち,

$x\leqq t_1\leqq x+h$ ……㋑

ここで, ㋐の両辺を $h(>0)$ で割って,

$$\frac{S(x+h)-S(x)}{h}=f(t_1)$$

この両辺の $h\to 0$ の極限をとると,

$$\lim_{h\to 0}\frac{S(x+h)-S(x)}{h}=\lim_{h\to 0}f(t_1)$$

（左辺 → $S'(x)$, 右辺 → $f(x)$）

$x\leqq t_1\leqq x+h$ より, (h → 0)
$h\to 0$ のとき,
$t_1\to x$ となる。

左辺の極限は $\frac{0}{0}$ の不定形だけど, 右辺が間違いなく $f(x)$ に収束するので,
左辺の極限 ($S(x)$ の導関数の定義式) は, $S'(x)$ とおける！

$\therefore\ S'(x)=f(x)$ ……㋒ ($\because$ ㋑)

㋒より, $S(x)$ は $f(x)$ の原始関数 (不定積分) であることがわかった。

$$\therefore \int f(x)dx=S(x)+C \quad (C：積分定数)$$

ここで, $S(a)=0$, $S(b)=S$ より, 積分区間 $a\leqq x\leqq b$ の定積分にもち込むと,

$$\int_a^b f(x)dx=[S(x)]_a^b=\underset{S}{S(b)}-\underset{0}{S(a)}=S$$

以上より, $f(x)\geqq 0$ のとき, 区間 $a\leqq x\leqq b$ において, 曲線 $y=f(x)$ と x 軸とで挟まれる図形の面積 S は, $\boxed{S=\int_a^b f(x)dx}$ で求められる。

面白かった？

● $f(x) \leqq 0$ の場合の面積も計算できる！

区間 $a \leqq x \leqq b$ において，曲線 $y = f(x)$ と x 軸で挟まれる図形の面積は，(ⅰ) $f(x) \geqq 0$ のときと，(ⅱ) $f(x) \leqq 0$ のときに場合分けして，次のように計算できる。

面積の基本公式（Ⅰ）

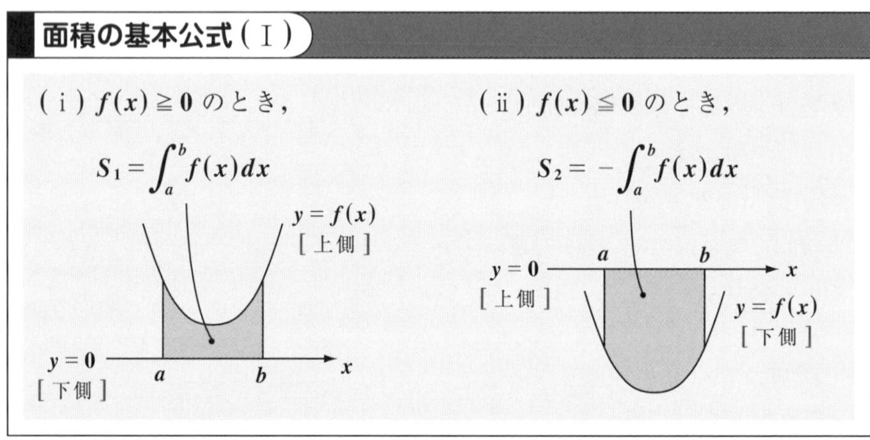

(ⅰ) $f(x) \geqq 0$ の場合の面積 S_1 は，前節で詳しく解説した通りだ。

(ⅱ) $f(x) \leqq 0$ の場合は，$-f(x) \geqq 0$ となるので，グラフ的には，

$y = f(x)$ を x 軸に関して折り返した $y = -f(x)$ を，区間 $a \leqq x \leqq b$ で定積分した $\int_a^b \{-f(x)\}dx = -\int_a^b f(x)dx$ が，求める面積 S_2 になるんだね。

曲線 $y = f(x)$ と x 軸とで挟まれる図形の面積計算では，$f(x)$ の符号に注意しないといけない。それでは，例題を解いてみよう。

曲線 $y = f(x) = x^2 + 2x$ と x 軸とで挟まれる，$-1 \leqq x \leqq 1$ の部分の面積を求めるよ。$y = f(x) = x(x+2)$ と変形できるから，x 軸との交点は $x = -2$, 0 となる。さらに $-2 \leqq x \leqq 0$ の範囲で $f(x) \leqq 0$ だ。

よって，求める面積 S は

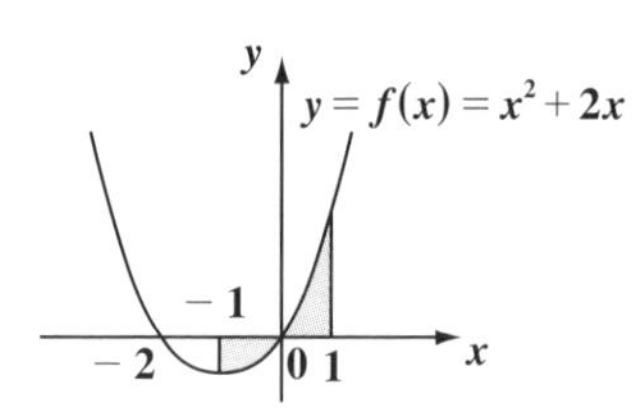

$$S = -\int_{-1}^{0}(x^2 + 2x)dx + \int_0^1 (x^2 + 2x)dx$$

$$= -\left[\frac{x^3}{3} + x^2\right]_{-1}^{0} + \left[\frac{x^3}{3} + x^2\right]_0^1$$

$$= -\frac{1}{3} + 1 + \frac{1}{3} + 1 = 2 \cdots\cdots\cdots\cdots（答）$$

● 2曲線で挟まれる図形の面積は，上下関係が重要だ！

区間 $a \leqq x \leqq b$ において，2つの曲線 $y=f(x)$ と $y=g(x)$ とで挟まれる図形の面積 S を求める公式についても，下に示す。

面積の基本公式（Ⅱ）

区間 $a \leqq x \leqq b$ において，2曲線 $y=f(x)$ と $y=g(x)$ とで挟まれる図形の面積 S は

$$S=\int_a^b \{f(x)-g(x)\}dx$$

（ただし，$a \leqq x \leqq b$ において $f(x) \geqq g(x)$ とする）

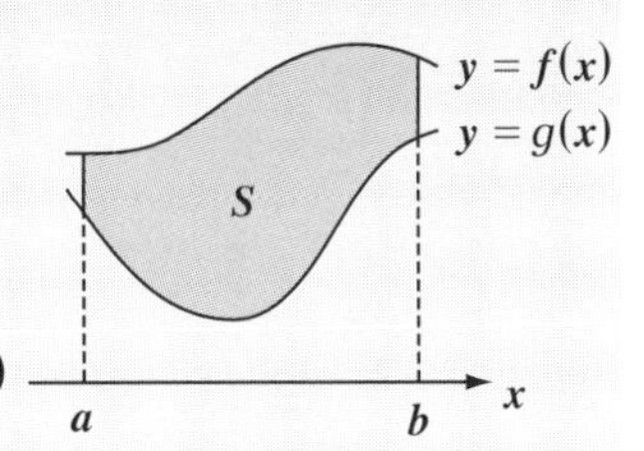

$h(x)=f(x)-g(x)$ とおくと，S は，$a \leqq x \leqq b$ において $y=h(x)$ と x 軸とで挟まれる図形の面積に等しいので，意味はよくわかると思う。

ここで重要なことは，$a \leqq x \leqq b$ において $f(x) \geqq g(x)$ であるならば，

$h(x)=\underbrace{f(x)}_{大}-\underbrace{g(x)}_{小} \geqq 0$ となって，そのまま積分すれば面積が求まるんだね。

もし，$f(x) \leqq g(x)$ ならば当然 $\boxed{-h(x)}$（$-\{f(x)-g(x)\}$）を積分しないといけないね。

それでは，例題を1つ解いておこう。$0 \leqq x \leqq 2$ において，2曲線

$y=f(x)=x^2$, $y=g(x)=x^2-2x+2$

で挟まれる図形の面積 S を求める。

y を消去して，$x^2=x^2-2x+2$

$2x=2 \quad \therefore x=1$

$\begin{cases} (\text{i})\ 0 \leqq x \leqq 1 \text{ のとき，} f(x) \leqq g(x) \\ (\text{ii})\ 1 \leqq x \leqq 2 \text{ のとき，} f(x) \geqq g(x) \end{cases}$

以上より，求める図形の面積 S は，

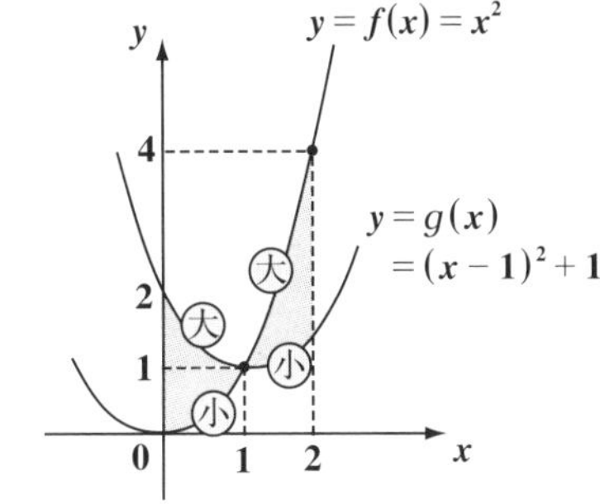

$$S=-\int_0^1\{\underbrace{f(x)}_{小}-\underbrace{g(x)}_{大}\}dx+\int_1^2\{\underbrace{f(x)}_{大}-\underbrace{g(x)}_{小}\}dx$$

$$=-\int_0^1(2x-2)dx+\int_1^2(2x-2)dx=-\left[x^2-2x\right]_0^1+\left[x^2-2x\right]_1^2$$

$=-2\cdot(1-2)+(4-4)=2$ となる。……………………………………(答)

それではもう **1** 題，場合分けと大小関係に注意して次の例題で面積を求めてみよう。

◆例題20◆

$0 \leqq x \leqq 3$ の範囲で，2 つの関数 $y = f(x) = -x^2 + 5$ と $y = g(x) = |x - 1|$ のグラフで挟まれる図形の面積 S を求めよ。

解答＆解説

$y = f(x) = -x^2 + 5$ ……①　　$y = g(x) = |x-1| = \begin{cases} x - 1 & (x \geqq 1) \\ -x + 1 & (<1) \end{cases}$ ……②

とおいて，まず，$x \geqq 1$ における①と②の交点の x 座標を求めると，

$x \geqq 1$ のとき，①，②より y を消去して，

$-x^2 + 5 = x - 1$　　$x^2 + x - 6 = 0$　　$(x+3)(x-2) = 0$ より，

$\therefore x = 2$ となる。($x \geqq 1$ より $x = -3$ は不適)

> $x < 1$ における①と②の交点の x 座標は，今回の問題では不要だけれど，一応求めておくと，$-x^2 + 5 = -x + 1$　$x^2 - x - 4 = 0$　$x = \dfrac{1 \pm \sqrt{1+16}}{2}$
> $x < 1$ より，$x = \dfrac{1-\sqrt{17}}{2}$ ($\fallingdotseq -1.56$) となる。

$f(2) = -2^2 + 5 = 1$，$f(3) = -3^2 + 5 = -4$ より，

$0 \leqq x \leqq 3$ の範囲で，$y = f(x)$ と $y = g(x)$ のグラフで挟まれる図形を右図に網目部で示す。

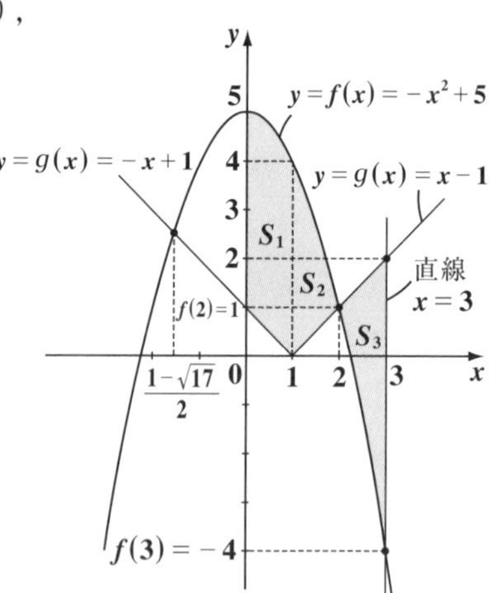

このグラフから，求める面積 S は次のように **3** つに場合分けして，S_1，S_2，S_3 の和として求めることができる。

(i) $0 \leqq x \leqq 1$ のとき，

$$S_1 = \int_0^1 \{\underbrace{-x^2+5}_{f(x)\text{大}} - (\underbrace{-x+1}_{g(x)\text{小}})\}dx$$

(ii) $1 \leqq x \leqq 2$ のとき，

$$S_2 = \int_1^2 \{\underbrace{-x^2+5}_{f(x)\text{大}} - (\underbrace{x-1}_{g(x)\text{小}})\}dx$$

(iii) $2 \leqq x \leqq 3$ のとき，$S_3 = \int_2^3 \{\underbrace{x-1}_{g(x)\text{㊛}} - (\underbrace{-x^2+5}_{f(x)\text{㊙}})\}dx$

以上 (i), (ii), (iii) より，求める面積 S は，

$$S = S_1 + S_2 + S_3$$

$$= \int_0^1 (-x^2+x+4)dx + \int_1^2 (-x^2-x+6)dx + \int_2^3 (x^2+x-6)dx$$

$$= \left[-\frac{1}{3}x^3 + \frac{1}{2}x^2 + 4x\right]_0^1 + \left[-\frac{1}{3}x^3 - \frac{1}{2}x^2 + 6x\right]_1^2 + \left[\frac{1}{3}x^3 + \frac{1}{2}x^2 - 6x\right]_2^3$$

$$-\frac{1}{3}\cdot 1^3 + \frac{1}{2}\cdot 1^2 + 4\cdot 1 - 0 = -\frac{1}{3} + \frac{1}{2} + 4 = \frac{-2+3+24}{6} = \frac{25}{6}$$

$$-\frac{8}{3} - 2 + 12 - \left(-\frac{1}{3} - \frac{1}{2} + 6\right) = -\frac{8}{3} + \frac{1}{3} + \frac{1}{2} + 4 = \frac{-14+3+24}{6} = \frac{13}{6}$$

$$9 + \frac{9}{2} - 18 - \left(\frac{8}{3} + 2 - 12\right) = 1 + \frac{9}{2} - \frac{8}{3} = \frac{6+27-16}{6} = \frac{17}{6}$$

$$= \underbrace{\frac{25}{6}}_{S_1} + \underbrace{\frac{13}{6}}_{S_2} + \underbrace{\frac{17}{6}}_{S_3}$$

$$= \frac{25+13+17}{16} = \frac{55}{6}$$ である。……………………………………………(答)

どう？正確に求められた？この後，様々な面積公式を利用して，メンドウな積分計算を行わなくても，面積が算出される問題について詳しく解説していくつもりだ。しかし，このように，便利な面積公式が利用できないような問題もよく出題されるので，そのときは今回のように，場合分けして迅速に正確に積分計算を行う必要があるんだね。

この例題で何度も練習して，自力で短時間で結果が導けるようになると，たとえ，本番の試験で面積公式が使えない問題に直面しても，自信をもって問題を解いていくことができると思う。頑張ろうな！

● 面積公式をマスターしよう！

面積を求めるのに定積分を使うのはわかったね。でも，この積分計算というのが，やってみると意外と大変なんだね。

ここで，ある条件をみたせば，積分計算しなくても，アッという間に結果を出せるウマイやり方を教えよう。面積公式と呼ばれるもので，ここでは頻出の **2** つのタイプを紹介する。

面積公式

(Ⅰ) 放物線と直線とで囲まれる部分の面積 S_1

放物線 $y=ax^2+bx+c$ と直線 $y=mx+n$ とで囲まれる部分の面積 S_1 は，この 2 つのグラフの交点の x 座標 α, β $(\alpha<\beta)$ と，x^2 の係数 a の 3 つだけで，簡単に計算できる。

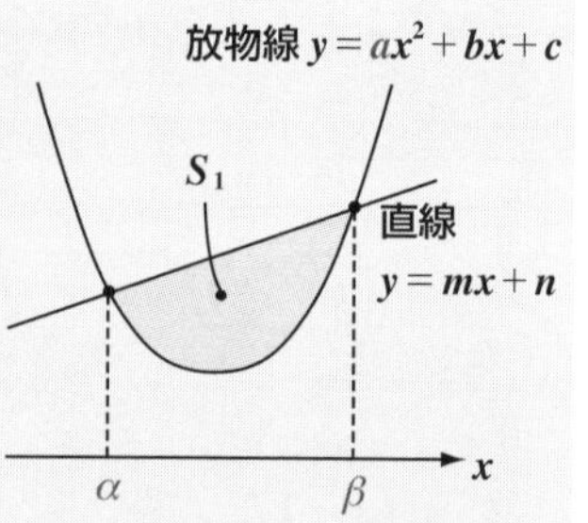

面積 $S_1=\dfrac{|a|}{6}(\beta-\alpha)^3$

(Ⅱ) 放物線と 2 接線とで囲まれる部分の面積 S_2

$y=ax^2+bx+c$ とその 2 つの接線①，② とで囲まれる部分の面積 S_2 は，放物線と 2 接線の接点の x 座標 α, β $(\alpha<\beta)$ と，x^2 の係数 a の 3 つだけで，簡単に計算できる。

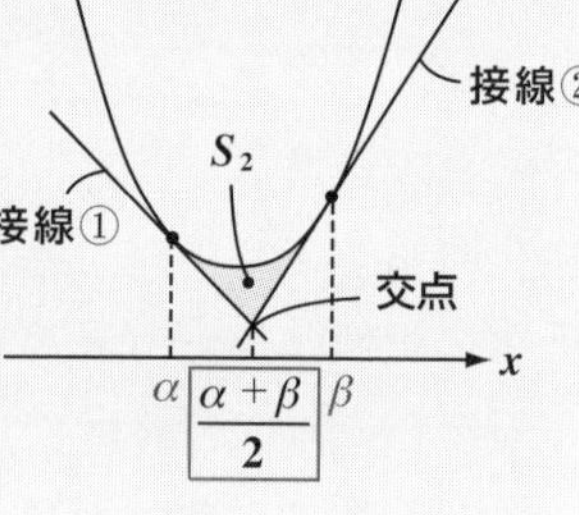

面積 $S_2=\dfrac{|a|}{12}(\beta-\alpha)^3$

面積公式そのものは正しい公式だからどんどん使ってかまわないんだけれど，実際の試験の答案では表に出さない方がいいと思う。形式としては，積分計算の式を書いて，計算用紙で出した面積公式の結果を，最後に答案に書けばいいんだよ。

では，(Ⅰ)の面積公式を用いる例題をやってみよう。

◆例題21◆

放物線 $y = x^2$ と直線 $y = 3x - 2$ によって囲まれた部分の面積 S を求めよ。 (信州大)

解答＆解説

$y = x^2$ ……①　　$y = 3x - 2$ ……②

①，②より y を消去して，

$x^2 = 3x - 2$　　$x^2 - 3x + 2 = 0$ ……③

$(x - 1)(x - 2) = 0$

$\therefore x = 1, 2$ ← 交点の x 座標だ！

よって求める面積 S は，

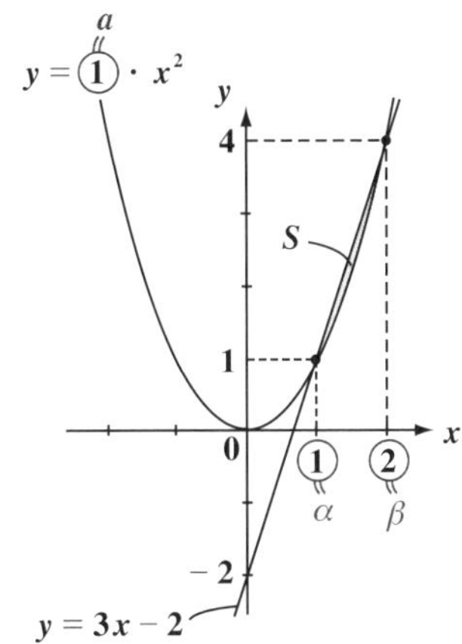

$$S = \int_1^2 \{\underbrace{3x - 2}_{\text{大}} - \underbrace{x^2}_{\text{小}}\}dx$$

$$= \int_1^2 (-x^2 + 3x - 2)dx$$

$$= \left[-\frac{1}{3}x^3 + \frac{3}{2}x^2 - 2x\right]_1^2 = \frac{1}{6}$$ ……………………………………(答)

③の異なる2実数解を α, β とおくと，$\alpha = 1$，$\beta = 2$ だね。また，放物線 $y = 1 \cdot x^2$ の x^2 の係数 $a = 1$ より，この面積 S は，← 放物線と直線とで囲まれる部分の面積

$S = \frac{|a|}{6}(\beta - \alpha)^3 = \frac{|1|}{6}(2 - 1)^3 = \frac{1}{6}$ だね。

これは計算用紙にでも出しておいて，答案では上のように積分計算の式の後に結果を書けばいいんだよ。

どう？ 要領つかめた？ それでは，さらにこの(Ⅰ)の面積公式を絶対暗記問題86で，また(Ⅱ)の面積公式を絶対暗記問題87，88，そして頻出問題にトライ・24で試してみてくれ。

● 面積公式の応用にもチャレンジしよう！

積分しなくても，曲線と直線で囲まれる図形の面積を求める，便利で役に立つ面積公式をもう **2** つ紹介しておこう。

面積公式の応用

(Ⅲ) 2 つの放物線と共通接線とで囲まれる部分の面積 S_3

2 つの放物線

$$\begin{cases} y = \underline{\underline{a}}x^2 + bx + c \text{ と} \\ y = \underline{\underline{a}}x^2 + b'x + c' \text{ と，} \end{cases}$$

x^2 の係数 $\underline{\underline{a}}$ は同じでなければならない

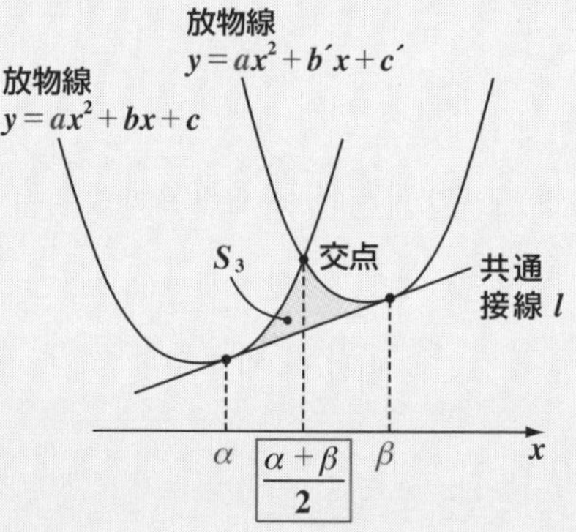

その共通接線 l とで囲まれる部分の面積 S_3 は，それぞれの放物線の接点の x 座標 α, β $(\alpha < \beta)$ と，x^2 の係数 a の $\underline{3 \text{ つだけ}}$で，次のように$\underline{\text{簡単}}$に計算できる。

$$\text{面積 } S_3 = \frac{|a|}{12}(\beta - \alpha)^3$$

(Ⅳ) 3 次関数と接線とで囲まれる部分の面積 S_4

3 次関数 $y = ax^3 + bx^2 + cx + d$ とその接線 l とで囲まれる部分の面積 S_4 は，3 次関数と接線の交点と接点の x 座標 α, β $(\alpha < \beta)$ と，x^2 の係数 a の $\underline{3 \text{ つだけ}}$で，次のように$\underline{\text{簡単}}$に計算できる。

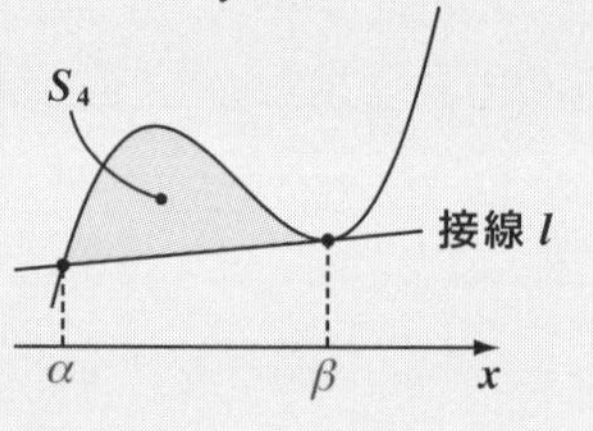

$$\text{面積 } S_4 = \frac{|a|}{12}(\beta - \alpha)^4$$

3 次関数と接線の面積公式も，受験では狙われる可能性があるので，シッカリ頭に入れておこう。

では，(Ⅲ)の面積公式を利用する例題にチャレンジしてみよう。

◆例題22◆

2つの放物線 C_1：$y = x^2$ と C_2：$y = x^2 - 4x + 5$ の両方に接する共通接線 l がある。

(1) C_1 と l の接点の x 座標 α，および C_2 と l の接点の x 座標 β を求めよ。

(2) C_1 と C_2 と l とで囲まれる部分の面積 S を求めよ。

解答＆解説

(1) 放物線 C_1：$y = f(x) = x^2$ ……①

放物線 C_2：$y = x^2 - 4x + 5$ …②

とおく。

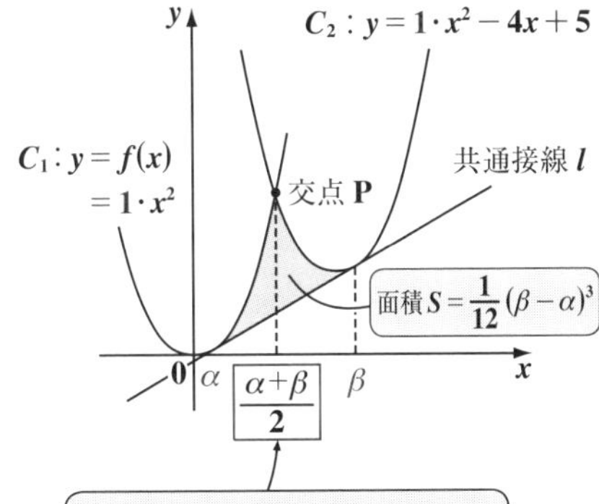

C_1 と C_2 の交点 P の座標は，こう表せるのも覚えておこう

C_2：$y = (x^2 - 4x + 4) + 5 - 4$ （2で割って2乗）

$= (x-2)^2 + 1$ より，これは，頂点 $(2, 1)$ の下に凸の放物線

①を微分して $f'(x) = 2x$

よって，$y = f(x)$ 上の点 (α, α^2) （$\alpha^2 = f(\alpha)$）

における接線 l の方程式は，

$y = 2\alpha(x - \alpha) + \alpha^2$ より，$y = 2\alpha x - \alpha^2$ ……………………③

$[y = f'(\alpha)(x - \alpha) + f(\alpha)]$

接線 l は，②の接線でもあるので，②と③から y を消去すると，

$x^2 - 4x + 5 = 2\alpha x - \alpha^2$ よって，$\underbrace{1}_{a}\cdot x^2 \underbrace{- 2(\alpha + 2)}_{2b'}x + \underbrace{\alpha^2 + 5}_{c} = 0$ ……④

この2次方程式④は，重解 $(x = \beta)$ をもつ。

よって④の判別式を D とおくと，

$\frac{D}{4} = \{-(\alpha + 2)\}^2 - 1\cdot(\alpha^2 + 5) = (\alpha + 2)^2 - \alpha^2 - 5$ （$\frac{D}{4} = b'^2 - ac$）

$= \alpha^2 + 4\alpha + 4 - \alpha^2 - 5 = 4\alpha - 1 = 0$ $\therefore \alpha = \frac{1}{4}$ となる。…………(答)

$\alpha = \dfrac{1}{4}$ を，$x^2 - 2(\alpha + 2)x + \alpha^2 + 5 = 0$ ……④に代入すると，

$x^2 - 2\left(\dfrac{1}{4} + 2\right)x + \left(\dfrac{1}{4}\right)^2 + 5 = 0 \quad x^2 - \dfrac{9}{2}x + \left(\dfrac{9}{4}\right)^2 = 0$

$\left[-2 \cdot \dfrac{9}{4} = -\dfrac{9}{2}\right] \quad \left[\dfrac{1}{16} + 5 = \dfrac{1+80}{16} = \dfrac{81}{16} = \left(\dfrac{9}{4}\right)^2\right]$

$\left(x - \dfrac{9}{4}\right)^2 = 0$ より，重解 $x = \beta = \dfrac{9}{4}$ である。 ……………………………(答)

(2) $\alpha = \dfrac{1}{4}$ を，l：$y = 2\alpha x - \alpha^2$ ……③に代入すると，

共通接線 l：$y = \dfrac{1}{2}x - \dfrac{1}{16}$

よって，求める C_1 と C_2 と l とで囲まれる部分の面積 S は，

$$S = \int_{\frac{1}{4}}^{\frac{5}{4}} \left\{x^2 - \left(\frac{1}{2}x - \frac{1}{16}\right)\right\}dx$$

$$+ \int_{\frac{5}{4}}^{\frac{9}{4}} \left\{x^2 - 4x + 5 - \left(\frac{1}{2}x - \frac{1}{16}\right)\right\}dx$$

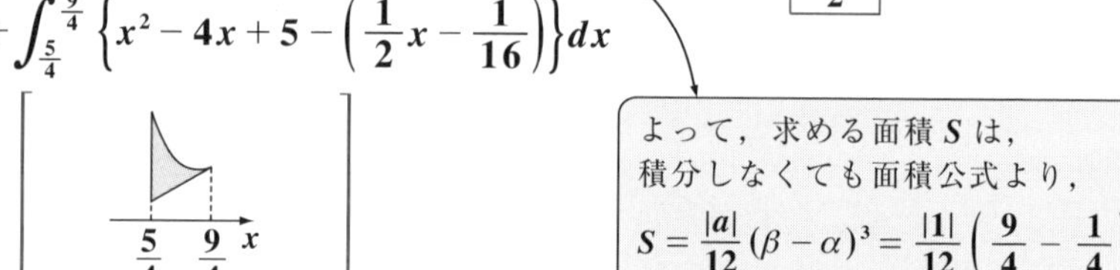

$= \dfrac{2}{3}$ ……………………………(答)

よって，求める面積 S は，積分しなくても面積公式より，

$S = \dfrac{|a|}{12}(\beta - \alpha)^3 = \dfrac{|1|}{12}\left(\dfrac{9}{4} - \dfrac{1}{4}\right)^3$

$= \dfrac{1}{12} \cdot 2^3 = \dfrac{8}{12} = \dfrac{2}{3}$ と分かる！

では次，面積公式(Ⅳ)を使う例題にも挑戦してみよう。

◆例題23◆

3次関数 C：$y = f(x) = x^3 - 4x$ と，この曲線 C 上の点 $(1, f(1))$ における接線 l とで囲まれる部分の面積 S を求めよ。

解答&解説

曲線 C : $y = f(x) = x^3 - 4x$ ……①とおき，

①を x で微分すると，

$f'(x) = (x^3 - 4x)' = 3x^2 - 4 \cdot 1 = 3x^2 - 4$

$\therefore f'(1) = 3 \cdot 1^2 - 4 = 3 - 4 = -1$

よって，曲線 C 上の点 $(1, \underline{-3})$ における

$f(1) = 1^3 - 4 \cdot 1 = 1 - 4 = -3$

曲線 C の接線 l の方程式は，

$y = -1 \cdot (x - 1) - 3 \quad \therefore y = -x - 2$ ………②

$[y = f'(1) \cdot (x - 1) + f(1)]$

①と②より，y を消去して，$x^3 - 4x = -x - 2$

$x^3 - 3x + 2 = 0 \longrightarrow 1 \cdot x^3 + 0 \cdot x^2 - 3 \cdot x + 2 = 0$

これを解いて，

$(x - 1)^2 \cdot (x + 2) = 0$

$\therefore x = -2, \ 1$ (重解)

$-2 = \alpha$，$1 = \beta$

交点の x 座標　接点の x 座標　接点の x 座標は重解になる

$y = f(x) = 1 \cdot x^3 - 4x$ （$a = 1$）

$(1, -3)$　接線 l　$y = -x - 2$

面積 $S = \dfrac{|a|}{12}(\beta - \alpha)^4$

$= \dfrac{|1|}{12}\{1 - (-2)\}^4$

$= \dfrac{1}{12} \cdot 3^4$

$= \dfrac{81}{12} = \dfrac{27}{4}$

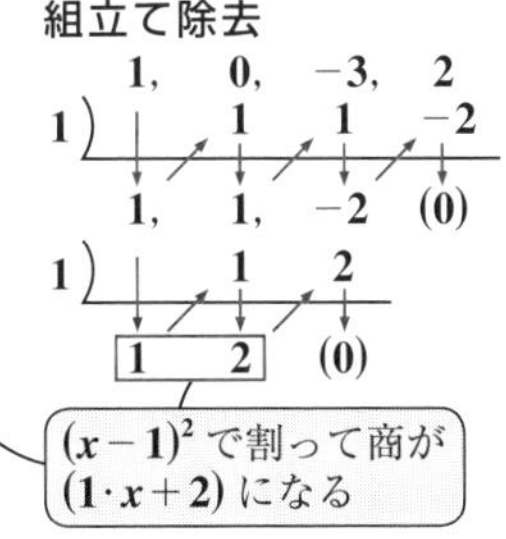

$(x-1)^2$ で割って商が $(1 \cdot x + 2)$ になる

以上より，曲線 C と接線 l とで囲まれる部分の面積 S は，

$$S = \int_{-2}^{1} \{f(x) - (-x - 2)\}dx = \int_{-2}^{1} (x^3 - 4x + x + 2)dx$$

$$= \int_{-2}^{1} (x^3 - 3x + 2)dx = \left[\frac{1}{4}x^4 - \frac{3}{2}x^2 + 2x\right]_{-2}^{1}$$

$$= \frac{27}{4}$$ ……………………………………………(答)

面積公式の結果

面積 S は，面積公式から簡単に $\dfrac{27}{4}$ と求められるけれど，積分計算を最後までキチンと解いて導いてもいい。同じ結果になることを，自分で確かめてみてごらん。

放物線と直線とで挟まれる図形の面積

絶対暗記問題 84	難易度 ★★	CHECK1	CHECK2	CHECK3

曲線 C：$y=x^2-|x|$ と直線 l：$y=x+1$ について，次の問いに答えよ。

(1) 曲線 C のグラフの概形を描け。

(2) 曲線 C と直線 l との交点の x 座標を求めよ。

(3) 曲線 C と直線 l とで囲まれる図形の面積 S を求めよ。　（昭薬大＊）

ヒント！ (1) $|x|=\begin{cases} x & (x \geqq 0) \\ -x & (x<0) \end{cases}$ より，曲線 C：$y=\begin{cases} x^2-x & (x \geqq 0) \\ x^2+x & (x<0) \end{cases}$ となるんだね。(2) では，(i) $x<0$ と (ii) $x \geqq 0$ に場合分けして，交点の x 座標を求めよう。(3) でも，(i) $x<0$ と (ii) $x \geqq 0$ に場合分けして，それぞれの面積を求めて，その和をとればいいんだね。

解答＆解説

曲線 C：$y=f(x)=x^2-|x|$ ……① と，直線 l：$y=x+1$ ……② とおく。

(1) 曲線 C：$y=f(x)=\begin{cases} x^2-x & (x \geqq 0) \\ x^2+x & (x<0) \end{cases}$ ……① より， ← $\because |x|=\begin{cases} x & (x \geqq 0) \\ -x & (x<0) \end{cases}$

(i) $x \geqq 0$ のとき，$y=f(x)=x(x-1)=\left(x-\dfrac{1}{2}\right)^2-\dfrac{1}{4}$ ← $x=0,\ 1$ で交わり，頂点 $\left(\dfrac{1}{2},\ -\dfrac{1}{4}\right)$ の下に凸の放物線

(ii) $x<0$ のとき，$y=f(x)=x(x+1)$

$$=\left(x+\frac{1}{2}\right)^2-\frac{1}{4}$$

$x=-1,\ 0$ で交わり，頂点 $\left(-\dfrac{1}{2},\ -\dfrac{1}{4}\right)$ の下に凸の放物線

以上より，曲線 C のグラフの概形を右図に示す。…………………………(答)

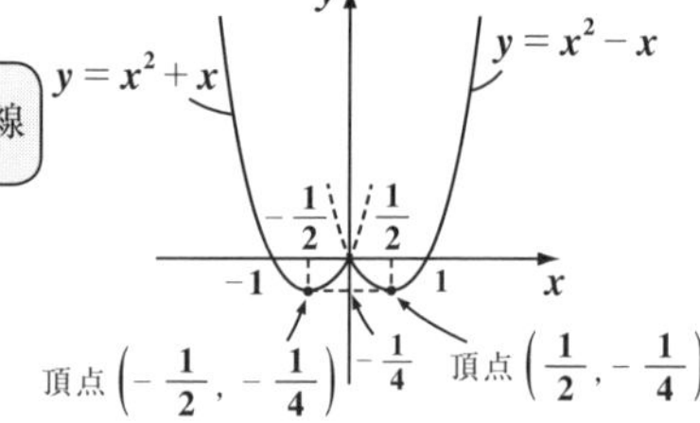

(2) (i) $x<0$ のとき，

C：$y=f(x)=x^2+x$ と l：$y=x+1$

から，y を消去して，

$x^2+\cancel{x}=\cancel{x}+1 \quad x^2=1$

$\therefore x=-1 \quad (\because x<0)$

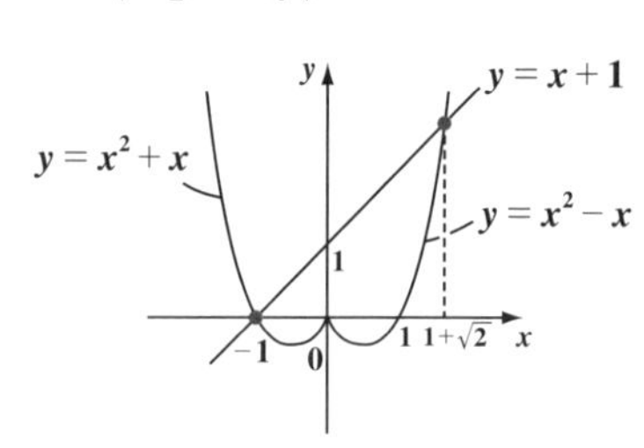

(ii) $x \geqq 0$ のとき,

$C: y = f(x) = x^2 - x$ と $l: y = x + 1$

から, y を消去して,

$x^2 - x = x + 1$ より, $x^2 - 2x - 1 = 0$

$\therefore x = 1 \pm \sqrt{1^2 - 1 \cdot (-1)} = 1 \pm \underbrace{\sqrt{2}}_{1.414\cdots}$

$ax^2 + 2b'x + c = 0$ の解
$x = \dfrac{-b' \pm \sqrt{b'^2 - ac}}{a}$

$\therefore x = 1 + \sqrt{2}$ $(\because x \geqq 0)$

以上 (i)(ii) より, 曲線 C と直線 l との交点の x 座標は,

$x = -1$ と $1 + \sqrt{2}$ である。……………………………………………(答)

(3) 曲線 $C: y = f(x)$ と直線 $l: y = x + 1$ とで囲まれる図形の面積 S は,

(i) $x < 0$ のときの面積 S_1 と (ii) $x \geqq 0$ のときの面積 S_2 の和として求められる。よって,

$$S = S_1 + S_2 = \int_{-1}^{0} \{x + 1 - \underbrace{f(x)}_{(x^2+x)}\} dx + \int_{0}^{1+\sqrt{2}} \{x + 1 - \underbrace{f(x)}_{(x^2-x)}\} dx$$

$$= \int_{-1}^{0} (\cancel{x} + 1 - x^2 - \cancel{x})\, dx + \int_{0}^{1+\sqrt{2}} (x + 1 - x^2 + x)\, dx$$

$$= \int_{-1}^{0} (-x^2 + 1)\, dx + \int_{0}^{1+\sqrt{2}} (-x^2 + 2x + 1)\, dx$$

$$= \left[-\frac{1}{3}x^3 + x\right]_{-1}^{0} + \left[-\frac{1}{3}x^3 + x^2 + x\right]_{0}^{1+\sqrt{2}}$$

$0 - \left\{-\dfrac{1}{3} \cdot (-1)^3 - 1\right\}$
$= -\dfrac{1}{3} + 1 = \dfrac{2}{3}$

$-\dfrac{1}{3}(1+\sqrt{2})^3 + (1+\sqrt{2})^2 + 1 + \sqrt{2} - 0$
$= -\dfrac{1}{3}(1 + 3\sqrt{2} + 6 + 2\sqrt{2}) + 1 + 2\sqrt{2} + 2 + 1 + \sqrt{2}$
$= -\dfrac{7}{3} - \dfrac{5\sqrt{2}}{3} + 4 + 3\sqrt{2} = \dfrac{5}{3} + \dfrac{4\sqrt{2}}{3}$

$\therefore S = S_1 + S_2 = \dfrac{2}{3} + \dfrac{5 + 4\sqrt{2}}{3} = \dfrac{7 + 4\sqrt{2}}{3}$ である。………………(答)

放物線と 3 直線で囲まれる部分の面積

絶対暗記問題 85　難易度 ★★　CHECK1　CHECK2　CHECK3

$0 \leqq a \leqq 2$ のとき，放物線 $y = f(x) = 3x^2 - 6x$ と直線 $x = a$, $x = a + 1$ および x 軸とで囲まれる図形の面積 $S(a)$ を求めよ。　(東京都立大＊)

ヒント！ $f(x)$ の符号から，(ⅰ) $0 \leqq a < 1$，(ⅱ) $1 \leqq a \leqq 2$ の場合分けが必要だ。

解答＆解説

$y = f(x) = 3x(x-2)$ のグラフから，求める面積 $S(a)$ は，(ⅰ) $0 \leqq a < 1$，(ⅱ) $1 \leqq a \leqq 2$ に場合分けして求める。

頂点 $(1, -3)$ の下に凸の放物線

(ⅰ) $0 \leqq a < 1$ のとき

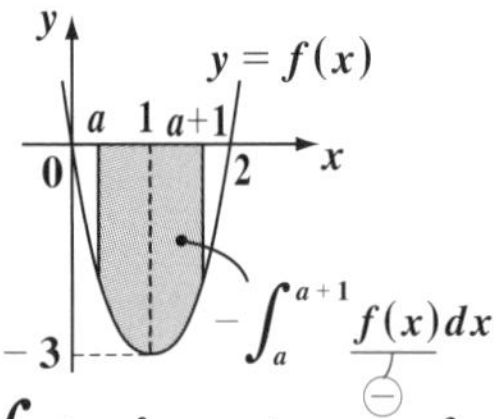

(ⅱ) $1 \leqq a \leqq 2$ のとき

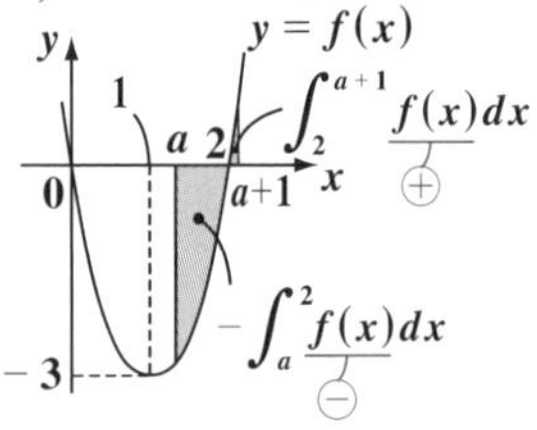

ここで，$F(x) = \int f(x)dx = \int (3x^2 - 6x)dx = x^3 - 3x^2 + C$ とおくと，

$F(2) = 8 - 12 + C = -4 + C$，　$F(a) = a^3 - 3a^2 + C$

$F(a+1) = \underbrace{(a+1)^3}_{a^3+3a^2+3a+1} - 3\underbrace{(a+1)^2}_{(a^2+2a+1)} + C = a^3 - 3a - 2 + C$

(ⅰ) $0 \leqq a < 1$ のとき，

$$S(a) = -\int_a^{a+1} \underbrace{f(x)}_{\ominus} dx = -\left[F(x)\right]_a^{a+1} = -\underbrace{F(a+1)}_{(a^3-3a-2+\cancel{C})} + \underbrace{F(a)}_{(a^3-3a^2+\cancel{C})}$$

$$= -(\cancel{a^3} - 3a - 2) + \cancel{a^3} - 3a^2 = -3a^2 + 3a + 2$$

(ⅱ) $1 \leqq a \leqq 2$ のとき，

$$S(a) = -\int_a^2 \underbrace{f(x)}_{\ominus} dx + \int_2^{a+1} \underbrace{f(x)}_{\oplus} dx = -\left[F(x)\right]_a^2 + \left[F(x)\right]_2^{a+1}$$

$$= -2 \cdot \underbrace{F(2)}_{(-4+\cancel{C})} + \underbrace{F(a)}_{(a^3-3a^2+\cancel{C})} + \underbrace{F(a+1)}_{(a^3-3a-2+\cancel{C})}$$

$$= 8 + a^3 - 3a^2 + a^3 - 3a - 2 = 2a^3 - 3a^2 - 3a + 6$$

以上(ⅰ)(ⅱ)より，

$$S(a) = \begin{cases} -3a^2 + 3a + 2 & (0 \leqq a < 1) \\ 2a^3 - 3a^2 - 3a + 6 & (1 \leqq a \leqq 2) \end{cases}$$ ……………………………………(答)

放物線と直線とで囲まれる部分の面積

絶対暗記問題 86	難易度 ★★	CHECK 1	CHECK 2	CHECK 3

(1) 放物線 $y=2x^2+3x-1$ と直線 $y=x+1$ とで囲まれる部分の面積 S を求めよ。

(2) 2 つの放物線 $y=x^2-x+1$ と $y=-x^2+4x-2$ とで囲まれる部分の面積 A を求めよ。

ヒント！ (1)(2) はともに，放物線と直線とで囲まれる部分の面積を面積公式で求める問題だ。(2) では，2 つの放物線で囲まれた部分の面積だけれど，上側－下側の関数を新たに $y=h(x)$ とおくと，この曲線と x 軸（直線）とで囲まれる面積になるよ。ジックリ考えれば簡単になるはずだ。頑張れ！

解答＆解説

(1) $y=\underset{a}{\boxed{2}}x^2+3x-1$ ……①　　$y=x+1$ ……②

①，②より y を消去して，$2x^2+3x-1=x+1$　　$x^2+x-1=0$

この 2 実数解を α,β とおくと，

$$\alpha=\frac{-1-\sqrt{5}}{2},\ \beta=\frac{-1+\sqrt{5}}{2}$$

> 面積公式に必要な $a=2$ と α,β の値より，面積公式 (Ⅰ) を使って，
> $\frac{|a|}{6}(\beta-\alpha)^3=\frac{1}{3}(\sqrt{5})^3=\frac{5\sqrt{5}}{3}$
> と求めた !!

以上より，求める面積 S は，

$$S=\int_\alpha^\beta\{\underbrace{x+1}_{\text{上側}}-(\underbrace{2x^2+3x-1}_{\text{下側}})\}dx=-\left[\frac{2}{3}x^3+x^2-2x\right]_\alpha^\beta=\frac{5\sqrt{5}}{3}\cdots(\text{答})$$

(2) $\begin{cases} y=f(x)=x^2-x+1 & \cdots③ \\ y=g(x)=-x^2+4x-2 & \cdots④ \end{cases}$ とおく。

> $h(x)=g(x)-f(x)=-2x^2+5x-3$ とおくと，曲線 $y=h(x)$ と x 軸とで囲まれる部分の面積となる。

③，④より y を消去して，$2x^2-5x+3=0$　　$(x-1)(2x-3)=0$

$x=1,\ \frac{3}{2}$　　∴求める面積 A は，

> $\frac{|-2|}{6}\times\left(\frac{3}{2}-1\right)^3$
> $=\frac{1}{3}\times\left(\frac{1}{2}\right)^3=\frac{1}{24}$

$y=h(x)$
$=\underset{a}{\boxed{-2}}x^2+5x-3$

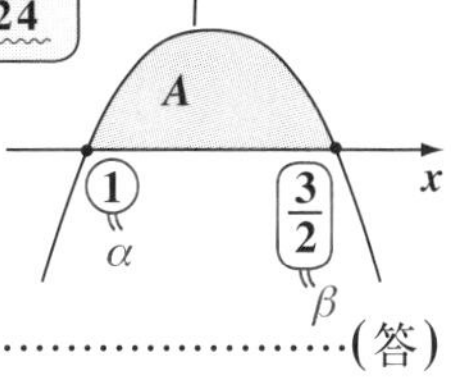

$$A=\int_1^{\frac{3}{2}}\{\underbrace{g(x)}_{\text{上側}}-\underbrace{f(x)}_{\text{下側}}\}dx=\int_1^{\frac{3}{2}}(\overbrace{-2x^2+5x-3}^{h(x)})dx$$

$$=\left[-\frac{2}{3}x^3+\frac{5}{2}x^2-3x\right]_1^{\frac{3}{2}}=\frac{1}{24}\ \cdots\cdots\cdots\cdots(\text{答})$$

放物線と 2 接線で囲まれる部分の面積

絶対暗記問題 87	難易度 ★★	CHECK 1	CHECK 2	CHECK 3

放物線 C : $y = x^2$ と，点 $(1, -3)$ を通り C に接する 2 直線 L_1, L_2 がある。

(1) 接線 L_1, L_2 の方程式を求めよ。

(2) 放物線 C と 2 接線 L_1, L_2 とで囲まれる部分の面積 S を求めよ。

(日本女子大＊)

ヒント！ (1) は点 $(1, -3)$ を通る接線の方程式を求めるだけだから問題ないね。(2) は放物線とその 2 接線とで囲まれた部分の面積だから，分母が 12 の公式を使えばいいんだ。頑張れ，頑張れ！

解答＆解説

(1) C : $y = f(x) = x^2$ とおく。$f'(x) = 2x$ より，

$y = f(x)$ 上の点 $(t, f(t))$ における接線の方程式は，

$y = 2t(x - t) + t^2$ ← $y = f'(t)(x - t) + f(t)$

$\therefore\ y = 2tx - t^2$ ……①

①が点 $(1, -3)$ を通るとき，$-3 = 2t \cdot 1 - t^2$，$t^2 - 2t - 3 = 0$

$(t - 3)(t + 1) = 0 \quad \therefore\ t = -1, 3$ ……②

したがって，接線の方程式は，

(i) $t = -1$ のとき，①より，$y = -2x - 1$

(ii) $t = 3$ のとき，①より，$y = 6x - 9$

← 後は，①に t の値を代入するだけだ!!

以上より，求める接線 L_1, L_2 の方程式は，

$y = -2x - 1, \quad y = 6x - 9$ ……………………(答)

(2) ②より，放物線 C と接線 L_1, L_2 とで囲まれた部分の面積 S は，

$$S = \int_{-1}^{1} \{\underbrace{f(x)}_{\text{上側}} - \underbrace{(-2x - 1)}_{\text{下側}}\} dx + \int_{1}^{3} \{\underbrace{f(x)}_{\text{上側}} - \underbrace{(6x - 9)}_{\text{下側}}\} dx$$

$$= \int_{-1}^{1} (x^2 + 2x + 1) dx + \int_{1}^{3} (x^2 - 6x + 9) dx$$

$$= \left[\frac{1}{3}x^3 + x^2 + x\right]_{-1}^{1} + \left[\frac{1}{3}x^3 - 3x^2 + 9x\right]_{1}^{3} = \frac{16}{3}$$ ……………………(答)

面積公式の応用 (Ⅰ)

絶対暗記問題 88	難易度 ★★★	CHECK 1	CHECK 2	CHECK 3

放物線 $C : y = x^2 + 1$ と，点 $\mathrm{A}\left(\frac{1}{2}\left(p - \frac{1}{p}\right),\ 0\right)$ がある。(ただし，$p > 0$)

(1) 点 A から放物線 C に引ける 2 本の接線の方程式を求めよ。

(2) 放物線 C と，(1) で求めた 2 接線とで囲まれる図形の面積 S を求めよ。

(3) 面積 S の最小値とそのときの p の値を求めよ。

ヒント！ (1) は，$y = f(x) = x^2 + 1$ とおいて，C 上の点 $(t,\ f(t))$ における接線が曲線外の点 A を通ることから，2 接線の方程式が求まる。(2) では，面積公式 (Ⅱ)：$S = \frac{|a|}{12}(\beta - \alpha)^3$ を使えばいい。(3) は，相加・相乗平均の式がポイントになる。

解答＆解説

(1) $y = f(x) = x^2 + 1$ とおくと，

$f'(x) = 2x$ より，

$y = f(x)$ 上の点 $(t,\ f(t))$ における接線の方程式は，

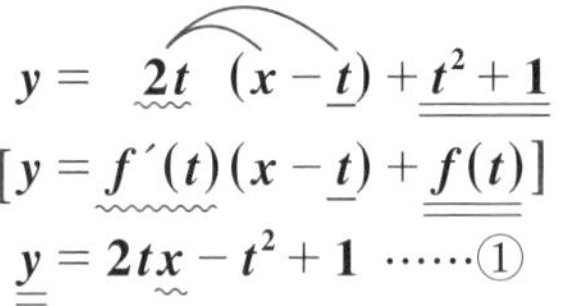

$$y = 2t(x - t) + t^2 + 1$$

$$[y = f'(t)(x - t) + f(t)]$$

$$y = 2tx - t^2 + 1 \quad \cdots\cdots①$$

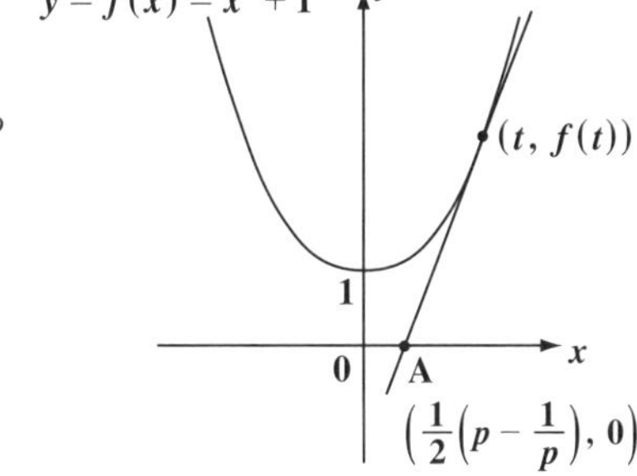

①は，点 $\mathrm{A}\left(\frac{1}{2}\left(p - \frac{1}{p}\right),\ 0\right)$ を通るので，これを①に代入して

$$0 = 2t \cdot \frac{1}{2}\left(p - \frac{1}{p}\right) - t^2 + 1$$

$$t^2 + \left(\frac{1}{p} - p\right)t - 1 = 0 \qquad \left(t + \frac{1}{p}\right)(t - p) = 0$$

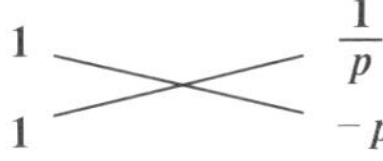

$$\therefore\ t = -\frac{1}{p},\quad p$$

よって，求める接線の方程式は，

（ⅰ）$t=p$ のとき，①に代入して，

$y=2px-p^2+1$ ……………(答)

（ⅱ）$t=-\frac{1}{p}$ のとき，①に代入して，

$y=-\frac{2}{p}x-\frac{1}{p^2}+1$ …………(答)

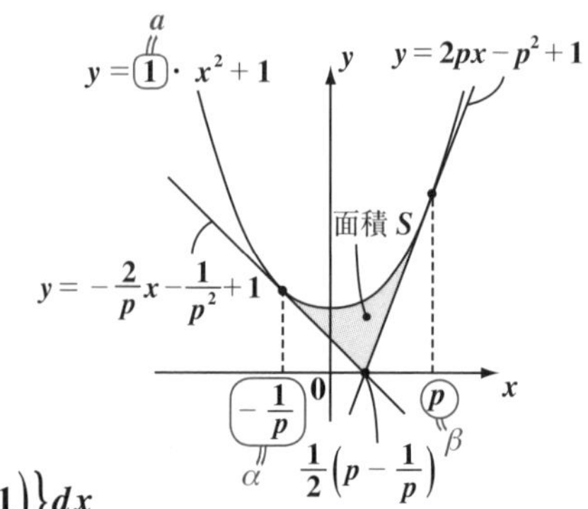

(2) 右図より，求める図形の面積 S は，

$$S=\int_{-\frac{1}{p}}^{\frac{1}{2}\left(p-\frac{1}{p}\right)}\left\{x^2+1-\left(-\frac{2}{p}x-\frac{1}{p^2}+1\right)\right\}dx$$

$$+\int_{\frac{1}{2}\left(p-\frac{1}{p}\right)}^{p}\{x^2+1-(2px-p^2+1)\}dx$$

$$=\frac{1}{12}\left(p+\frac{1}{p}\right)^3 \text{……………………………(答)}$$

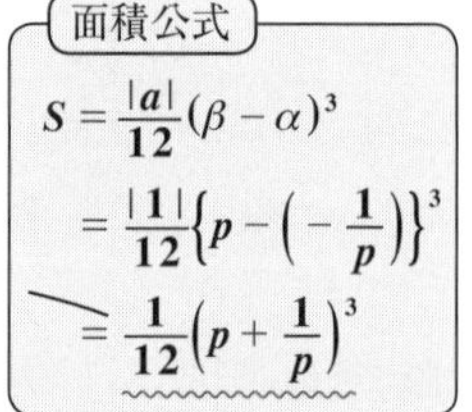

参考

$S=\frac{1}{12}\left(p+\frac{1}{p}\right)^3$ より，$p+\frac{1}{p}$ を最小

（$\frac{1}{12}$：定数，3：定数，$p+\frac{1}{p}$：最小化！）

にすれば，S も最小になる。当然，相加・相乗平均の出番だ！

(3) $p>0$ より，相加・相乗平均の式を用いて，

$$p+\frac{1}{p}\geqq 2\sqrt{p\cdot\frac{1}{p}}=2$$

$A>0,\ B>0$ のとき，$A+B\geqq 2\sqrt{AB}$
（等号成立条件：$A=B$）

等号成立条件：$p=\frac{1}{p}$ 　　$p^2=1$ 　　$p=1$ （$\because p>0$）

$\therefore p=1$ のとき，最小値 $S=\frac{1}{12}\cdot 2^3=\frac{2}{3}$ ……………………………(答)

面積公式の応用（Ⅱ）

絶対暗記問題 89　難易度 ★★★　CHECK1　CHECK2　CHECK3

2つの放物線 $C_1 : y = -x^2$ と $C_2 : y = -x^2 + 6x - 15$ の共通接線を l とする。l の方程式を求め，C_1, C_2 および l によって囲まれた図形の面積を求めよ。

（名城大＊）

ヒント！ まず，C_1 上の点 $(\alpha, -\alpha^2)$ における接線の式を求め，それが C_2 とも接する条件から，共通接線 l の方程式が求まるね。C_1 と C_2 と l とで囲まれる図形の面積は，面積公式を利用すれば，アッサリ求めることができる。頑張ろう！

解答＆解説

放物線 $C_1 : y = f(x) = -x^2$ ………………①

放物線 $C_2 : y = g(x) = -x^2 + 6x - 15$ ……②

とおく。

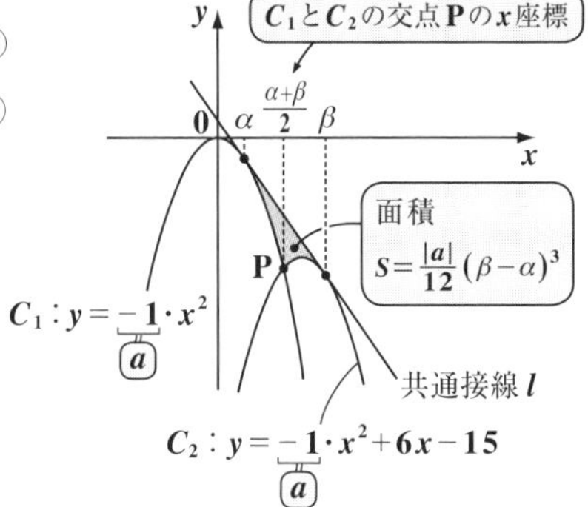

> $C_2 : y = -(x^2 - 6x + 9) - 15 + 9$
> （2で割って2乗）
> $= -(x-3)^2 - 6$ より，これは，頂点 $(3, -6)$ の，上に凸の放物線だね。

①を微分して，$f'(x) = -2x$ より，

$y = f(x)$ 上の点 $(\alpha, \underset{f(\alpha)}{\underline{-\alpha^2}})$ における接線 l の方程式は，

$y = -2\alpha(x - \alpha) - \alpha^2$ より，$y = -2\alpha x + \alpha^2$ ……③ となる。

$[y = f'(\alpha)(x - \alpha) + f(\alpha)]$

接線 l は②の接線でもあるので，②と③から y を消去すると，

$-x^2 + 6x - 15 = -2\alpha x + \alpha^2$

よって，$\underset{a}{\underline{1}} \cdot x^2 \underset{2b'}{\underline{-2(\alpha+3)}}x + \underset{c}{\underline{\alpha^2 + 15}} = 0$ ……④ となる。

この④の2次方程式は，重解 β をもつ。よって，④の判別式を D とおくと，

$\frac{D}{4} = (\alpha + 3)^2 - 1 \cdot (\alpha^2 + 15) = \cancel{\alpha^2} + 6\alpha + 9 - \cancel{\alpha^2} - 15 = \boxed{6\alpha - 6 = 0}$ となる。

$\therefore 6\alpha-6=0$ より，$\alpha=1$　これを③に代入すると，共通接線 l の方程式が，$y=-2x+1$ と求まる。……………………………………………………(答)

また，$\alpha=1$を，2次方程式：$x^2-2(\alpha+3)x+\alpha^2+15=0$ ……④ に代入すると，$x^2-2\cdot(1+3)x+1^2+15=0$ より

$x^2-8x+16=0$　　$(x-4)^2=0$　　$\therefore$ 重解 $x=4\,(=\beta)$ をもつ。

以上より，C_1 と C_2 と l とで囲まれる図形の面積を S とおくと，

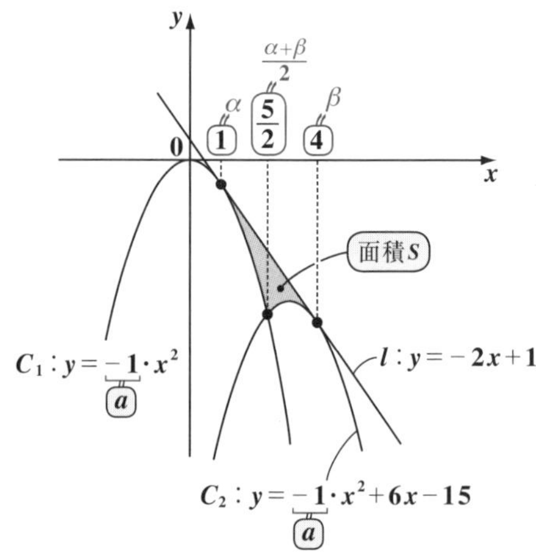

$$S=\int_1^{\frac{5}{2}}\{-2x+1-(-x^2)\}dx$$

$$+\int_{\frac{5}{2}}^{4}\{-2x+1-(-x^2+6x-15)\}dx$$

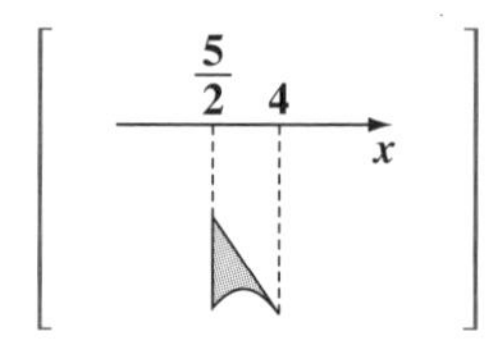

$$=\int_1^{\frac{5}{2}}(x-1)^2dx+\int_{\frac{5}{2}}^{4}(x-4)^2dx$$

$$=\frac{9}{4}$$ ……………………………(答)

$S=\frac{|a|}{12}(\beta-\alpha)^3$ ← 面積公式

$=\frac{|-1|}{12}(4-1)^3=\frac{3^3}{12}=\frac{9}{4}$ となる。

面積公式の応用(Ⅲ)

絶対暗記問題 90	難易度 ★★★	CHECK1	CHECK2	CHECK3

3 次関数 $y=f(x)=x^3+ax^2+bx$ は，$x=3$ のとき，極小値 0 をとる。このとき，次の問いに答えよ。

(1) 定数 a，b の値を求めよ。

(2) 曲線 $y=f(x)$ 上の極小点 $A(3,\ 0)$ を通る，x 軸以外の接線を l とおく。l の方程式を求めよ。

(3) 接線 l と曲線 $y=f(x)$ とで囲まれる図形の面積 S を求めよ。

ヒント！ (1) $f'(3)=0$，$f(3)=0$ から，a，b の値を求めよう。(2) 曲線 $y=f(x)$ 上の点 $(p,\ f(p))$ における接線が，点 $A(3,\ 0)$ を通るように，3 以外の p の値を求めよう。(3) では，3 次関数とその接線 l とで囲まれる図形の面積を，面積公式を使って求めるといい。

解答&解説

(1) $y=f(x)=x^3+ax^2+bx$ ………① とおく。

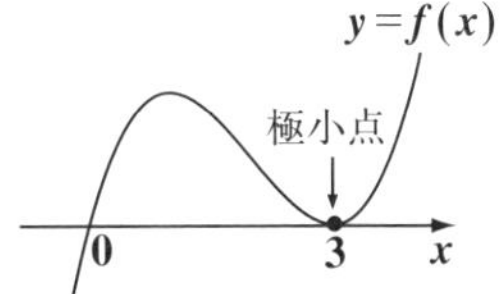

①を x で微分して，

$f'(x)=3x^2+2ax+b$ …………②

3 次関数 $y=f(x)$ は $x=3$ で極小値 0 をとるので，

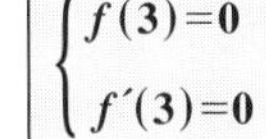

$f(3)=27+9a+3b=0$ ……③

$f'(3)=27+6a+b=0$ ……④

$3\times$④$-$③より，$54+9a=0$　$9a=-54$　$\therefore\ a=-6$ ……⑤

⑤を④に代入して，$27-36+b=0$　$\therefore\ b=9$ ………⑥ ………(答)

(2) ⑤，⑥より，$f(x)$ と $f'(x)$ は，

$f(x)=x^3-6x^2+9x$ ……①′

$f'(x)=3x^2-12x+9$ ……②′ となる。

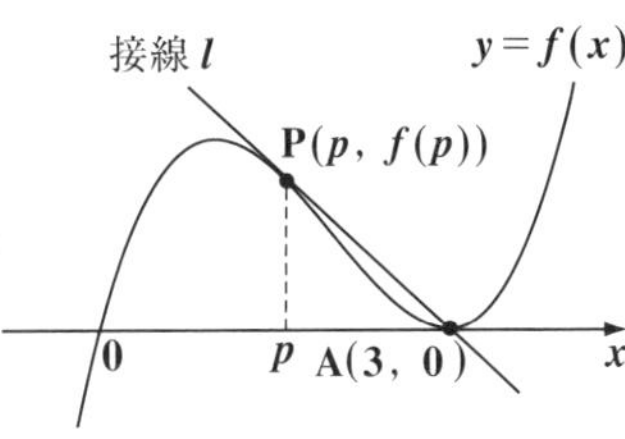

ここで，$y=f(x)$ 上の点 $P(p,\ f(p))$ $(p\neq 3)$ における接線の方程式は，

$y=f'(p)(x-p)+f(p)$ ……⑦ となる。

これが極小点 $A(3,\ 0)$ を通るとき，

$0=f'(p)(3-p)+f(p)$

$f'(p)=(3p^2-12p+9)$，$f(p)=p^3-6p^2+9p$

[x 軸は，点 A における接線になるが，今回は x 軸以外で，点 A を通る接線を求める。]

$$0=(3p^2-12p+9)(3-p)+p^3-6p^2+9p$$

$(9p^2-3p^3-36p+12p^2+27-9p)$

$$-2p^3+15p^2-36p+27=0$$

$$2p^3-15p^2+36p-27=0$$

$$(p-3)^2(2p-3)=0$$

組立て除法

	2,	−15,	36,	−27
3)	↓	6	−27	27
	2	−9	9	(0)
3)	↓	6	−9	
	2	−3	(0)	

$p=3$ における接線も点 A を通る接線なので，$p=3$ は予め重解となることが分かっているんだね。

ここで，$p \neq 3$ より，$p=\dfrac{3}{2}$

$$f'\left(\frac{3}{2}\right)=3\cdot\left(\frac{3}{2}\right)^2-12\cdot\frac{3}{2}+9=\frac{27}{4}-18+9=\frac{27-36}{4}=-\frac{9}{4}$$

$$f\left(\frac{3}{2}\right)=\left(\frac{3}{2}\right)^3-6\cdot\left(\frac{3}{2}\right)^2+9\cdot\frac{3}{2}=\frac{27}{8}-\frac{54}{4}+\frac{27}{2}=\frac{27}{8}$$

∴求める接線 l の方程式は，

$y=-\dfrac{9}{4}\left(x-\dfrac{3}{2}\right)+\dfrac{27}{8}$ より，$y=-\dfrac{9}{4}x+\dfrac{27}{4}$ ……⑧ である。……(答)

$$\left[y=f'\left(\frac{3}{2}\right)\left(x-\frac{3}{2}\right)+f\left(\frac{3}{2}\right)\right]$$

(3) よって，曲線 $y=f(x)$ と接線 l とで囲まれる図形の面積 S は，

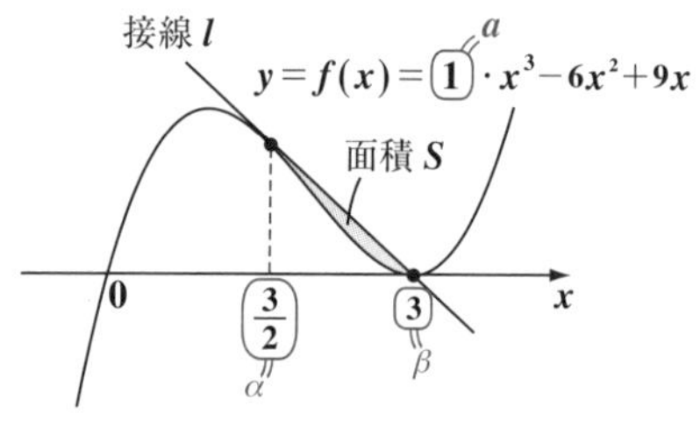

$$S=\int_{\frac{3}{2}}^{3}\left\{-\frac{9}{4}x+\frac{27}{4}-f(x)\right\}dx$$

(x^3-6x^2+9x)

$$=\int_{\frac{3}{2}}^{3}\left(-x^3+6x^2-\frac{45}{4}x+\frac{27}{4}\right)dx$$

$$=\left[-\frac{1}{4}x^4+2x^3-\frac{45}{8}x^2+\frac{27}{4}x\right]_{\frac{3}{2}}^{3}$$

$=\dfrac{27}{64}$ である。………(答)

面積公式

$$S=\frac{|a|}{12}(\beta-\alpha)^4=\frac{1}{12}\left(3-\frac{3}{2}\right)^4=\frac{1}{12}\cdot\left(\frac{3}{2}\right)^4=\frac{3^3}{4\times2^4}=\frac{27}{64}$$

頻出問題にトライ・24　難易度 ★★★　CHECK1　CHECK2　CHECK3

放物線 $y=x^2$ がある。点 P からこの放物線に引いた 2 接線とこの放物線とで囲まれる図形の面積が常に 18 であるとき，点 P の軌跡の方程式を求めよ。

解答は P248

講義 5 ● 微分法と積分法　公式エッセンス

1. 微分係数 $f'(a)$ と導関数 $f'(x)$ の定義式

$$f'(a)=\lim_{h\to 0}\frac{f(a+h)-f(a)}{h}\ ,\qquad f'(x)=\lim_{h\to 0}\frac{f(x+h)-f(x)}{h}$$

2. 微分計算の公式

(1) $(x^n)'=n\cdot x^{n-1}$　　(2) $\{kf(x)\}'=kf'(x)$　など…

3. 接線と法線の方程式

接線：$y=f'(t)(x-t)+f(t)$　　法線：$y=-\dfrac{1}{f'(t)}(x-t)+f(t)$

4. $f'(x)$ の符号と関数 $f(x)$ の増減

(ⅰ) $f'(x)>0$ のとき，増加　　(ⅱ) $f'(x)<0$ のとき，減少

5. 3 次方程式 $f(x)=k$ の実数解の個数

$y=f(x)$ と $y=k$ のグラフを利用して解く。

6. 不定積分と定積分

$$\int f(x)dx=F(x)+C,\quad \int_a^b f(x)dx=F(b)-F(a)$$

7. 積分計算の公式

$$\int x^n dx=\frac{1}{n+1}x^{n+1}+C\quad (n\neq -1),\quad \int_a^a f(x)dx=0$$ など…

8. 定積分で表された関数には 2 種類のタイプがある

(ⅰ) $\int_a^b f(t)dt$ のタイプ　　(ⅱ) $\int_a^x f(t)dt$ のタイプ

9. 面積計算の基本公式

面積 $S=\int_a^b\{\underbrace{f(x)}_{\text{上側}}-\underbrace{g(x)}_{\text{下側}}\}dx$　（区間 $a\leqq x\leqq b$ において，$f(x)\geqq g(x)$ とする。）

10. 面積公式

放物線と直線とで囲まれる部分の面積：$S=\dfrac{|a|}{6}(\beta-\alpha)^3$　など…

◆頻出問題にトライ・解答＆解説

◆頻出問題にトライ・1

・$(x^2+1)^4=(1+x^2)^4$ の一般項は

$${}_4C_r1^{4-r}(x^2)^r={}_4C_rx^{2r}$$

$$(r=0,\ 1,\ 2,\ 3,\ 4)$$

・$(2x+1)^6=(1+2x)^6$ の一般項は

$${}_6C_k1^{6-k}(2x)^k={}_6C_k2^kx^k$$

$$(k=0,\ 1,\ 2,\ \cdots,\ 6)$$

以上より，$(x^2+1)^4(2x+1)^6$ の一般項は ${}_4C_rx^{2r}\cdot{}_6C_k2^kx^k={}_4C_r\cdot{}_6C_k\cdot2^k\cdot x^{2r+k}$ となる。$(r=0,\ 1,\ 2,\ 3,\ 4,\ \ k=0,\ 1,\ 2,\ \cdots,\ 6)$

ここで，$2r+k=5$ をみたす $(r,\ k)$ の組は，$(r,\ k)=(0,\ 5),\ (1,\ 3),\ (2,\ 1)$ の3通りのみである。

よって，$(x^2+1)^4(2x+1)^6$を展開したとき，x^5 の係数は

$${}_4C_0\cdot{}_6C_5\cdot2^5+{}_4C_1\cdot{}_6C_3\cdot2^3+{}_4C_2\cdot{}_6C_1\cdot2^1$$

($r=0,k=5$)　($r=1,k=3$)　($r=2,k=1$)

$=1\times6\times32+4\times20\times8+6\times6\times2$

$=904$ である。……………………(答)

◆頻出問題にトライ・2

$$a^2+(i-2)a+2xy+\left(\frac{y}{2}-2x\right)i=0$$

$$(a,\ x,\ y：実数)$$

これを i についてまとめて，

$$(a^2-2a+2xy)+\left(a+\frac{y}{2}-2x\right)i=0$$

$$\therefore\ \begin{cases}a^2-2a+2xy=0 & \cdots\cdots① \\ a+\dfrac{y}{2}-2x=0 & \cdots\cdots②\end{cases}$$

$a+bi=0$ のとき $a=0$ かつ $b=0$ だ！

②より，

$$\frac{y}{2}=2x-a,\ \ y=4x-2a$$

これを①に代入して，

$$a^2-2a+2x\cdot(4x-2a)=0$$

$$a^2-2a+8x^2-4ax=0$$

$$\underset{a}{8}x^2\underset{2b'}{-4a}x+\underset{c}{(a^2-2a)}=0\quad\cdots\cdots③$$

この x の2次方程式が実数解をもつような a の値の範囲が，求めるものだから，③の判別式を D として，

$ax^2+2b'x+c=0$ のとき，$\dfrac{D}{4}=b'^2-ac$ だ！

$$\frac{D}{4}=(-2a)^2-8(a^2-2a)\geqq0$$

$$4a^2-8a^2+16a\geqq0,\ \ -4a^2+16a\geqq0$$

$$a^2-4a\leqq0,\ \ a(a-4)\leqq0$$

$\therefore\ 0\leqq a\leqq4$ ……………………………(答)

◆頻出問題にトライ・3

(1) x の2次方程式

$$\underset{a}{1}x^2+\underset{b}{(a-2)}x+\underset{c}{(a^2-3a+2)}=0\ \cdots①$$

(a: 実数) が相異なる2実数解 $\alpha,\ \beta$ をもつための条件は，

$D=b^2-4ac$

判別式 $D=(a-2)^2-4(a^2-3a+2)>0$

$$a^2-4a+4-4a^2+12a-8>0$$

$$-3a^2+8a-4>0,\ \ 3a^2-8a+4<0$$

$$(3a-2)(a-2)<0\qquad \begin{matrix}3 & -2\\ 1 & -2\end{matrix}$$

$\therefore\ \dfrac{2}{3}<a<2$ ……………………(答)

(2) ①の2解が$\alpha,\ \beta$より，解と係数の関係を用いて，

$$\begin{cases}\alpha+\beta=-(a-2) & \cdots②\\ \alpha\beta=a^2-3a+2 & \cdots③\end{cases}$$

解と係数の関係 $\begin{cases}\alpha+\beta=-\dfrac{b}{a}\\ \alpha\beta=\dfrac{c}{a}\end{cases}$ より

ここで，

対称式　基本対称式

$$\alpha^2+\beta^2=(\alpha+\beta)^2-2\alpha\beta$$

対称式は，必ず基本対称式で表せる！

これに②，③を代入して，

$\alpha^2+\beta^2=\{-(a-2)\}^2-2(a^2-3a+2)$
$=a^2-4a+4-2a^2+6a-4$
$=-a^2+2a$ ………………(答)

(3) $\alpha^2+\beta^2=f(a)$ とおくと，**(2)** より

$\alpha^2+\beta^2=f(a)=-a^2+2a$
$=-(a^2-2a+1^2)+1^2$
$=-(a-1)^2+1$

ここで，**(1)** より，a の値の範囲は

$\frac{2}{3}<a<2$

よって，$\alpha^2+\beta^2=f(a)$ のグラフは右図のようになる。これより，

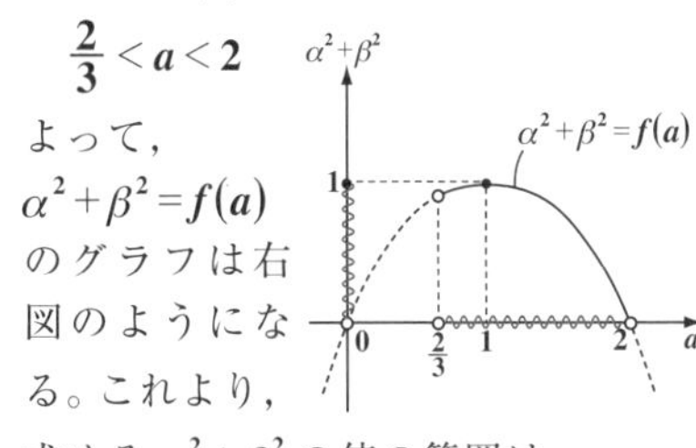

求める $\alpha^2+\beta^2$ の値の範囲は

$0<\alpha^2+\beta^2\leqq 1$ ………………(答)

◆頻出問題にトライ・4

(1) 3 次方程式

$1x^3+0x^2+ax+b=0 \quad (b\neq 0)$
(a', b', c', d' とみる)

が 3 つの解 α, α^2, α^3 をもつとき，解と係数の関係より

$\alpha+\alpha^2+\alpha^3=0$ ………………①

$\left[\alpha+\beta+\gamma=-\frac{b'}{a'}\right]$

$\alpha\cdot\alpha^2+\alpha^2\cdot\alpha^3+\alpha^3\cdot\alpha=a$ ………②

$\left[\alpha\beta+\beta\gamma+\gamma\alpha=\frac{c'}{a'}\right]$

$\alpha\cdot\alpha^2\cdot\alpha^3=-b$ ………………③

$\left[\alpha\beta\gamma=-\frac{d'}{a'}\right]$

①，②，③をまとめると，

$$\begin{cases}\alpha^3+\alpha^2+\alpha=0 & \cdots\cdots①' \\ \alpha^5+\alpha^4+\alpha^3=a & \cdots\cdots②' \\ \alpha^6=-b & \cdots\cdots③'\end{cases}$$

ここで，$\alpha=0$ と仮定すると，③′ より

$0^6=-b \qquad b=0$ となって，

$b\neq 0$ の条件に反する。

よって，$\alpha\neq 0$

[これは，背理法を使ったんだ！]

よって，①′ の両辺を α で割ると，

$\alpha^2+\alpha+1=0$ ……④

[これは，$x^2+x+1=0$ の解が α と言っているのと同じだね。つまり，ω 計算になったんだ。これから，$\alpha^3=1$ と言えるんだね。]

②′ より，

$a=\alpha^3(\alpha^2+\alpha+1)$ （"なぜなら" 記号）
$=\alpha^3\times 0=0 \quad (\because ④)$

また，④より

$\alpha^2=-\alpha-1$

この両辺に α をかけて，

$\alpha^3=\alpha(-\alpha-1)=-\alpha^2-\alpha$
$=-(-\alpha-1)-\alpha=1$ ……⑤

よって，③′ より

$b=-\alpha^6=-(\alpha^3)^2=-1^2=-1$

④を α について解いて，

$\alpha=\frac{-1\pm\sqrt{1-4}}{2}=\frac{-1\pm\sqrt{3}i}{2}$

以上より，

$a=0,\ b=-1,\ \alpha=\frac{-1\pm\sqrt{3}i}{2}$ …(答)

(2) ⑤より，

$\alpha^{3n}=(\alpha^3)^n=1^n=1$ ……………(答)

◆頻出問題にトライ・5

(1) $a^2+b^2+c^2\geqq ab+bc+ca$ ………(＊)

が成り立つことを示す。

左辺 − 右辺

$= a^2+b^2+c^2-ab-bc-ca$

$= \frac{1}{2}(2a^2+2b^2+2c^2 - 2ab - 2bc - 2ca)$

$= \frac{1}{2}\{(a^2-2ab+b^2) + (b^2-2bc+c^2)+(c^2-2ca+a^2)\}$

$= \frac{1}{2}\{(a-b)^2+(b-c)^2+(c-a)^2\}$

（0 以上）（0 以上）（0 以上）

ここで，$(a-b)^2 \geqq 0$，$(b-c)^2 \geqq 0$，$(c-a)^2 \geqq 0$ より，左辺 − 右辺 $\geqq 0$

∴ $(*)$ の不等式は成り立つ。…(終)

(2) $a^3+b^3+c^3 \geqq 3abc$ …………$(**)$

$(a>0,\ b>0,\ c>0)$

が成り立つことを示す。（因数分解の重要公式だ。覚えよう！）

左辺 − 右辺

$= a^3+b^3+c^3-3abc$

$= (a+b+c)(a^2+b^2+c^2 - ab-bc-ca)$

ここで，$a>0$，$b>0$，$c>0$ より，

$a+b+c>0$

よって，$a^2+b^2+c^2-ab-bc-ca \geqq 0$ を示せばよいが，この不等式は $(*)$ より成り立つ，

∴左辺 − 右辺 $\geqq 0$

∴ $(**)$ の不等式は成り立つ。

………(終)

◆頻出問題にトライ・6

$A(-2,\ 4)$，$B(\alpha,\ 2)$，$C(8,\ -1)$

(1) 点 C は，線分 AB を $m:n$ に外分するので，外分点の公式より，

$C(8,\ -1) = \left(\frac{-nx_1+mx_2}{m-n},\ \frac{-ny_1+my_2}{m-n}\right)$

$= \left(\frac{2n+\alpha m}{m-n},\ \frac{-4n+2m}{m-n}\right)$

ここで，この y 座標に着目すると，

$-1 = \frac{-4n+2m}{m-n}$

$-(m-n) = -4n+2m$

$5n = 3m$，$\frac{n}{m} = \frac{3}{5}$ より，

$m:n = 5:3$ ……………………(答)

(2) 次に点 C の x 座標に，$m=5$，$n=3$ を代入すると，

$8 = \frac{2\times 3+\alpha\times 5}{5-3}$，$5\alpha+6=16$

∴ $\alpha = 2$ ……………………………(答)

(3) $O(0,\ 0)$，$A(-2,\ 4)$，$C(8,\ -1)$ より，△OAC の重心 G の座標は，

$G\left(\frac{0-2+8}{3},\ \frac{0+4-1}{3}\right) = (2,\ 1)$…(答)

よって，O と $G(2,\ 1)$ の間の距離 OG は，（公式：$\sqrt{(x_1-x_2)^2+(y_1-y_2)^2}$ を使った！）

$OG = \sqrt{2^2+1^2} = \sqrt{5}$ ………………(答)

◆頻出問題にトライ・7

$y=f(x) = -|x|+1 \quad (-2 \leqq x \leqq 1)$

$y=g(x) = a(x+1)+3$

(1) $y=f(x) = \begin{cases} x+1 & (-2 \leqq x \leqq 0) \\ -x+1 & (0 \leqq x \leqq 1) \end{cases}$

よって，$y=f(x)$ $(-2 \leqq x \leqq 1)$ のグラフは下図のようになる。

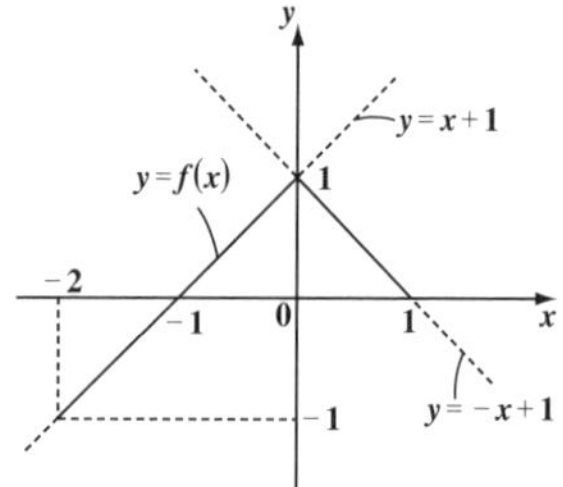

(2) $y=g(x) = a(x+1)+3$ は，定点 A $(-1,\ 3)$ を通る傾き a の直線である。よって，$-2 \leqq x \leqq 1$ でのみ定義され

た関数 $y=f(x)$ のグラフとこの直線 $y=g(x)$ が共有点をもつのは，下の図から明らかなように，

$-\infty < a \leqq -\frac{3}{2}$ と $4 \leqq a < \infty$ のときである。

$\therefore$ $y=f(x)$ と $y=g(x)$ が共有点をもつための a の値の範囲は，

$$a \leqq -\frac{3}{2},\ 4 \leqq a \quad \cdots\cdots\cdots\cdots\cdots\cdots(\text{答})$$

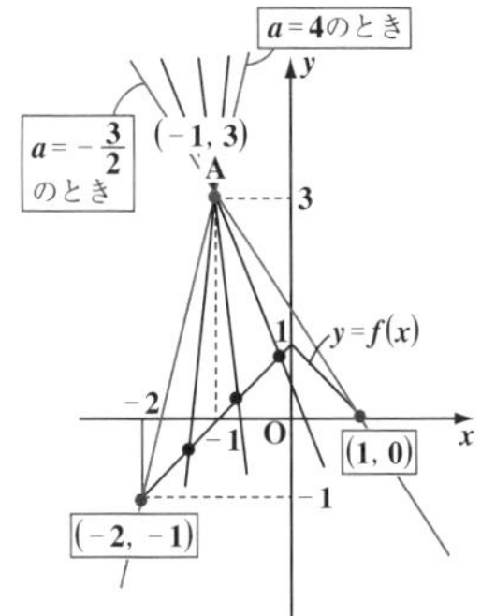

◆頻出問題にトライ・8

一般に，半径 r_1，r_2，中心間の距離 d の 2 つの円が

(ⅰ) 外接するとき，

$$d=r_1+r_2$$

(ⅱ) 内接するとき，

$$d=|r_1-r_2|$$

(ⅲ) 2 交点をもつとき，

$$|r_1-r_2|<d<r_1+r_2$$

(ⅰ) 外接

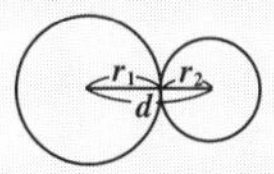

(ⅱ) 内接

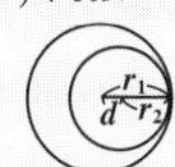

(ⅲ) 2交点をもつ

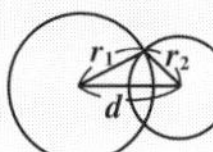

(1) $\begin{cases} x^2+y^2=7 & \cdots\cdots\cdots\cdots\cdots\cdots\text{①} \\ (x-a)^2+(y-b)^2=r^2 & \cdots\cdots\text{②} \end{cases}$

$(r>0)$

①の中心 $(0,\ 0)$，半径 $\sqrt{7}$

②の中心 $(a,\ b)$，半径 r より，

2 円①と②の中心間の距離を d とおくと，

$$d=\sqrt{(a-0)^2+(b-0)^2}$$
$$=\sqrt{a^2+b^2}$$

(ⅰ) ①と②が外接するとき，

$$d=r+\sqrt{7}$$

(ⅱ) ①と②が内接するとき，

$$d=|r-\sqrt{7}|$$

以上(ⅰ)(ⅱ)より，①と②が接するための条件は，

$\underbrace{\sqrt{a^2+b^2}}_{d}=r+\sqrt{7}$，または

$\underbrace{\sqrt{a^2+b^2}}_{d}=|r-\sqrt{7}| \quad \cdots\cdots\cdots\cdots\cdots(\text{答})$

(2) ①と②が異なる 2 交点をもつための条件は，

$$|r-\sqrt{7}|<\underbrace{\sqrt{a^2+b^2}}_{d}<r+\sqrt{7} \quad \cdots(\text{答})$$

◆頻出問題にトライ・9

領域 $D:|x+1|+|y-1| \leqq 1$ ……①

(1) $|x|+|y| \leqq 1$ が表す領域を D' とおくと，領域 D' は，右図の網目部となる。①が表す領域 D は，この領域 D' を x 軸方向に -1，y 軸方向に 1 だけ平行移動したものなので，求める領域 D は，右図の網目部である。(境界は含む)

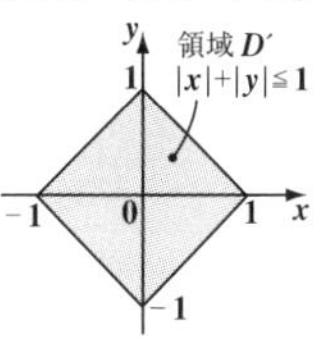

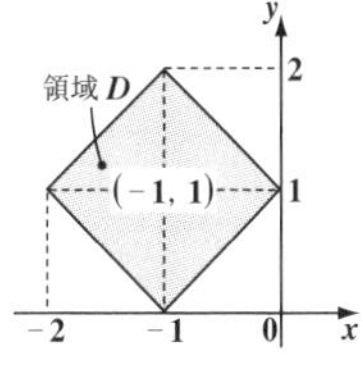

(2) 領域 D 上の点 $P(x,\ y)$ について，
x^2+y^2 の最大値，最小値を求めるために，$x^2+y^2=r^2$ ……① とおく。
これは，原点 O を中心とする半径 r の見かけ上の円の方程式である。

この見かけ上の円は領域 D と共有点をもたなければならない。

この条件をみたす最小の半径を r_1，また最大の半径を r_2 とおく。

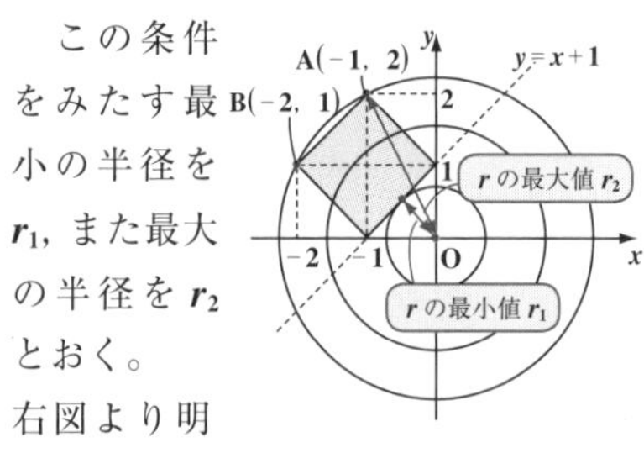

右図より明らかに，円①が直線 $y=x+1$ と接するとき，半径 r は最小となり，

その最小値 r_1 は，

$r_1=\dfrac{1}{\sqrt{2}}$ となる。
(右図参照)

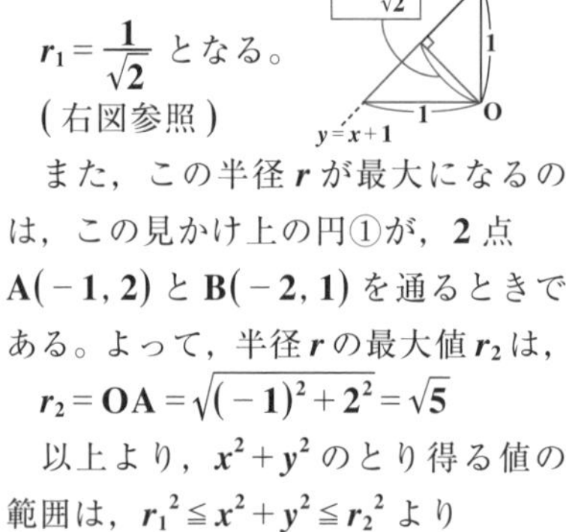

また，この半径 r が最大になるのは，この見かけ上の円①が，2 点 $A(-1,2)$ と $B(-2,1)$ を通るときである。よって，半径 r の最大値 r_2 は，

$r_2=OA=\sqrt{(-1)^2+2^2}=\sqrt{5}$

以上より，x^2+y^2 のとり得る値の範囲は，${r_1}^2 \leqq x^2+y^2 \leqq {r_2}^2$ より

$\dfrac{1}{2} \leqq x^2+y^2 \leqq 5$ ………………(答)

◆頻出問題にトライ・10

半径 r，中心角 θ (ラジアン) の扇形の弧長が $l=5$，面積が $S=10$ のとき，

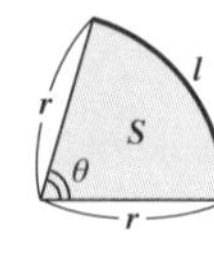

$$\begin{cases} l = r\theta = 5 \\ S = \dfrac{1}{2}r^2\theta = 10 \end{cases}$$

$$\therefore \begin{cases} r\theta = 5 & \cdots\cdots① \\ r^2\theta = 20 & \cdots\cdots② \end{cases}$$

② ÷ ①より，

$\dfrac{r^2\theta}{r\theta}=\dfrac{20}{5}$

$\therefore r=4$ ……③ ………………………(答)

③を①に代入して，

$4\theta=5 \quad \therefore \theta=\dfrac{5}{4}$ …………………(答)

また，$\pi \fallingdotseq 3.14$ より

$\dfrac{\pi}{3} < \dfrac{5}{4} < \dfrac{\pi}{2}$
(1.04…　1.25　1.57…)

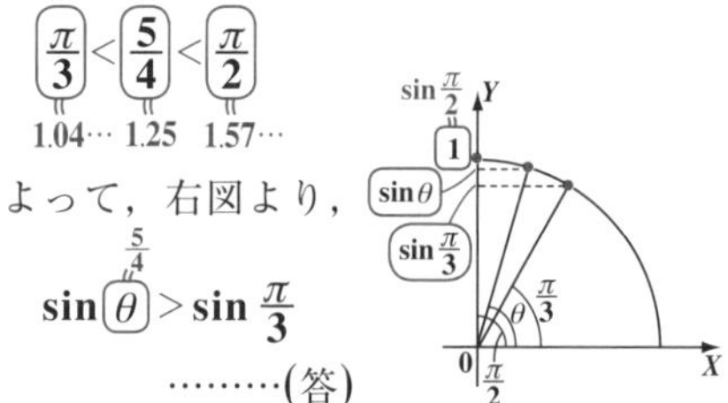

よって，右図より，

$\sin\theta > \sin\dfrac{\pi}{3}$ ($\theta = \dfrac{5}{4}$)
………(答)

◆頻出問題にトライ・11

(1) $y=\tan\left(\dfrac{x}{2}-\dfrac{\pi}{6}\right)+1$

$=\tan\left(\dfrac{x-\frac{\pi}{3}}{2}\right)+1$ ……①

よって，これは，$y=\tan\dfrac{x}{2}$ を x 軸方向に $\dfrac{\pi}{3}$，y 軸方向に 1 だけ平行移動したものである。………………(答)

(2) (1) より，この関数は $y=\tan\dfrac{x}{2}$ と同じ周期をもつ。
$y=\tan\dfrac{x}{2}$ は，$-\dfrac{\pi}{2}<\dfrac{x}{2}<\dfrac{\pi}{2}$
すなわち，$-\pi<x<\pi$ で 1 周期分となるので，求める関数の周期は，2π である。…………………………(答)

(3) 以上より，$y=\tan\left(\dfrac{x-\frac{\pi}{3}}{2}\right)+1$ のグラフを下図に示す。

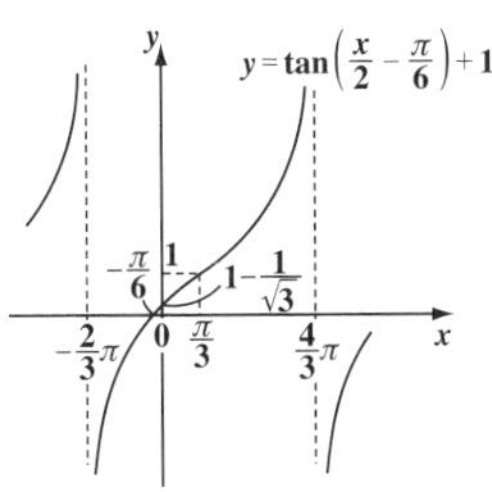

◆頻出問題にトライ・12

$y=\underline{\sin\theta+\cos\theta}+\sin 2\theta$ ……①

$(0\leqq\theta\leqq\pi)$

(1) $\sin\theta+\cos\theta=t$ ……② とおく。

②の両辺を 2 乗して，$(\sin\theta+\cos\theta)^2=t^2$

$1+2\sin\theta\cos\theta=t^2$ 　$\boxed{\sin^2\theta+\cos^2\theta=1}$

$\sin 2\theta=t^2-1$ ……③

②，③を①に代入して，$y=t+t^2-1$

$\therefore\ y=t^2+t-1$ ……………………(答)

(2) ②より，

$t=1\cdot\sin\theta+1\cdot\cos\theta$

斜辺

$=\sqrt{2}\left(\dfrac{1}{\sqrt{2}}\sin\theta+\dfrac{1}{\sqrt{2}}\cos\theta\right)$ 　($\frac{1}{\sqrt{2}}=\cos\frac{\pi}{4}$，$\frac{1}{\sqrt{2}}=\sin\frac{\pi}{4}$)

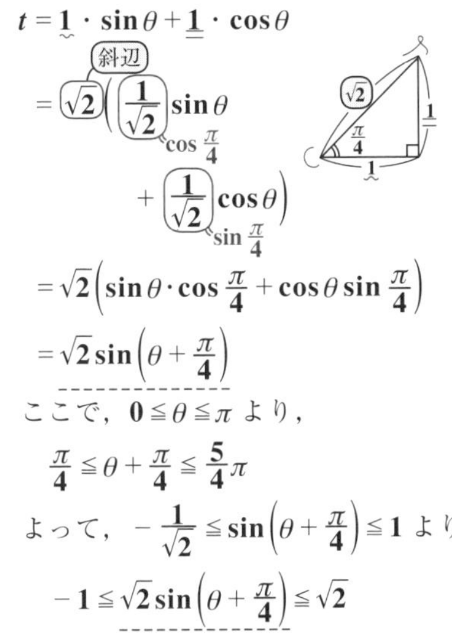

$=\sqrt{2}\left(\sin\theta\cdot\cos\dfrac{\pi}{4}+\cos\theta\sin\dfrac{\pi}{4}\right)$

$=\sqrt{2}\sin\left(\theta+\dfrac{\pi}{4}\right)$

ここで，$0\leqq\theta\leqq\pi$ より，

$\dfrac{\pi}{4}\leqq\theta+\dfrac{\pi}{4}\leqq\dfrac{5}{4}\pi$

よって，$-\dfrac{1}{\sqrt{2}}\leqq\sin\left(\theta+\dfrac{\pi}{4}\right)\leqq 1$ より

$-1\leqq\sqrt{2}\sin\left(\theta+\dfrac{\pi}{4}\right)\leqq\sqrt{2}$

$\therefore\ -1\leqq t\leqq\sqrt{2}$ ……………………(答)

(3) (1)(2) より，

$y=t^2+t-1$

$=\left(t+\dfrac{1}{2}\right)^2-\dfrac{5}{4}$ 　$(-1\leqq t\leqq\sqrt{2})$

頂点 $\left(-\dfrac{1}{2},\ -\dfrac{5}{4}\right)$

このグラフより，

$t=\sqrt{2}$ のとき，

最大値 $y=1+\sqrt{2}$ ……(答)

$t=-\dfrac{1}{2}$ のとき，

最小値 $y=-\dfrac{5}{4}$ ……………………(答)

◆頻出問題にトライ・13

(1) 2 倍角の公式，3 倍角の公式を使って与方程式を変形すると，

$\sin 3\theta-\sin\theta-\cos 2\theta=0$

$3\sin\theta-4\sin^3\theta-\sin\theta-(1-2\sin^2\theta)=0$

(3 倍角の公式)　(2 倍角の公式)

$-4\sin^3\theta+2\sin^2\theta+2\sin\theta-1=0$

$4\sin^3\theta-2\sin^2\theta-(2\sin\theta-1)=0$

$2\sin^2\theta(2\sin\theta-1)-(2\sin\theta-1)=0$

$(2\sin\theta-1)(2\sin^2\theta-1)=0$

よって，$\sin\theta=\dfrac{1}{2}$，$\sin^2\theta=\dfrac{1}{2}$ より，

$\sin\theta=\dfrac{1}{2}$，$\pm\dfrac{1}{\sqrt{2}}$

ここで，$-\pi\leqq\theta<\pi$ より，

(ⅰ) $\sin\theta=\frac{1}{2}$ のとき，$\theta=\frac{\pi}{6},\ \frac{5}{6}\pi$

(ⅱ) $\sin\theta=\pm\frac{1}{\sqrt{2}}$ のとき，

$$\theta=-\frac{3}{4}\pi,\ -\frac{\pi}{4},\ \frac{\pi}{4},\ \frac{3}{4}\pi$$

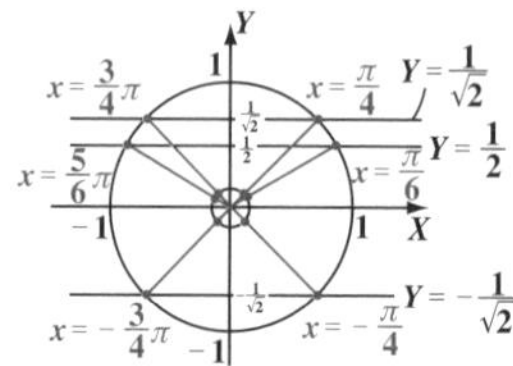

以上(ⅰ)(ⅱ)より，求める解 θ は，

$\theta=-\frac{3}{4}\pi,\ -\frac{\pi}{4},\ \frac{\pi}{6},\ \frac{\pi}{4},\ \frac{3}{4}\pi,\ \frac{5}{6}\pi$ …(答)

(2) 差→積の公式より，

$$\sin 3\theta-\sin\theta=2\cos 2\theta\cdot\sin\theta$$

（$3\theta=\alpha+\beta$，$\theta=\alpha-\beta$，$2\theta=\alpha$，$\theta=\beta$）

よって，与方程式を変形すると，

$$\sin 3\theta-\sin\theta-\cos 2\theta=0$$

$$2\cdot\cos 2\theta\cdot\sin\theta-\cos 2\theta=0$$

$$\cos 2\theta(2\sin\theta-1)=0$$

$\therefore\ \cos 2\theta=0,\ \sin\theta=\frac{1}{2}$

ここで，$-\pi\leqq\theta<\pi$ より，

$$-2\pi\leqq 2\theta<2\pi$$

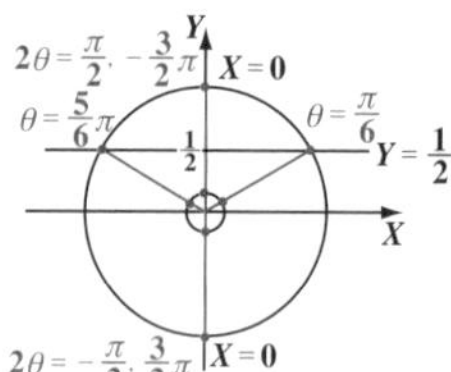

(ⅰ) $\cos 2\theta=0$ のとき，$2\theta=\pm\frac{\pi}{2},\ \pm\frac{3}{2}\pi$

$$\theta=\pm\frac{\pi}{4},\ \pm\frac{3}{4}\pi$$

(ⅱ) $\sin\theta=\frac{1}{2}$ のとき，$\theta=\frac{\pi}{6},\ \frac{5}{6}\pi$

以上(ⅰ)(ⅱ)より，求める解 θ は，

$\theta=-\frac{3}{4}\pi,\ -\frac{\pi}{4},\ \frac{\pi}{6},\ \frac{\pi}{4},\ \frac{3}{4}\pi,\ \frac{5}{6}\pi$

………(答)

◆頻出問題にトライ・14

$a^{2x}=2+\sqrt{3}$ ……① $(a>0)$

(1) ①の逆数をとって，

$$a^{-2x}=\frac{1}{a^{2x}}=\frac{1}{2+\sqrt{3}}=\frac{2-\sqrt{3}}{(2+\sqrt{3})(2-\sqrt{3})}=\frac{2-\sqrt{3}}{4-3}$$

$=2-\sqrt{3}$ ……② …………(答)

①＋②より，（左辺同士，右辺同士をたす！）

$a^{2x}+a^{-2x}=4$ ……③

ここで，

$$(a^x+a^{-x})^2=a^{2x}+2+a^{-2x}=a^{2x}+a^{-2x}+2 \quad ……④$$

④に③を代入して，

$$(a^x+a^{-x})^2=4+2=6$$

$a>0$ より，$a^x>0$，$a^{-x}>0$

$\therefore\ a^x+a^{-x}=\sqrt{6}$ ……………………(答)

(2) $\alpha^3+\beta^3=(\alpha+\beta)(\alpha^2-\alpha\beta+\beta^2)$ より，（公式）

$$a^{3x}+a^{-3x}=(a^x+a^{-x})(a^{2x}-1+a^{-2x})$$

（$1=a^x\cdot a^{-x}=a^0$）

これを与式に代入して，

$$与式=\frac{(a^x+a^{-x})(a^{2x}+a^{-2x}-1)}{a^x+a^{-x}}$$

$=a^{2x}+a^{-2x}-1=4-1$ （③より）

$=3$ …………………………(答)

◆頻出問題にトライ・15

$2(4^x+4^{-x})-7(2^x+2^{-x})+9=0$ ……①

(1) $2^x+2^{-x}=t$ ……② とおく。

2^x と 2^{-x} は共に正より，相加・相乗平均の式を用いて，

$$t=2^x+2^{-x}\geqq 2\sqrt{2^x\cdot 2^{-x}}=2$$

$$[a+b\geqq 2\sqrt{ab}]$$

（$a>0,\ b>0$ のとき，相加・相乗平均の式が使える！）

等号成立条件は，

$2^x=2^{-x}$，$2^x=\frac{1}{2^x}$

$2^{2x}=1=2^0$，$2x=0$

$\therefore\ x=0$

以上より，t のとり得る値の範囲は，

$t \geqq 2$ ……………………………(答)

(2) ②の両辺を **2** 乗して，$2\cdot 2^x\cdot 2^{-x}=2\cdot 2^0$

$(2^x+2^{-x})^2=t^2,\ 2^{2x}+\boxed{2}+2^{-2x}=t^2$

$4^x+4^{-x}=t^2-2$ ……③

②，③を①に代入して

$2(t^2-2)-7t+9=0,\ 2t^2-7t+5=0$

$(2t-5)(t-1)=0$ (1) の結果より

ここで，$t\geqq 2$ より，$t=\dfrac{5}{2}$ ……(答)

(3) $t=2^x+2^{-x}=2^x+\dfrac{1}{2^x}=\dfrac{5}{2}$

よって，$2^x=X$ とおくと，$(X>0)$

$X+\dfrac{1}{X}=\dfrac{5}{2}$ 両辺に $2X$ をかけた！

$2X^2+2=5X,\ 2X^2-5X+2=0$

$(2X-1)(X-2)=0$

$\therefore\ X=2^x=2,\ \dfrac{1}{2}$

$2^{\boxed{x}}=2=2^{\boxed{1}}$
$2^{\boxed{x}}=\dfrac{1}{2}=2^{\boxed{-1}}$

以上より，求める解 x は，

$x=1,\ -1$ ……………………(答)

◆頻出問題にトライ・16

$\log_2 3=A,\ \log_{72}6=B,\ \log_{144}12=C$

(1) $C=\log_{144}12=\dfrac{\log_{12}12}{\log_{12}144}$ 底を 12 にそろえた！

$=\dfrac{\log_{12}12}{\log_{12}12^2}=\dfrac{1}{2}$ ……① ……(答)

(2) $B=\log_{72}6=\dfrac{\log_2 6}{\log_2 72}$ 底を 2 にそろえた！

$=\dfrac{\log_2(2\times 3)}{\log_2(2^3\times 3^2)}$

$=\dfrac{\log_2 2+\log_2 3}{3\cdot\log_2 2+2\cdot\log_2 3}$

$=\dfrac{1+A}{3+2A}$ ……② ……………(答)

(3) ①，②より

$B-C=\dfrac{1+A}{3+2A}-\dfrac{1}{2}$

$=\dfrac{2(1+A)-(3+2A)}{2(3+2A)}$

$=-\dfrac{1}{2(3+2A)}$

ここで，$A=\log_2 3>\log_2 2=1$

よって，$A>0$ より $2(3+2A)>0$

$\therefore\ B-C=-\dfrac{1}{2(3+2A)}<0$ より，

$B<C$ ……………………………(答)

◆頻出問題にトライ・17

(1) $1\leqq x\leqq 81$ ……①

①の各辺は正より，各辺の **3** を底とする対数をとり，さらに $\log_3 x=t$ とおくと，

$\log_3 1\leqq \log_3 x\leqq \log_3 81$ （$\log_3 x=t$，$81=3^4$）

$\therefore\ 0\leqq t\leqq 4$ ……………………(答)

(2) $y=f(x)=(\log_3 x)\cdot\log_3(ax)$

$=(\log_3 x)(\log_3 x+\log_3 a)$

$(1\leqq x\leqq 81,\ a>0)$

ここで，$\log_3 x=t,\ \log_3 a=b$ とおき，さらに，$y=f(x)=g(t)$ とおくと，

(1) の結果より

$y=g(t)=t(t+b)\quad(0\leqq t\leqq 4)$

$=\left(t+\dfrac{b}{2}\right)^2-\dfrac{b^2}{4}$

頂点の t 座標 $-\dfrac{b}{2}$ の値によって，

$y=g(t)\quad(0\leqq t\leqq 4)$

のとる最小値は次の図のように変化する。

(i) $-\dfrac{b}{2}\leqq 0$ のとき　(ii) $0<-\dfrac{b}{2}<4$ のとき

最小値 $g(0)$

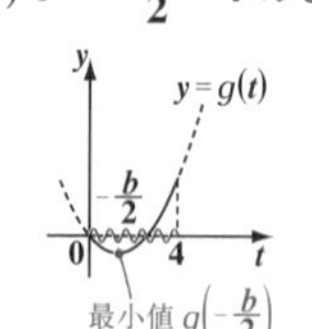

(iii) $4\leqq -\dfrac{b}{2}$ のとき

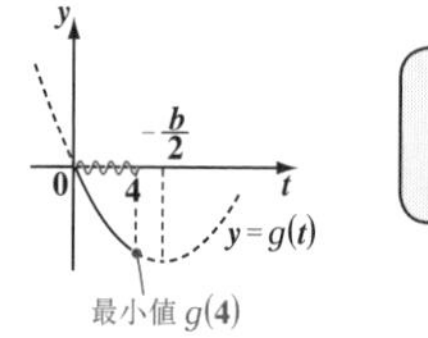

t の定義域が
$0\leqq t\leqq 4$
に注意しよう！

(i) $-\dfrac{b}{2}\leqq 0$, すなわち $0\leqq b$ のとき,

最小値 $g(0)=0\neq -1$ より, 不適。

(ii) $0<-\dfrac{b}{2}<4$, すなわち $-8<b<0$ のとき,

最小値 $g\left(-\dfrac{b}{2}\right)=-\dfrac{b^2}{4}=-1$

よって, $b^2=4$

$\therefore\ b=-2\quad(\because\ -8<b<0)$

(iii) $4\leqq -\dfrac{b}{2}$, すなわち $b\leqq -8$ のとき

最小値 $g(4)=16+4b=-1$

これを解いて, $b=-\dfrac{17}{4}$

これは $b\leqq -8$ に反する。∴不適

以上 (i)(ii)(iii) より, $y=g(t)$ が最小値 -1 をもつための条件は,

$b=\boxed{\log_3 a=-2}$ ← $y=\log_a x \rightleftarrows x=a^y$

$\boxed{\therefore\ a=3^{-2}}=\dfrac{1}{3^2}=\dfrac{1}{9}$ ……………(答)

◆頻出問題にトライ・18

(1) $\displaystyle\lim_{h\to 0}\frac{f((1+h)^2)-f(1)}{h}$

$\displaystyle=\lim_{\substack{h\to 0\\(k\to 0)}}\frac{f(1+\overbrace{(2h+h^2)}^{k})-f(1)}{\underbrace{h(2+h)}_{k}}\times(2+\overset{0}{h})$ 　(→ $f'(1)$)

$=f'(1)\times 2=2\times 2=4$ …………(答)

(2) $\displaystyle\lim_{b\to 1}\frac{b^2f(1)-f(b)}{b-1}$

$\displaystyle=\lim_{b\to 1}\frac{\{b^2f(1)-1^2\cdot f(1)\}-\{1^2\cdot f(b)-1^2\cdot f(1)\}}{b-1}$

$\displaystyle=\lim_{b\to 1}\left\{f(1)\frac{b^2-1^2}{b-1}-1^2\,\frac{f(b)-f(1)}{b-1}\right\}$

$\displaystyle=\lim_{b\to 1}\left\{(\overset{1}{b}+1)\cdot f(1)-\boxed{\frac{f(b)-f(1)}{b-1}}\right\}$ 　(→ $f'(1)$)

$=2\cdot f(1)-f'(1)=2\cdot 1-2$

$=2-2=0$ ………………………(答)

◆頻出問題にトライ・19

$y=f(x)=-x^2+2x-5$ ……①

$y=g(x)=x^2$

(1) $g'(x)=2x$ より, $y=g(x)$ 上の点 $(a,\ g(a))$ における接線の方程式は,

$y=2a(x-a)+a^2$

$[y=g'(a)(x-a)+g(a)]$

$\therefore\ y=2ax-a^2$ ……② ………(答)

(2) (1) で求めた $y=g(x)$ の接線②が, $y=f(x)$ とも接するとき, $y=f(x)$ と $y=g(x)$ の共通接線となる。

よって, ①と②より y を消去して,

$-x^2+2x-5=2ax-a^2$

$x^2+2(a-1)x-a^2+5=0$ ………③

②は①と接するので, ③の x の 2 次方程式は重解をもつ。

判別式 $\dfrac{D}{4}=b'^2-ac$

$\therefore$ 判別式 $\dfrac{D}{4}=(a-1)^2-(-a^2+5)=0$

$2a^2-2a-4=0$

$a^2-a-2=0$

$(a-2)(a+1)=0$

$\therefore\ a=2,\ -1$

これを②に代入して，求める共通接線の方程式は

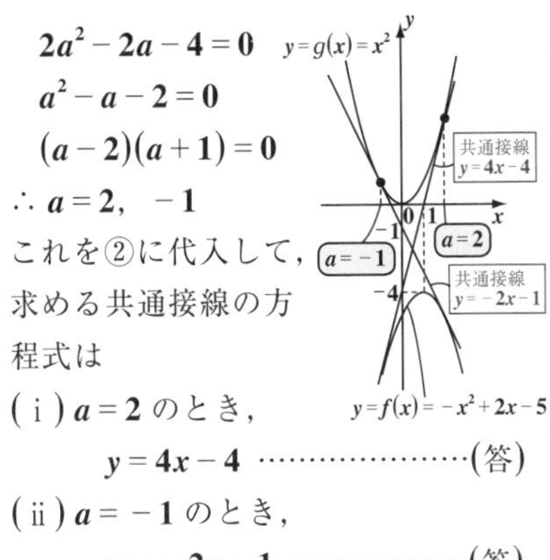

(ⅰ) $a=2$ のとき，

$y=4x-4$ …………………(答)

(ⅱ) $a=-1$ のとき，

$y=-2x-1$ ………………(答)

◆頻出問題にトライ・20

$y=(4-\sin 2\theta)(\sin\theta+\cos\theta)$

$+\sin 2\theta+1$ ……① $(0°\leqq\theta\leqq 180°)$

(1) $\sin\theta+\cos\theta=x$ ……② とおく。

②の両辺を2乗して，

$(\sin\theta+\cos\theta)^2=x^2$

$1+2\sin\theta\cos\theta=x^2$

$\sin 2\theta=x^2-1$ ……③

②，③を①に代入して，

$y=\{4-(x^2-1)\}x+x^2-1+1$

$\therefore\ y=-x^3+x^2+5x$ ……④ …(答)

また，②より，

$x=1\cdot\sin\theta+1\cdot\cos\theta$

$=\sqrt{2}\left(\dfrac{1}{\sqrt{2}}\sin\theta+\dfrac{1}{\sqrt{2}}\cos\theta\right)$

$=\sqrt{2}(\sin\theta\cos 45°+\cos\theta\sin 45°)$

$=\sqrt{2}\sin(\theta+45°)$

また，$45°\leqq\theta+45°\leqq 225°$ より，

$-\dfrac{1}{\sqrt{2}}\leqq\sin(\theta+45°)\leqq 1$

$-1\leqq\sqrt{2}\sin(\theta+45°)\leqq\sqrt{2}$

$\therefore\ -1\leqq x\leqq\sqrt{2}$ …………………(答)

(2) ④を $y=f(x)$ とおくと，

$y=f(x)=-x^3+x^2+5x\quad(-1\leqq x\leqq\sqrt{2})$

$f'(x)=-3x^2+2x+5$

$=-(x+1)(3x-5)$

$=(x+1)(5-3x)$

$f'(x)=0$ のとき，

$x=-1$

$(\because\ -1\leqq x\leqq\sqrt{2})$

右の増減表より

増減表

x	-1		$\sqrt{2}$
$f'(x)$	0	+	
$f(x)$		↗	

$x=\sqrt{2}$ のとき，

最大値 $y=f(\sqrt{2})=3\sqrt{2}+2$ ……(答)

また，$x=\sqrt{2}\sin(\theta+45°)=\sqrt{2}$ より，

$\sin(\theta+45°)=1\qquad\theta+45°=90°$

よって，$\theta=45°$ …………………(答)

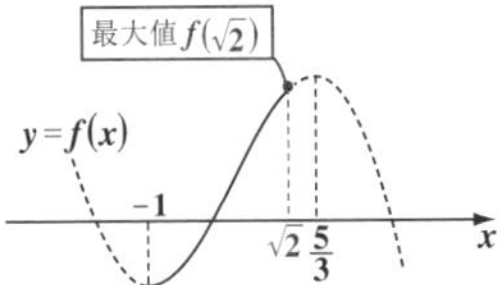

◆頻出問題にトライ・21

$y=f(x)=x^3-6x$ について，

(1) $f'(x)=3x^2-6$ より，$y=f(x)$ 上の点 $(t,\ f(t))$ における接線の方程式は，

$y=(3t^2-6)(x-t)+t^3-6t$

$[\ y=\ f'(t)\ (x-t)+f(t)\ ]$

$y=(3t^2-6)x-2t^3$ ……① …(答)

(2) ①が点 $(a,\ b)$ を通るとき，

$b=(3t^2-6)a-2t^3$

$2t^3-3at^2+6a+b=0$ ……②

この t の 3 次方程式②がただ 1 つの実数解 t_1 をもつとき，点 $(a,\ b)$ から 1 本だけ曲線 $y=f(x)$ に接線が引ける。

ここで，②の左辺を $g(t)$ とおくと，

$g(t)=2t^3-3at^2+6a+b$

$g'(t)=6t^2-6at=6t(t-a)$

$g'(t)=0$ のとき，$t=0,\ a$

②，すなわち $g(t)=0$ がただ 1 つの実数解をもつための条件は，

(ⅰ) $a=0$ ［極値なし］

または，

(ⅱ) $a\neq 0$ のとき，

$g(0)\cdot g(a)>0$ ……③

［極値 × 極値 >0］

③より，

$(6a+b)(2a^3-3a^3+6a+b)>0$

$(b+6a)(b-a^3+6a)>0$ …④

この領域の境界線は

$$\begin{cases} b=-6a & \cdots⑤ \\ b=a^3-6a \end{cases}$$

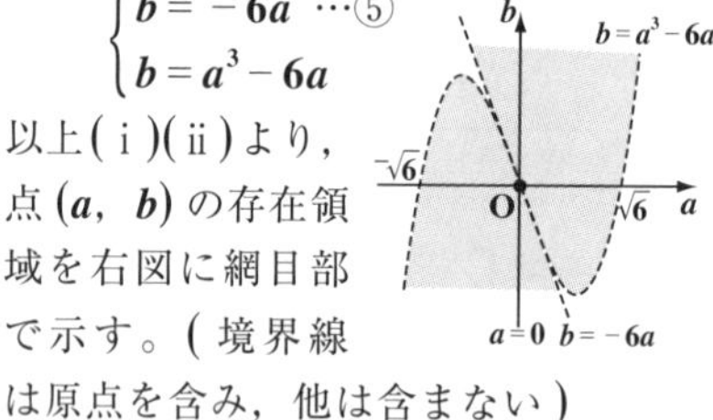

以上(ⅰ)(ⅱ)より，点 $(a,\ b)$ の存在領域を右図に網目部で示す。(境界線は原点を含み，他は含まない)

(注1) $b=-6a$ は，$b=a^3-6a$ の原点における接線となっている。

(注2) 条件 (ⅰ) $a=0$ より，b 軸上の点はすべて存在領域に含まれる。よって，境界線上の点のうち原点 O$(0,\ 0)$ のみは存在領域に含まれる。

参考

(ⅱ) ab 座標平面上の領域

$(b+6a)(b-a^3+6a)>0$ ……④

について，この境界線は，

(④の左辺) $=0$ とおくことにより

$$\begin{cases} b=-6a & \cdots\cdots⑤ \\ b=f(a)=a^3-6a & \text{となる。} \end{cases}$$

$f'(a)=3a^2-6$ より

$b=f(a)$ 上の点 $(0,\ 0)$ [$f(0)$] における接線の方程式は，

$b=-6\cdot(a-0)+0$

$[\,b=f'(0)\cdot(a-0)+f(0)\,]$

つまり，$b=-6a$ …⑤となる。

この境界線上にない点，たとえば点 $(1,\ 0)$ を④に代入すると，

$(0+6)(0-1+6)>0$

となって，みたす。

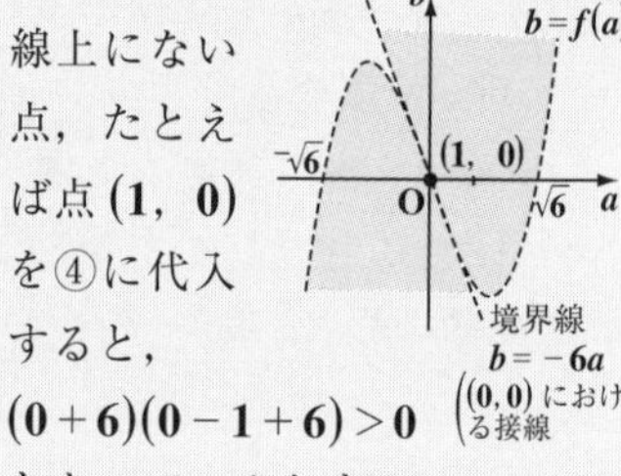

よって，海，陸，海と塗り分けて，解答のような④の領域が得られる。(境界線を含まない)

ただし，これに

(ⅰ) $a=0$ ［b 軸］

が加わるので，原点 $(0,\ 0)$ のみは含むことになる。

◆頻出問題にトライ・22

$f(x)=x^2-4x+3$ について，

(1) $f(x)\leqq 0$ のとき，

$x^2-4x+3\leqq 0,\ (x-1)(x-3)\leqq 0$

$\therefore\ 1\leqq x\leqq 3$ ……………………(答)

(2) $y=|f(x)|$ は,

$$y=|f(x)|=\begin{cases} x^2-4x+3 & (x\leqq 1,\ 3\leqq x) \\ -(x^2-4x+3) & (1\leqq x\leqq 3) \end{cases}$$

より，このグラフは下図のようになる。

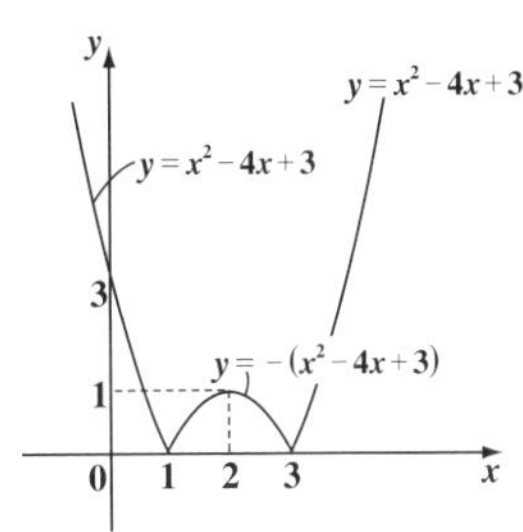

(3) $|f(x)|=\begin{cases} f(x) & (0\leqq x\leqq 1,\ 3\leqq x\leqq 4) \\ -f(x) & (1\leqq x\leqq 3) \end{cases}$

ここで，$f(x)$ の不定積分を $F(x)$ とおく。（ここでは，定積分の計算になるので，積分定数は無視する。）

$$F(x)=\int f(x)\,dx=\int(x^2-4x+3)\,dx$$
$$=\frac{1}{3}x^3-2x^2+3x$$

求める定積分は，下図の網目部の面積に等しい。

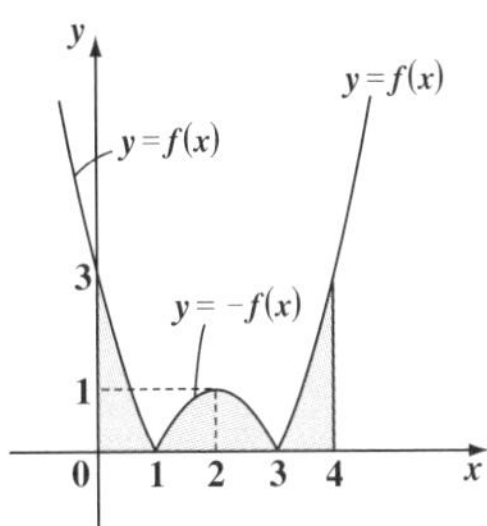

$$\int_0^4|f(x)|\,dx=\int_0^1 f(x)\,dx-\int_1^3 f(x)\,dx+\int_3^4 f(x)\,dx$$
$$=\Big[F(x)\Big]_0^1-\Big[F(x)\Big]_1^3+\Big[F(x)\Big]_3^4$$
$$=F(1)-\underbrace{F(0)}_{0}-\{F(3)-F(1)\}+F(4)-F(3)$$
$$=2F(1)-2F(3)+F(4)$$
$$=2\left(\frac{1}{3}-2+3\right)-2(9-18+9)+\frac{64}{3}-32+12$$
$$=\frac{66}{3}-18=4 \quad\cdots\cdots\cdots\cdots\text{(答)}$$

（注）このように，積分区間が違うだけで同じ積分計算を何回もやらなければならない場合は，はじめに **1** 回だけ不定積分 $F(x)$（積分定数は除く）を求めておけばいいんだ。

◆頻出問題にトライ・23

(1) $y=|x(x-a)|$ のグラフは，a のとる値の範囲によって，次の図（ⅰ），（ⅱ），（ⅲ）のように分類されるので，

（ⅰ）$a\leqq 0$，（ⅱ）$0<a<1$，（ⅲ）$1\leqq a$

の **3** 通りの場合分けが必要である。

（ⅰ）$a\leqq 0$ のとき，

$$f(a)=\int_0^1(x^2-ax)\,dx$$
$$=\left[\frac{1}{3}x^3-\frac{a}{2}x^2\right]_0^1$$
$$=\frac{1}{3}-\frac{1}{2}a$$

図（ⅰ）$a\leqq 0$ のとき

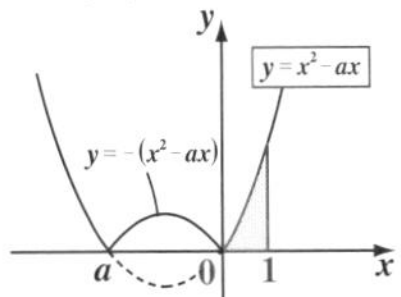

（ⅱ）$0<a<1$ のとき，

$$f(a)=-\int_0^a(x^2-ax)\,dx+\int_a^1(x^2-ax)\,dx$$
$$=-\left[\frac{1}{3}x^3-\frac{a}{2}x^2\right]_0^a+\left[\frac{1}{3}x^3-\frac{a}{2}x^2\right]_a^1$$
$$=-2\left(\frac{1}{3}a^3-\frac{1}{2}a^3\right)+\frac{1}{3}-\frac{1}{2}a$$

$$= \frac{1}{3}a^3 - \frac{1}{2}a + \frac{1}{3}$$

図(ⅱ) $0 < a < 1$ のとき

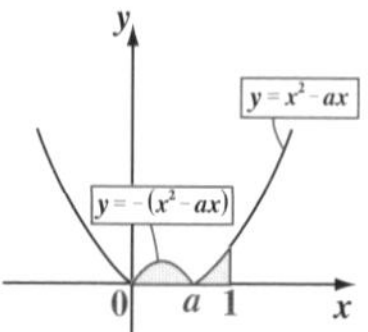

(ⅲ) $1 \leqq a$ のとき,

$$f(a) = -\int_0^1 (x^2 - ax)\,dx$$

$$= -\left[\frac{1}{3}x^3 - \frac{a}{2}x^2\right]_0^1$$

$$= \frac{1}{2}a - \frac{1}{3}$$

図(ⅲ) $1 \leqq a$ のとき

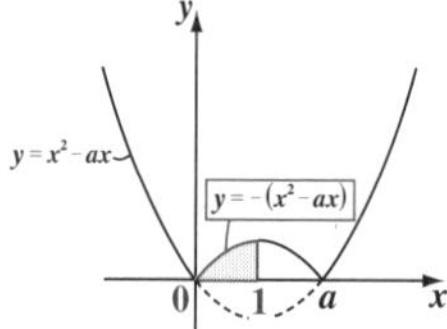

以上(ⅰ)(ⅱ)(ⅲ)より,求める $f(a)$ は,

$$f(a) = \begin{cases} -\frac{1}{2}a + \frac{1}{3} & (a \leqq 0) \\ \frac{1}{3}a^3 - \frac{1}{2}a + \frac{1}{3} & (0 < a < 1) \\ \frac{1}{2}a - \frac{1}{3} & (1 \leqq a) \end{cases}$$

……(答)

(2) (ⅰ) $a \leqq 0$ のとき,$f(a)$ は下り勾配の直線であり,

(ⅲ) $1 \leqq a$ のとき,$f(a)$ は上り勾配の直線である。よって,$f(a)$ の最小値は,(ⅱ) $0 < a < 1$ の範囲に存在するはずである。

(ⅱ) $0 < a < 1$ のとき,

$$f(a) = \frac{1}{3}a^3 - \frac{1}{2}a + \frac{1}{3}$$

$$f'(a) = a^2 - \frac{1}{2} = \underline{\underline{\left(a + \frac{1}{\sqrt{2}}\right)}}\left(a - \frac{1}{\sqrt{2}}\right)$$

$\oplus$ ($\because 0 < a < 1$)

$f'(a) = 0$ のとき,$a = \frac{1}{\sqrt{2}}$

増減表

x	(0)		$\frac{1}{\sqrt{2}}$		(1)
$f'(a)$		−	0	+	
$f(a)$		↘	極小	↗	

上の増減表より,$f(a)$ の最小値は,

$$f\left(\frac{1}{\sqrt{2}}\right) = \frac{1}{3}\cdot\left(\frac{1}{\sqrt{2}}\right)^3 - \frac{1}{2}\cdot\frac{1}{\sqrt{2}} + \frac{1}{3}$$

$$= \frac{1}{3}\cdot\frac{1}{2\sqrt{2}} - \frac{1}{2\sqrt{2}} + \frac{1}{3}$$

$$= \frac{1}{6\sqrt{2}} - \frac{1}{2\sqrt{2}} + \frac{1}{3}$$

$$= \frac{\sqrt{2}}{12} - \frac{\sqrt{2}}{4} + \frac{1}{3}$$

$$= \frac{-2\sqrt{2}}{12} + \frac{1}{3}$$

$$= \frac{1}{3} - \frac{\sqrt{2}}{6}$$

以上より,$y = f(a)$ とおくと,このグラフは下図のようになる。

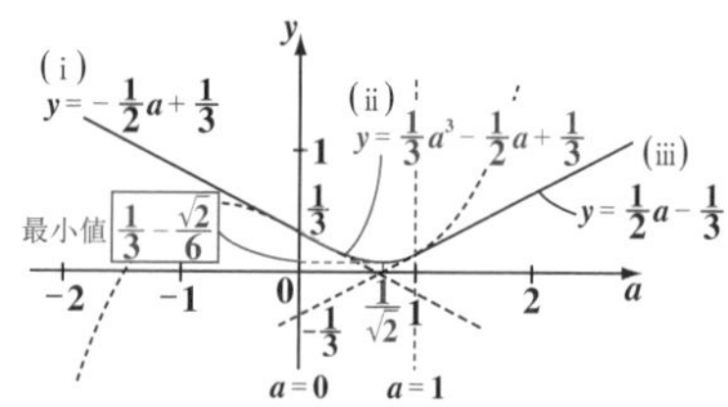

よって,求める $f(a)$ の最小値は,

$$f\left(\frac{1}{\sqrt{2}}\right) = \frac{1}{3} - \frac{\sqrt{2}}{6}$$

……………(答)

◆頻出問題にトライ・24

方針

これは,動点Pの軌跡を求める問題だから,点 $P(u, v)$ とおいて,u と v の関係式を求めればいいんだよ。そして,最終的には動点Pは xy 座標平面上で考えるので,u と

v をそれぞれ x と y に置き換えて答えにすればいい。
ここではまず，点 $P(u,\ v)$ を曲線 $y=f(x)=x^2$ 外の点と考えて，点 P を通る 2 接線の方程式を求める。
そして，放物線 $y=f(x)$ と 2 接線とで囲まれる図形の面積 S を面積公式 $S=\dfrac{|a|}{12}(\beta-\alpha)^3$ で求め，$S=18$ とおくことにより，u と v の関係式を求める。

$y=f(x)=x^2$ とおくと，$f'(x)=2x$
$y=f(x)$ 上の点 $(t,\ f(t))$ における接線の方程式は，

$$y=\ 2t\ (x-t)\ +t^2$$
$$[\,y=f'(t)(x-t)\ +f(t)\,]$$
$$y=2tx-t^2\ \cdots\cdots①$$

ここで，点 P の座標を $(u,\ v)$ とおくと，①が点 $P(u,\ v)$ を通るとき，

$$v=2t\cdot u-t^2$$
$$t^2-2ut+v=0\ \cdots\cdots②$$

t の 2 次方程式②が，相異なる 2 実数解 α，$\beta\ (\alpha<\beta)$ をもつとき，②の判別式を D とおくと，（この α，β が 2 接点の x 座標だ！）

$$\frac{D}{4}=u^2-v>0$$

よって，$v<u^2\ \cdots\cdots③$
③のもとで，②の解と係数の関係より，

$$\begin{cases}\alpha+\beta=2u\\ \alpha\beta\ =v\end{cases}\ \cdots\cdots④$$

よって，点 P の座標は

$$P\left(\frac{\alpha+\beta}{2},\ \alpha\beta\right)$$ である。（$\frac{\alpha+\beta}{2}=u$，$\alpha\beta=v$）

(ⅰ) $t=\alpha$ のとき，これを①に代入して，
P を通る 1 つの接線の方程式は，

$$y=2\alpha x-\alpha^2$$

(ⅱ) $t=\beta$ のとき，これを①に代入して，
P を通る残りの接線の方程式は，

$$y=2\beta x-\beta^2$$

下図より，求める図形の面積 S は，

$$S=\int_{\alpha}^{\frac{\alpha+\beta}{2}}\{x^2-(2\alpha x-\alpha^2)\}\,dx+\int_{\frac{\alpha+\beta}{2}}^{\beta}\{x^2-(2\beta x-\beta^2)\}\,dx$$
$$=\frac{1}{12}(\beta-\alpha)^3$$

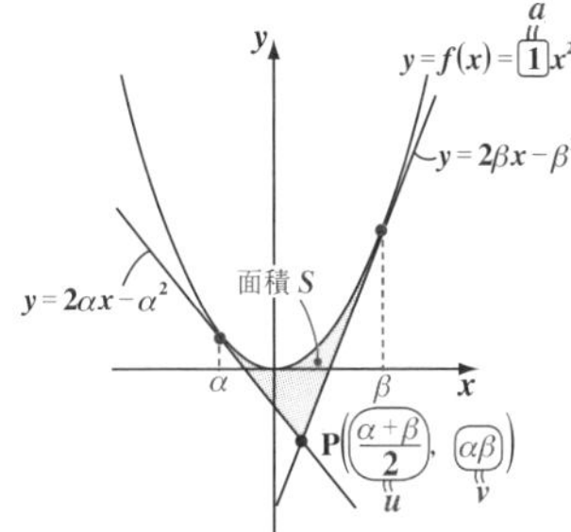

この面積 S が常に 18 なので，

$$\frac{1}{12}(\beta-\alpha)^3=18$$
$$(\beta-\alpha)^3=18\times12=3^3\times2^3=(3\times2)^3=6^3$$
$$\therefore\ \beta-\alpha=6\ \cdots\cdots⑤$$

⑤の両辺を 2 乗して，（$(\beta-\alpha)^2=(\beta+\alpha)^2-4\beta\alpha$ だ！）

$$(\beta-\alpha)^2=36$$
$$(\alpha+\beta)^2-4\alpha\beta=36\ \cdots\cdots⑥$$

④を⑥に代入して，

$$(2u)^2-4v=36$$
$$4v=4u^2-36$$
$$\therefore\ v=u^2-9$$

これは，$v<u^2$ …③ をみたす。
よって，動点 P の軌跡の方程式は，

$$y=x^2-9\ \cdots\cdots\cdots\cdots\cdots\cdots(答)$$

（点 $P(u,\ v)$ より，u に x，v に y を代入！）

 Term・Index 

あ行

か行

さ行

た行

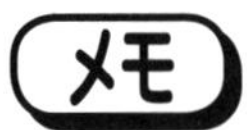
メモ

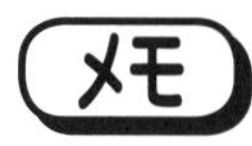
メモ

スバラシク強くなると評判の
元気が出る 数学II 改訂8

マセマ

著　者　馬場 敬之
発行者　馬場 敬之
発行所　マセマ出版社
〒 332-0023 埼玉県川口市飯塚 3-7-21-502
TEL 048-253-1734　FAX 048-253-1729
Email：info@mathema.com
https://www.mathema.jp

編　集　山崎 晃平
校閲・校正　高杉 豊　秋野 麻里子　馬場 貴史
制作協力　久池井 茂　久池井 努　小田 達郎　印藤 治
　　　　　滝本 隆　栄 瑠璃子　間宮 栄二　町田 朱美
カバーデザイン　児玉 篤　児玉 則子
ロゴデザイン　馬場 利貞
印刷所　株式会社 シナノ

ISBN978-4-86615-205-9 C7041
落丁・乱丁本はお取りかえいたします。